中共湖北省委宣传部与中南财经政法大学共建新闻学院项目成果

教育部人文社会科学研究一般项目成果（编号：16YJC760026）

文澜学术文库

审美现代性视域中的
"85 新潮美术运动"

李 娟 / 著

中国社会科学出版社

图书在版编目（CIP）数据

审美现代性视域中的"85新潮美术运动"/ 李娟著 . —北京：
中国社会科学出版社，2022.10
（文澜学术文库）
ISBN 978 - 7 - 5227 - 1177 - 5

Ⅰ.①审… Ⅱ.①李… Ⅲ.①美学史—中国 Ⅳ.①B83-092

中国版本图书馆 CIP 数据核字（2022）第 243115 号

出 版 人　赵剑英
责任编辑　张　潜
责任校对　马婷婷
责任印制　王　超

出　　　版　中国社会科学出版社
社　　　址　北京鼓楼西大街甲 158 号
邮　　　编　100720
网　　　址　http://www.csspw.cn
发 行 部　010 - 84083685
门 市 部　010 - 84029450
经　　　销　新华书店及其他书店

印刷装订　北京君升印刷有限公司
版　　　次　2022 年 10 月第 1 版
印　　　次　2022 年 10 月第 1 次印刷

开　　　本　710×1000　1/16
印　　　张　17.75
字　　　数　259 千字
定　　　价　96.00 元

总　序

　　中南财经政法大学新闻与文化传播学院建院虽然只有十余年，但院内新闻系、中文系和艺术系所属学科专业都是学校前身中原大学 1948 年建校之初就开办的，后因院系调整中断，但从首任校长范文澜先生出版《文心雕龙讲疏》开始其学者生涯，到当代学者古远清教授影响遍及海内外的台港文学研究，本校人文学科的研究是薪火相传，积淀丰赡。

　　1997 年，学校重新开办新闻学专业，创建新闻系，相关学科专业建设开始步入新的发展阶段。2004 年，新闻与文化传播学院组建。近年来，在学校建设"高水平、有特色的人文社科类研究型大学"的发展目标的指引下，中文系和艺术系又相继在 2007 年和 2008 年成立，人文学科迅速得到恢复和发展。

　　为了检阅本院各学科研究工作的实绩，进一步推动研究的深入和学科的发展，我们将继续编辑出版本院教师系列学术论著"文澜学术文库"丛书。

　　丛书以"文澜"命名，一是表达我们对老校长范文澜先生的景仰和怀念，二是希望以范文澜先生的道德文章、治学精神为楷模以自律自勉。

　　范文澜先生曾在书斋悬挂一副对联："板凳要坐十年冷，文章不写一句空。"这种做学问的自律精神在今天更显得宝贵和具有现实意义。《文心雕龙讲疏》是范文澜先生而立之年根据在南开大学的讲稿整理完成的第一部学术著作，国学大师梁启超为之作序："展卷诵读，知其征证详核，考据精审，于训诂义理，皆多所发明，荟萃通人之说而折衷之，使

1

义无不明，句无不达。是非特嘉惠于今世学子，而实大有勋劳于舍人也。"学术研究之意义与价值，贵在传承文明、承前启后、继往开来、推陈出新。范文澜先生之《文心雕龙讲疏》后又经多次修订，改名《文心雕龙注》以传世，作者有着严谨的学风、精益求精的精神，实为吾辈楷模。正因如此，其著作乃成为《文心雕龙》研究史上集旧注之大成、开新世纪之先河的里程碑式的巨著。

先贤已逝，风范长存。高山仰止，景行行止。虽不能至，然心向往之。

是为序。

胡德才

2015 年 7 月 6 日于武汉

目　　录

导　　论

一　研究缘起

随着"20世纪80年代"成为学术界研究的一个重要时段，该如何真切面对这段历史，是一个不容回避的问题。"85新潮美术运动"① 显然也在20世纪80年代占有重要地位，但随着该运动逐渐离我们远去，很多事情越来越模糊，为了使中国当代艺术朝着良性方向进一步发展，那么对这场轰轰烈烈的美术运动进行反思，就显得既必要又必须。

作为中国当代艺术史上的一个重要事件，"85新潮美术运动"不仅具有艺术史的意义，也具有思想史的意义。它承续了20世纪70年代末表达对现实关注的"伤痕美术"的精神旨趣，终结了在苏联美术教育影响下形成的中国革命现实主义的"红、光、亮"的绘画模式，引发了艺术的自觉反省，推动了抽象艺术、波普艺术等前卫艺术在中国的普及。"85新潮美术运动"同时也是80年代"文化热"在艺术领域的表现，它一方面掀起了视觉领域的革命，同时也承载了中国现代化进程中审美文化体

---

① "85新潮美术运动"从狭义上指发生在1985—1989年这四五年间的一系列美术现象，包括群体、展览、会议、个体与个展等。从广义上来说，它是肇始于改革开放之初，结束于90年代初期的一系列美术现象。在狭义上对它进行界定的上限是1985年四五月里的两个标志性事件，即"黄山会议"和《前进中的中国青年美展》。下限也是一个标志性事件，即1989年2月举行的《中国现代艺术展》，有批评家将该展上肖鲁（系与唐宋合作）的《枪击事件》作为"新潮美术运动"的谢幕礼。本书中常常出现"85新潮美术运动""85新潮""前卫艺术""八五新潮""新潮美术"混用的状况，一则为了表述方便，二则符合20世纪80年代用语的实际状况，它们都是"85新潮美术运动"的同义语，因此不强行做统一，本书在第二章将详细讨论这一美术事件的命名问题。

系的变革、审美意识形态的变化过程中所有的矛盾、悖论和冲突。

在一定程度上可以说，"85 新潮美术运动" 是在市民社会重新出现的基础上，个体依据审美伦理将艺术作为个人意志自由的载体与国家权力话语相对抗的结果。艺术场域成为霸权规训和个体感性启蒙相互拮抗、对立的话语空间。由于对 "文化大革命" 国家力量绝对化的反叛，艺术家们开始学习西方的 "现代派" 美术，将非理性融入自己的创作中，实现个人话语与国家话语的对抗。20 世纪 80 年代的现代派美术实践，不仅在内容上否定传统美术所叙述的主题，也在技法层面对现实主义的模式进行反叛。

"85 新潮美术运动" 的探索丰富了艺术形式，给艺术的审美带来了新的体验。当我们重新回首审视艺术史的时候，我们要全面看待、深入挖掘新潮美术的价值，至少从两个层面重新对 "新潮美术" 进行评估。从理论层面上看，首先，能够对 "85 新潮" 重新定位，即 "85 新潮" 的出现是对以单一现代性原则建构的民族自主性国家的一种有效平衡。国家力量的绝对化、总体化，导致作为单子的个体公民的自由受到极大的压制，进而使得个体自由与国家意志的对抗升级。"85 新潮美术运动" 作为一场审美革命，高举了人性的旗帜，实现了个人领域精神与实践的双重自由，有效地释放了现代性的张力，使得国家机器能有序运转。其次，"新潮美术运动" 对于我们了解中国当代艺术的面貌起到了提纲挈领的作用。对于泥沙俱下、名目繁多的现代和后现代艺术，我们能透过现象看清其本质。从实践层面上来说，对于具体艺术作品的分析，能打破传统的美术技法分析范畴，从社会学的意义进行解析，有助于提升我们的欣赏水平。与此同时，对 "85 新潮美术运动" 的解析，能丰富中国当代美术的面貌，为美术史、文化史的发展提供一个重要的文本案例。有鉴于此，本书将主要从审美革命、叙事革命和视觉革命的角度来探讨 "85 新潮美术运动" 在表达方式上的特点。

二　文献基础

"85 新潮美术运动" 从改革开放之初肇始，到 1989 年的 "中国现代艺术大展"落幕，是中国当代艺术运动最重要的事件，也造就了此后三十年来中国艺术发展的各种可能性。因而，对"85新潮美术运动"进行研究，相应地也就成了反思当代中国审美文化、审美趣味、艺术追求的一个有效组成部分。事实上，自20世纪80年代初，文艺评论界就开始对肇始于"文化大革命"后期的新兴文艺现象进行评论，然而三十多年过去了，纵观中外关于"85新潮美术运动"的研究，无论是研究的数量还是研究的质量都与其历史地位不相匹配。就国内研究态势而言，总体上看，研究成果主要分为两个层面。

一是从总体上对"85新潮"时期的历史资料（包括画会、画展、美术期刊、会议等）进行汇编，为后来者提供第一手的研究材料，在这方面比较有代表性的著作有高名潞主编的两卷本《'85美术运动》①《中国当代美术史1985—1986》②，吕澎、易丹的《1979年以来的中国艺术史》③，费大为主编的《'85新潮：中国第一次当代艺术运动》④《'85新潮档案》（Ⅰ-Ⅱ）⑤，张蔷的《绘画新潮》⑥，中国美术家协会编辑的《1979—1989当代中国画》⑦，顾丞峰编的《八五新潮美术在江苏》⑧等，这些资料汇编将"85新潮美术运动"的来龙去脉以及其中涉及的人物、事件等交代的非常清楚，为笔者写作本书提供了翔实的文献资料，但遗憾的是没有精到的分析。在这些资料中，最早出版也是重要的一部中国

①　这两卷本分别为《'85美术运动：80年代的人文前卫》和《'85美术运动：历史资料汇编》，前者主要是对"85新潮"的评述，后者是对"85新潮"时期的历史资料的汇编。具体版本信息为高名潞：《'85美术运动》（vol. 1-2），广西师范大学出版社2008年版。

②　高名潞：《中国当代美术史1985—1986》，上海人民出版社1991年版。

③　吕澎、易丹：《1979年以来的中国艺术史》，中国青年出版社2011年版。

④　费大为：《'85新潮：中国第一次当代艺术运动》，上海人民出版社2007年版。

⑤　费大为主编的《'85新潮档案》，共计6册，涵盖新潮美术中的重要群体、展览、艺术家的活动手稿、信件、文章、作品等，目前只出版了两册。版本信息为费大为：《'85新潮档案》（Ⅰ-Ⅱ），上海人民出版社2007年版。

⑥　在这本著作中，作者收集了当时被认为是"新潮美术"的作品与事件，但由于出版时间较早，不可避免有些遗漏，比如，该书就没有记载1989年"中国现代艺术展"，而这次展览却被学界视为"新潮美术"的谢幕礼。作品版本信息为张蔷：《新潮美术》，江苏人民出版社1988年版。

⑦　中国美术家协会：《1979—1989当代中国画》，山东美术出版社1990年版。

⑧　顾丞峰：《八五新潮美术在江苏》，南京大学出版社2017年版。

当代美术史便是高名潞于 1991 年出版的《中国当代美术史：1985—1986》，2008 年再版修订更名为两卷本的《'85 美术运动》。这本书可以看作 80 年代艺术的断代史，它总体上提供了一种审视当代艺术的理论框架。该书以"85 新潮美术运动"为中心将 80 年代的艺术史分为两段，1985 年之前是中国当代艺术发生的前奏，1985 年之后是其蜕变。其中对笔者写作本书颇具启发性的观点在于高名潞认为 80 年代的艺术家所担负的思想使命远重于其对艺术形式本身的探索，正是在这一观点的启示下，笔者尝试跳出美术史的讨论框架，而将"85 美术运动"置于思想史、社会史等更广阔的文本空间来讨论。

二是对"85 新潮美术运动"本身进行解读，这一层面的研究又可以分为五种阐释路径。

第一种是考察"85 新潮美术运动"在 20 世纪中国美术史上的地位，通过对整个 20 世纪美术史的梳理，确立"新潮美术"的历史地位。这方面比较有代表性的文章有鲁明军的《"美术革命"：当代的预演与新世界构想》①，殷双喜的《转型与裂变——"八五美术新潮"回望》②，黄禾青的《中国绘画现代转型的路径》③，孙津的《新美术与新文化》④，郎绍君的《论新潮美术》⑤，高名潞的《新潮美术运动与新文化价值》⑥，徐冰的《新潮美术的意义和局限》⑦，许良祖的《关于当代美术新潮的思考》⑧，刘祥辉的《八五新潮美术的历史定位与反思》⑨，刘小路的《美术史视野中的"85 新潮美术运动"》⑩，李茂盛的《从改革开放 30 年看

①　鲁明军：《"美术革命"：当代的预演与新世界构想》，《文艺研究》2018 年第 10 期。
②　殷双喜：《转型与裂变——"八五美术新潮"回望》，《文艺研究》2015 年第 10 期。
③　黄禾青：《中国绘画现代转型的路径》，《中国文艺评论》2020 年第 4 期。
④　孙津：《新美术与新文化》，《美术》1986 年第 11 期。
⑤　郎绍君：《论新潮美术》，《文艺研究》1987 年第 5 期。
⑥　高名潞：《新潮美术运动与新文化价值》，《文艺研究》1988 年第 6 期。
⑦　徐冰：《新潮美术的意义和局限》，《中国文化报》2009 年 6 月 25 日第 3 版。
⑧　许良祖：《关于当代美术新潮的思考》，《美术》1987 年第 12 期。
⑨　刘祥辉：《八五新潮美术的历史定位与反思》，《吉林省教育学院学报》2008 年第 5 期。
⑩　刘小路：《美术史视野中的"85 新潮美术运动"》，《淮北煤炭师范学院学报》（哲学社会科学版）2007 年第 1 期。

85 新潮美术运动》①，张新文的《85 新潮美术的历史定位与现代性反思》②，李松的《朝向波峰涌动：1979—1989 中国画创作》③，等等。上述这些研究成果对于我们了解"85 新潮美术运动"具有重要的价值，尤其是鲁明军的研究，他不仅将"85 新潮美术运动"置于整个 20 世纪中国美术史的框架中而且还放置在全球视野中来研究，其开放的研究视角及"美术革命"的观点对笔者的"审美革命"研究有所启示。但大多数并没有深入"85 新潮美术运动"的内核，缺乏对这一艺术运动历史现象发生机制的根本性研究。

　　第二种是对"85 新潮美术运动"中的具体艺术现象、艺术家群体以及艺术行为等进行的研究。比较有代表性的研究成果有王志亮的《话语与运动：20 世纪 80 年代美术史的两个关键词》④，吕澎的《中国当代艺术的萌芽——以张晓刚早期艺术思想及其表现手法为例》⑤，顾丞峰的《历史在回顾中延伸——江苏 85 新潮美术概述》⑥，唐晓林的《浸入此时此地——"85 新空间"与"池社"》⑦，陆丽娟、陆俞志的《乡土情怀——泛漓江流域艺术创作群落研究》⑧，鲁虹的《"85 美术新潮"时期的〈美术思潮〉》⑨，段君的《偶发与 85 美术新潮》⑩，林春的《行过与

---

　　① 李茂盛：《从改革开放 30 年看 85 新潮美术运动》，《文艺争鸣》2009 年第 10 期。
　　② 张新文：《85 新潮美术的历史定位与现代性反思》，硕士学位论文，山东大学，2008 年。
　　③ 李松：《朝向波峰涌动：1979—1989 年中国画创作》，载中国美术家协会《1979—1989 当代中国画》，山东美术出版社 1990 年版，第 1—5 页。
　　④ 王志亮：《话语与运动：20 世纪 80 年代美术史的两个关键词》，上海书画出版社 2018 年版。
　　⑤ 吕澎：《中国当代艺术的萌芽——以张晓刚早期艺术思想及其表现手法为例》，《文艺研究》2016 年第 5 期。
　　⑥ 顾丞峰：《历史在回顾中延伸——江苏 85 新潮美术概述》，《南京艺术学院学报》（美术与设计版）2016 年第 6 期。
　　⑦ 唐晓林：《浸入此时此地——"85 新空间"与"池社"》，《美术观察》2019 年第 4 期。
　　⑧ 陆丽娟、陆俞志：《乡土情怀——泛漓江流域艺术创作群落研究》，《美术观察》2016 年第 1 期。
　　⑨ 鲁虹：《"85 美术新潮"时期的〈美术思潮〉》，《艺术市场》2021 年第 10 期。
　　⑩ 段君：《偶发与 85 美术新潮》，载隋建国、吕品昌编《雕塑之道：2017 国际雕塑研讨会论文集》，中国民族摄影出版社 2018 年版，第 294—305 页。

完成——厦门达达回忆录》①，李晟曌的《"厦门达达"及其背后的思想史脉络》②，邵添花的《"厦门达达"的艺术特征研究》③，易英的《政治波普的历史变迁》④，李木子的《中国式的波普艺术》⑤，林钰源的《罗中立与〈父亲〉》⑥，等等。这一类研究为我们深入理解 "85 新潮美术运动"的某个侧面提供了参考价值，值得一提的是王志亮的研究专著，相较于以前的研究而言，作者更注重新史料和新理论的运用，他采用后结构主义符号学的研究方法，将艺术作品的文本意义置于上下文不断变化的历史语境，以话语作为研究的载体来阐释艺术作品意义的无限延迟。在第三章论述理性话语的兴起与传播时，运用了哈贝马斯的社会交往理论来解释 "理性绘画"的形成特点及其意义，这种对现代性理论的关注与笔者的研究构思在某种程度上不谋而合，王志亮将公共舆论及权力话语运用于 "理性绘画"研究的思路颇为新颖，为笔者深刻理解理性绘画提供了新的路径。

第三种是对于 "85 新潮美术运动"时期艺术家们的思想倾向所进行的论战性文章。因为 "85 新潮美术运动"是在当时西方文化思潮大肆进入中国的背景下发生的，当时的艺术家们对于西方思想和给画技法借鉴很多，甚至在艺术领域有全盘西化的声音。在这种情况下，评论界对 "85 新潮美术运动"的评论出现了支持和反对这两种声音，这种论战对于今天 "85 新潮美术运动"的思想史研究来说是不可多得的素材，代表性的文章有杨成寅的《新潮美术论纲》⑦，杜健的《对〈新潮美术论纲〉的意见》⑧，熊寥的《新潮美术是一种不可避免的历史现象吗？——与杜

---

① 林春：《行过与完成——厦门达达回忆录》，《当代艺术与投资》2008 年第 4 期。
② 李晟曌：《"厦门达达"及其背后的思想史脉络》，硕士学位论文，中国美术学院，2010 年。
③ 邵添花：《"厦门达达"的艺术特征研究》，硕士学位论文，西北师范大学，2010 年。
④ 易英：《政治波普的历史变迁》，《南京艺术学院学报》（美术与设计版）2007 年第 3 期。
⑤ 李木子：《中国式的波普艺术》，硕士学位论文，重庆大学，2004 年。
⑥ 林钰源：《罗中立与〈父亲〉》，《文艺争鸣》2010 年第 22 期。
⑦ 杨成寅：《新潮美术论纲》，《新美术》1990 年第 3 期。
⑧ 杜健：《对〈"新潮"美术论纲〉的意见》，《文艺报》（北京）1990 年 12 月 29 日，第 6 版。

健同志商榷》①，王仲的《中国需要什么现代美术——与"新潮"美术理论家商榷》②《学习借鉴西方现代派的美术不就是"新潮美术"》③，何国瑞、涂险峰合作的《从艺术生产论看新潮美术——兼评杨、杜之争》④、以及《评"新潮"美术"不可避免"说》⑤，等等。

　　第四种是从思想史的角度分析"85 新潮美术运动"的历史成因、思想资源以及对 90 年代，乃至今天的艺术观念的影响的文章。其主要代表性文章如黄专的《作为思想史运动的"85 新潮美术"》⑥，翁晓霞的《从宏大叙事到个体关切——论中国新潮美术之成因及形态转向》⑦，王小菲的《关于"'85 美术新潮"的一些研究：为何是"'85"》⑧，汪民安的《八五新潮美术中的生命主题》⑨，聂赫夫的《藏匿的文本——观念性具象绘画创作实验》⑩，董丽慧的《"变之变"与中国画的当代性：以徐累新作为例》⑪，赵晓婉的《"黑白灰"：'85 新潮美术后的美学色彩现象》⑫，唐珂的《发现与重建——艺术创作中的思考与衍变》⑬，雷然的《八五新潮美术的审美意识形态与文化选择》⑭，唐吟的《历史情境中的

　　① 熊寥：《新潮美术是一种不可避免的历史现象吗？——与杜健同志商榷》，《美术》1991 年第 1 期。
　　② 王仲：《中国需要什么现代美术——与"新潮"美术理论家商榷》，《美术》1991 年第 1 期。
　　③ 王仲：《学习借鉴西方现代派的美术不就是"新潮美术"》，《美术》1992 年第 4 期。
　　④ 何国瑞、涂险峰：《从艺术生产论看新潮美术——兼评杨、杜之争》，《美术》1991 年第 10 期。
　　⑤ 何国瑞、涂险峰：《评"新潮"美术"不可避免"说》，《美术》1992 年第 7 期。
　　⑥ 黄专：《作为思想史运动的"85 新潮美术"》，《文艺研究》2008 年第 6 期。
　　⑦ 翁晓霞：《从宏大叙事到个体关切——论中国新潮美术之成因及形态转向》，《南京艺术学院学报》（美术与设计）2021 年第 4 期。
　　⑧ 王小菲：《关于"'85 美术新潮"的一些研究：为何是"'85"》，《中国油画》2014 年第 2 期。
　　⑨ 汪民安：《八五新潮美术中的生命主题》，《读书》2015 年第 4 期。
　　⑩ 聂赫夫：《藏匿的文本——观念性具象绘画创作实验》，《美术》2020 年第 2 期。
　　⑪ 董丽慧：《"变之变"与中国画的当代性：以徐累新作为例》，《美术大观》2022 年第 3 期。
　　⑫ 赵晓婉：《"黑白灰"：'85 新潮美术后的美学色彩现象》，《现代装饰》（理论）2013 年第 10 期。
　　⑬ 唐珂：《发现与重建——艺术创作中的思考与衍变》，《美术》2021 年第 2 期。
　　⑭ 雷然：《八五新潮美术审美意识形态与文化选择》，硕士学位论文，东北师范大学，2003 年。

文化选择——西方近现代美术译介对"85 新潮美术"的影响》①，于金才的《传统的张力与新潮美术》②，杨志麟的《潮汐与混响——感觉中的 85 新潮美术》③，等等。由于"85 新潮美术运动"在很大程度上是在艺术中表达哲学观念，所以叔本华的"意志哲学"、尼采的"超人哲学"、克尔凯戈尔及萨特的"存在哲学"、弗洛伊德的精神分析等哲学观念都以一种实用性、本土性的话语方式被统合在"85 新潮美术运动"之中，因此，以上这些研究成果在一定程度上揭示了当时这场艺术运动背后的思想资源以及所表达的观念内涵。

第五种是在当前的思想、文化语境下反思"85 新潮美术运动"。由于当前在各个领域都出现了一股 80 年代热，当然也伴随着对"85 新潮美术运动"的过度阐释。在这种情况下，一些学者深入"85 新潮美术运动"中艺术表达的技法层面，试图以客观的事实来消解对"85 新潮美术运动"的神话，这其中比较有代表性的研究有周彦、王小箭的《新潮美术的语言形态》④，管郁达的《"八五"美术新潮的神化与妖魔化（外一篇）》⑤、蒋正义的《对新潮美术的思考》⑥，杨卫的《新潮美术批判》⑦，徐义生的《新潮美术浮沉评析》⑧，王林的《从"85 新潮美术"看文化民间的重建》⑨，等等。

就英语世界而言，目前尚未发现关于"85 新潮美术运动"的研究专著，但不少华裔学者在美国等西方国家编著了有关中国当代艺术的英文

---

① 唐吟：《历史情境中的文化选择——西方近现代美术译介对"85 新潮美术"的影响》，硕士学位论文，西北师范大学，2007 年。

② 于金才：《传统的张力与新潮美术》，《美术》1990 年第 5 期。

③ 杨志麟：《潮汐与混响——感觉中的 85 新潮美术》，《南京艺术学院学报》（美术与设计版）1995 年第 4 期。

④ 周彦、王小箭：《新潮美术的语言形态》，《文艺研究》1988 年第 6 期。

⑤ 管郁达：《"八五"美术新潮的神化与妖魔化（外一篇）》，《天涯》2008 年第 1 期。

⑥ 蒋正义：《对新潮美术的思考》，载江苏省美学学会《春华秋实——江苏省美学学会（1981—2001）纪念文集》，江苏省美学学会出版社 2001 年版，第 262—268 页。

⑦ 杨卫：《新潮美术批判》，《艺术评论》2004 年第 7 期。

⑧ 徐义生：《新潮美术浮沉评析》，《陕西师范大学学报》（哲学社会科学版）1999 年第 3 期。

⑨ 王林：《从"85 新潮美术"看文化民间的重建》，《中国艺术》2015 年第 1 期。

著作，其中有些内容涉及"85 新潮美术运动"，代表性作品如巫鸿（Wu Hung）的《短暂：20 世纪末的中国实验艺术》①，高美庆（Kao May ching）的《20 世纪中国的绘画》②，高名潞（Gao Minglu）的《墙：重塑中国当代艺术》③《由内而外：中国的新艺术》④《20 世纪中国艺术的总体现代性与前卫》⑤，曹星原（Tsao Hsingyuan）等所编的《徐冰与中国当代艺术：文化与哲学的反思》⑥，等等。至于单篇论文，据 JSTOR 以及 MUSE 等数据库的检索，尚未发现与本论题相关的英文文献，大部分汉学家讨论中国当代艺术的文章都收集在上述这些著作中，而且多是从当代艺术的生存环境来阐释，涉及了中国的当代艺术和政治意识形态的关系，女性主义批评和后现代批评的诞生对中国当代艺术的影响，以及对生产艺术品的文化机制的研究。总体而言，"85 新潮美术运动"时期的艺术作品之所以吸引西方人的目光，主要在于西方人从当时的艺术现象中看到了艺术与政治意识形态之间的张力，作品的艺术性并未真正进入西方批评家的视野中，所以就笔者能接触到的英语资料而言，并没有看到本土的西方学者对"85 新潮美术运动"的系统研究，多是些时代文化背景的分析或者具体艺术家的创作分析，没有涉及作为思想史事件的"85 新潮美术运动"的内核。

　　从以上五个方面的研究成果来看，很大一部分研究者的视野聚焦于

①　Wu Hung, *Transience：Chinese Experimental Art at the End of the Twentieth Century*, Chicago：University of Chicago Press, 2005.

②　Kao May ching ed, *Twentieth - Century Chinese Painting*, Hong Kong：Oxford University Press, 1990. 其中收录了不少著名汉学家讨论中国 20 世纪绘画的文章，比如苏利文（Michael Sullivan）的《20 世纪中国绘画中的艺术与现实》（*Art and Reality in Twentieth Century ChinesePainting*）等，具有一定的参考价值。

③　Gao Minglu, *The Wall：Reshaping Contemporary Chinese Art*, New York：Buffalo Fine Arts/Albright-Knox Art Gallery, 2005.

④　Gao Minglu, *Inside Out：New Chinese Art*, Berkeley and Los Angeles：University of California Press, 1998.

⑤　Gao Minglu, *Total Modernity and the Avant-Garde in Twentieth-Century Chinese Art*, Massachusetts：The MIT Press, 2011.

⑥　Tsao Hsingyuan, Roger Ames, ed, *Xu Bing and Contemporary Chinese Art ：Cultural and Philosophical Reflections*, New York：State University of New York Press, 2011.

美术史领域，而未能在更开阔的学术视野中对"85 新潮美术运动"做综合性的考察，没有将"85 新潮美术运动"置于更广阔的社会史、思想史以及政治史的视野中理解，这在一定程度上对我们全面理解"85 新潮美术运动"造成了障碍。而且，由于"85 新潮美术运动"刚过去三十多年的时间，参与该运动的艺术家、理论家都还健在，当时艺术运动中的理念、艺术行为等尚不能盖棺定论，因此虽然研究成果有限，但这些研究成果为本人在该论题上的进一步研究提供了基础。

三 撰述思路

本研究从特定的历史文化情境出发，通过探讨"新潮美术"的发生机制及其运动形式，寻求"新潮美术运动"的思想源头及其对于中国现代性的影响。具体撰述思路，主要体现在以下几个方面。

首先，从"85 新潮美术运动"的历史文化内涵、审美表征出发，对"85 新潮美术运动"产生的原因、运行机制以及在美术史上的影响等进行描述，阐释 80 年代各种美术风格作品的流变脉络，寻求其内在的逻辑及因果关系，对"85 新潮美术运动"的历史价值及意义进行定位。

其次，将"85 新潮美术运动"作为本体性存在，分析其历史演进脉络，进而对这个历史时期内艺术与艺术家、艺术与艺术作品、艺术与接受者，以及艺术与社会的整个框架，从宏观角度进行阐发，发掘"新潮美术运动"的契机、过程、重要艺术家、意识形态诉求以及美学价值和内涵。

最后，以中国的现代性及审美现代性为主导线索，以"审美革命""叙事革命""视觉革命"为"85 新潮美术运动"的内核，并结合具体的作品分析，从微观的角度近距离地剖析"85 新潮美术运动"，以期推进"85 新潮美术运动"研究的理论创新。

第一章 寻找"85 新潮美术运动"

自 2015 年"85 新潮美术运动"30 周年以来，各种回忆、反思性文章如雨后春笋般纷纷发表，在社会上产生了深远影响。事实也确实如此，作为中国当代艺术的一个重要事件，它承续了 20 世纪 70 年代末表达对现实关注的伤痕美术的精神旨趣，终结了在苏联美术教育影响下所形成的中国革命现实主义的"红、光、亮"的绘画模式，引发了艺术的自觉反省，推动了抽象艺术、波普艺术及行为艺术等前卫艺术在中国的普及。"85 新潮美术运动"同时也是 80 年代"文化热"在艺术领域的表现，是"新启蒙运动"的重要组成部分。它既是一场视觉革命，也是一场民族精神解放与文化革新运动，它承载了中国现代化进程中审美文化体系的变革及审美意识形态变化过程中所有的矛盾、悖论和冲突。在 30 年后的今天，我们如何还原当时的历史场景，如何认识"85 新潮美术运动"的价值和意义？首先有必要重新梳理"85 新潮美术运动"的生态环境及其发生机制。

第一节 "85 新潮美术运动"的生态环境

20 世纪 80 年代是一个浪漫的年代，是一个人们饱含激情、精神状态呈现出丰盈和富足的时期。这个历史时期在中国当代社会史、政治史、文化史、思想史以及审美史上都是值得特别书写的，因为它建构了多种二元对立的特殊面貌，比如传统与现代的冲突、个体自由与集体话语的拮抗、审美与意识形态的悖反等，而这一系列的对立与冲突正是 "85 新潮美术运动" 作为文化史事件的具体表征。在当代中国，乃至整个 20 世纪全球范围内，80 年代都处在一个特殊的历史位置。那种 "新时期" 意识，那种 "走向世界" "与国际接轨" 的现代性想象，以西方为规范的现代化诉求，以及盲目的现代主义热情是特定时段、处于特定地缘政治位置的中国文化空间中的历史意识，是 "西方" 作为一个 "想象的异端" 与缺席的 "理想自我" 这一历史语境的产物。这一时期的艺术家们所经历的一切，比历史上任何时代的艺术家都要完满和丰富。基于这种事实，中国社会、中国文化以及艺术家们所经历的错综复杂的事件本身，使得中国现代艺术从 80 年代起，所开启的并不仅仅是一段 "视觉方式" 的历程，而是 "视觉方式" 的革命，这种革命与当时中国社会的政治、经济、文化等各种因素紧密联系在一起。

福柯的谱系学，为我们重新审视 80 年代的历史提供了一定的启示。福柯的谱系学方法包括两大任务，其一是追溯对象的出处，其二是标示对象的发生。要实现这两大任务首先要破除人们关于历史起源的 "本质" "同一" 的幻象，他认为，事物没有本质，或者本质是事物的异在形式零碎地拼凑起来的，他放弃对事物 "深层" 的探索，将目光转向寻找事物的表层细节、微妙处、个别性。他认为历史就是要将一切已经过去的事情都保持在它们特有的状态上，尤其是那些被认为微不足道的、偶然的、错误的，甚至糟糕的因素，这一切才构成历史的本来面目，而并非 "已经是的东西" [1]。按照这种方法考察历史，我们就要撇开历史连续性以及目的论的想法，探讨特定历史情境下各种力量间彼此制约及依赖的关系。美术活动为何能在 80 年代中期的中国形成一种 "新潮运动"？按照历史

---

① ［法］米歇尔·福柯：《尼采·谱系学·历史学》，苏力译，载汪民安、陈永国编《尼采的幽灵——西方后现代语境中的尼采》，社会科学文献出版社 2001 年版，第 114—138 页。

"已经是的东西",显然是"新时期"①审美意识形态的外在显现。而如果我们始终将该运动的爆发放置在单一的民族—国家内部来讨论,将这种具有"革命"属性的运动区别于以往艺术家结社入会的活动,肯定不能解释"新潮美术运动"发生的关键,更为重要的是,如果仅仅从中国内部视野考察该运动的生发及漫延,我们会遮蔽什么?

中国在 20 世纪 80 年代所遭遇的各种文化、历史事件,不仅仅是一个封闭的民族—国家内部的事情,而是与整个全球性的历史转折同时发生的,它们遭遇着共同的危机。1973—1974 年爆发的经济危机是转折的导火索,它引发了自二战以来形成的稳定冷战格局的剧烈变迁。这种变迁涵盖资本主义、社会主义以及"第三世界"国家。就资本主义阵营而言,政治上新自由主义开始登台,经济上后福特主义开始取代福特—凯恩斯主义,经济衰退,文化上出现后现代主义相关思潮。就社会主义阵营来说,经济停滞、官僚机构臃肿,"冷战"一方的老大哥苏联迫于美国的压力及联邦内部的矛盾发起了改造社会主义运动。②在 50—60 年代独立建国浪潮中涌现的"第三世界"国家,不仅债台高筑,社会动荡,而且"民族—国家"形态本身也受到全球资本主义的冲击与挤压。

关于 20 世纪 80 年代的转折,学者们仁者见仁,智者见智。英国历史学家霍布斯鲍姆从地缘政治空间的角度将全球 80—90 年代的巨变归结为 70 年代初的世界经济危机,他将这一时期称之为以社会革命为主要特征的

---

① 学界关于"新时期"的开端和终结的具体时间存在着分歧,但它们共同依据一种现代性的时间神话,表达着对历史的乌托邦想象,但普遍认为它产生于"文化大革命"结束后的 70 年代末期,它将"文化大革命"后开启的历史时段视为一个"崭新"时代的开端,那种对"新的历史时代"的强烈渴望,那种由支配性的历史进化论和目的论逻辑而产生的对时间的敏感,那种要求文学、文化"摆脱"政治而拥有独立性的强烈渴求却是共有的,是一种相当意识形态化的"现代"想象视野中关于时代的自我认知,可以说,构成 80 年代历史统一性的,正是这种"新时期"意识。参见贺桂梅《"新启蒙"知识档案》,北京大学出版社 2010 年版,第 14—15 页。

② [英]艾瑞克·霍布斯鲍姆:《极端的年代:短暂的 20 世纪(1914—1991)》,江苏人民出版社 1999 年版,第 712 页。

"短暂的 20 世纪" 的终结。① 美国经济学家阿锐基则从资本主义体系积累周期的角度，认为 70 年代的全球危机暗示的并非一个时代的终结，而是自19 世纪后期以来美国霸权周期从物质扩张向金融扩张转移的新阶段。② 美国文化理论家詹姆逊则为全面理解 80 年代提供了更为丰富的视角，他从哲学史、革命政治理论与实践、文化生产以及经济周期等四个层面来论述"晚期资本主义" 的形成，"资本" 是 70—80 年代历史转型的关键，流动的资本不仅覆盖了 "第三世界"，也渗透了资本主义世界体系由文化生产与美学领域所代表的无意识领域。③ 国内学者对于开启 "新时期" 的 80 年代也有着类似的看法。比如贺桂梅就提出了一种影响较为广泛的看法，她将 80 年代视为 "告别革命" 的现代化时期，并且认为这也是 "新时期" 意识与 "新启蒙" 思潮关于 80 年代的基本判断。④ 纵观中外学者关于 80 年代的基本判断，无论认为其结束了一个时期还是开启了一个时代，这些在全球语境中展开的理论探讨并非与中国无关。

"85 新潮美术运动" 的核心诉求——自由、民主、个人主义，并不能简单的视为西方世界舶来的 "普世价值观"，我们必须对本土政治语境做系统的了解，这样才能在讨论具体问题时避免因缺乏历史情境而将其视为历史发展的逻辑使然。谈 "85 新潮美术运动" 首先离不开 "文化大革命" 这个历史语境。孙友军等从社会、文化、经济等因素在彼时形成的一系列二元对峙的张力结构中寻找 "文化大革命" 爆发的原因，总体而言 "文化大革命" 的爆发并非简单的线性逻辑可以解释清楚，它是内外矛盾交织的产物。从外部环境来看，"文化大革命" 是各种矛盾激化的

---

① [英] 艾瑞克·霍布斯鲍姆：《极端的年代：短暂的 20 世纪（1914—1991）》，江苏人民出版社 1999 年版，第 712 页。

② [意] 杰奥尼瓦·阿锐基：《漫长的 20 世纪——金钱、权力与我们社会的根源》，姚乃强等译，江苏人民出版社 2001 年版，第 1—32 页。

③ [美] 弗雷德里克·詹姆逊：《六十年代断代》，张振成译，载王逢振编《六十年代》，天津社会科学院出版社 2000 年版，第 1—53 页。

④ 贺桂梅：《"新启蒙" 知识档案》，北京大学出版社 2010 年版，第 26 页。

产物，既有国际上的战线斗争，又有中国传统文化同现代文化的对抗。①
但是从内部视野来看"文化大革命"，"文化大革命"后期，各种社会问
题凸显，"四人帮"文化专权，经济发展停滞，社会生活沉闷紧张。正是
这种社会状况，使得"人心思变"，孕育了"思想解放"的种子。在这
种历史语境中，以吴冠中为代表的艺术家提出了"形式美"的问题，他
们追逐内心的自由，与文化专制进行抗衡。与此前艺术重内容的工具属
性相比，此时的"形式美"辩护者并没有因背离官方艺术准则而被打成
"右派"，由此可以窥见粉碎党内政治集团"四人帮"所开启的新的政治
语境。这一新的政治语境的开启，事实上与当时党中央的一系列决策有
着直接的因果联系，如 1977 年 7 月的《关于恢复邓小平同志职务的决
议》，1978 年《理论动态》发表的《实践是检验真理的唯一标准》，1978
年 11 月 25 日中央工作会议全体会议决定对 1976 年 4 月 5 日发生的天安
门事件给予平反，1978 年邓小平的《解放思想，事实求是，团结一致向
前看》的重要讲话，以及同年年底中共中央决定将党的工作重心转移到
社会主义现代化建设中来的伟大决策等。这一系列文件和措施，使得中
国共产党的意识形态管制稍微放松，社会改革进一步朝着"自由""民
主"的道路前进。而这一系列改革开放方针的落实，必然导致进一步的
"思想解放"，"思想解放运动"正是"85 新潮美术运动"产生的先导，
因为"思想解放"不仅仅是对政治上摆脱"文化大革命"高度集权的要
求，同时也是个体精神寻求独立性的保证，因而也成为"人性""人道主
义"等关涉人的问题能被公开、充分讨论的关键。可以说没有"思想解
放"，人们就不可能接受新的艺术标准与价值判断，也就不可能有中国的
现代主义艺术。尽管后来的"清除精神污染"以及"反对资产阶级自由
化"运动，在一定程度上对现代艺术的发展造成了障碍，但在 80 年代改
革开放这个大的背景下，思想与言论的自由空间明显扩大，"改革"始终
是主题。

---

① 参见孙友军、王信国、黄雨田《中共党史研究新辑》，成都出版社 1991 年版，第 409—
411 页。

　　从经济层面来看,战后主要资本主义国家经济高速发展,西欧、日本尤为显著,美国霸主地位动摇,世界格局向多极化方向发展,国家间的竞争主要表现为综合国力特别是经济实力方面的较量。中国在这一大的时代背景下,逐步开放市场,由单一的计划经济体制向市场经济体制转变,提出"计划经济与商品要素结合""摸着石头过河"的方略。1978年家庭联产承包责任制的探索,1980 年设立深圳、珠海、汕头、厦门四个经济特区,1984 年开始城市经济体制改革,同时开放天津、上海、福州、广州等 14 个沿海港口城市,1988 年海南建省并将其开放为经济特区,直至 1992 年中共十四大,做出了建立社会主义市场经济体制的决定。这一系列举措使得中国经济出现了"新时期"以来的第一次腾飞,市民社会在此基础上得以重构,消费经济兴起。在这样的背景下,资本与市场逐步结合,缔造了不同以往充当政治宣传工具的艺术形式,艺术脱离内容而具有了独立的审美意味,艺术挣脱政治的奴役得以"自律",其题材和表现手法丰富多样,关注宏大叙事的崇高理想被日常经验解构得空洞呆滞。由于"资本主义的经济技术"可以完善"社会主义的经济形式",资本将西方经济领域里的自由竞争、开放、民主的概念引入了当代艺术领域,并成为"85 新潮美术运动"的核心诉求。资本与市场的参与同时也导致了旧有经济制度的崩溃与解体,艺术创作争取到的自由进一步扩大。随着经济改革的深化,1988 年,经济和社会领域出现了"过热"与"混乱"的局面,这一局面与具有批判与激情特征的现代主义艺术不谋而合,也就是在这样的背景下,1989 年"中国现代艺术展"在中国美术馆的展出才成为可能。

　　中国的改革开放,除了社会经济体制改革外,文化领域还引入了与之相配套的自由、民主思想,在翻译出版社的大力推动下,蔚为壮观。这种推介行为在某种程度上为西方的哲学、政治、艺术、宗教在中国的大肆传播找到了合法性依据,为"85 新潮美术运动"提供了智力支持。70—80 年代之交,稍微激进的现代主义者们希望借用西方的自由主义思想恢复国民经济,检讨从 1966 年开始到 1976 年结束的"文化大革命"。

在这样的背景下产生了翻译热①、文化热，这意味着曾经被丑化变形的冷战一方的思想资源，随着冷战阵线的裂变，② 开始有限度地进入中国内部视野中来。这一时期对西方文化的选择主要集中在哲学、西方现代艺术理论、社会学、生物学这四大类上。贺桂梅认为当时翻译出版的著作中，重点译介的是英、法、美等西方国家 "叛逆青年" 的作品，这些作品构成的思想资源则成为中国年轻一代摆脱 "文化大革命" 精神危机从内部爆破的种子。③ 如果贺桂梅的这种调查属实的话，那么是否可以理解为正是西方的 "叛逆文化" 成就了 "85 美术运动" 的 "新潮" 属性，从而使现代派艺术具有了 "革命" 的色彩？在这股出版界的理论热潮中，以商务印书馆的《汉译世界学术名著丛书》和生活·读书·新知三联书店的《文化：中国与世界》系列丛书最具代表性，这两套丛书为了解西方文化的工具理性和价值理性打下了坚实的基础。与此同时，出现了 "尼采热""萨特热""弗洛伊德热""马斯洛热" 等，这一哲学热潮与此时画家追求自由的心理状态相吻合，更与 "解放思想" 的政治诉求相一致，因此作为这些哲学思想表征的现代主义艺术流派，诸如达达派、印象派、超现实主义、表现主义等，则不由分说地被吸收为新的艺术准则。尽管1985 年劳申伯格在中国美术馆举办了展览，杜尚的 "小便池" 也随着译介书籍开始进入中国艺术家的视野，但以福柯、德里达为代表的后现代哲学思想及其艺术流派并未成为当时中国艺术家的选择。按照金观涛的理解，可以对这一哲学热作更直接地解读，正是叔本华的 "世界是我的意志" 的主观主义、萨特的 "自由选择" 论、弗洛伊德的 "性本能" 说

---

① 20 世纪 60 年代和 70 年代初期分别出现了两次大型的翻译西方著作的行为，这些著作包括那些遭到国际共产主义运动正统派批判的 "叛徒" 或者 "修正主义" 作家的著作和西方现代派哲学和文学著作。如《新阶级：对共产主义制度的分析》《南共纲领和思想斗争 "尖锐化"》《厌恶及其他》《等待戈多》等以及美国的政治历史类书籍和部分现代派作品，如《美国与中国》《尼克松其人其事》《杜鲁门回忆录》《丰饶之海》等。

② 1956 年发生在欧洲和中东的政治事件，尤其是苏共 20 大、"匈牙利事件" 以及英法联军入侵苏伊士运河等区域性事件，使得冷战的界限开始动摇，在此基础上 1965 年中苏分裂、70 年代初期中美关系的解冻及 1971 年 10 月中华人民共和国加入联合国等政治事件使得冷战的阵营开始分裂。

③ 贺桂梅：《 "新启蒙" 知识档案》，北京大学出版社 2010 年版，第 124—130 页。

以及马斯洛的"自我实现"说共同构成了一种激进的个人主义伦理，成为张扬"人性""个性"的依据。① 总体而言，所译介的书籍重视对人及生命个体的关注，在西方思想资源的影响下，人们由"文化大革命"造神的理想主义神话逐渐回归到人本身这个主题上来。

综上所述，80 年代是一个重要的值得叙述的历史时期，它不仅开启了中国当代历史的走向，宣告了"造神运动"的终结，同时也预示了中国将重新进入"世界体系"。"中国"这一"民族—国家"形态本身在全球资本主义的冲击与挤压下开始"改革""开放"，由单一的计划经济体制向市场经济体制转变，政治经济领域的变革与文化领域的翻译出版热潮相映成趣，这一切共同构成了"85 新潮美术运动"的生态环境。

第二节　"85 新潮美术运动"的发生、发展及其后续

与文艺界整体对"文化大革命"时期"左倾"的艺术创作方式、艺术政策、文艺体制的批判相一致，美术界也对"文化大革命"时期的美术创作模式和审美趣味进行了批驳和反叛。其中影响较大的有两大趋势。一是强调对真正的现实主义的回归，从而导致了"伤痕美术"与"生活流"艺术的出现；二是强调对艺术本体与形式美的关注，导致了非政治化、追求抒情表现与形式美的作品的出现。"85 新潮美术运动"正是在这样的大艺术环境下爆发的。"85 新潮美术运动"是"新时期美术"②

---

① 魏金声、欧阳谦等：《现代西方人学思潮的震荡》，中国人民大学出版社 1996 年版，第 358—268 页。

② "文化大革命"结束后的 1978—1984 年的这段时期称作"新时期美术期"。该时期的美术反对"文化大革命"美术的艺术创作形式，即"红、光、亮"和"突出正面人物、英雄人物、主要英雄人物"（"三突出"），反对艺术形式与意识形态的同一，要求重新审视人所处的世界，把人性、视觉美感作为艺术的内容与形式指南。

的典型代表，它是对"后文革美术"① 以及"人道美术"② 的反省与批判。在一定程度上，"后文革美术"时期以及 1979 年的"星星美展"为"85 新潮美术运动"做了较为充分的铺垫。

"文化大革命"结束后，艺术表现形式虽然逐步脱离了"三突出"（突出正面人物、英雄人物、主要英雄人物）和"红、光、亮"的表现技法。但整体而言，人们还没来得及思考在权威和领袖之外所处的现实，情感冲动和艺术表现的思维定势仍在推动着艺术创作，这种创作模式从"文化大革命"结束后的 1976 年一直延续到 1978 年。1978 年 12 月 25 日华国锋在"华东六省一市庆祝建国三十周年美术展览"上的讲话中明确要求，宣传及文艺作品要少宣传个人，而将更多的笔墨放在对工农群众、党以及老一辈无产阶级革命家的宣传上。③ 至此，"文革美术""造神"的艺术模式由当时党的最高领导人的政治讲话而宣告结束。

1979 年在中国当代艺术史上是一个非常重要的时刻，无论是国家方针政策的选择，还是民众思维观念的转向，抑或是艺术创作的转型，一切都在急剧变化，已经为中国现代艺术的萌芽和破土而出准备了条件。中国美术家协会在这一年里正式恢复工作，并举办了"学习张志新烈士美术、摄影、书法展览""庆祝中华人民共和国成立三十周年全国美展"，出现了对连环画《枫》的讨论，完成了屡遭非议的首都机场楼壁画《泼水节——生命的赞歌》。1979 年也是民间小型艺术团体集中爆发的一年。1979 年春节前，上海青年画家自发举办的"十二人画展"，是"文化大

---

① "后文革美术"主要是指 1976 年 10 月至 1978 年年底这段时间内的美术创作，在创作方法上与"文革美术"相比，依然遵循着"题材决定论"的模式，对"典型人物"的歌颂与赞美仍然是时代的主题，只是随着报刊宣传口径的变化，有些作品的创作主题发生了细微的变化，其实质依然是换汤不换药，如对"文化大革命"英雄的赞美变成了对符合新政治标准的英雄的赞美等。由于华国锋对"两个凡是"的坚持，使得此时部分美术作品的创作手法与"文革美术"完全一致。在艺术表现上，部分艺术家开始强调作品的"艺术性"，并追求向现实主义的回归。

② 高名潞将"文革"结束至"85 新潮"这一时期的美术划分为三个阶段。1976—1978 年是"后文革美术"期，1979—1984 年是"人道美术"期，1985 年以后是"85 新潮美术运动"期，参见高名潞《'85 美术运动 80 年代的人文前卫》，广西师范大学出版社 2008 年版，第 35 页。

③ 吕蒙：《让我们高呼"人民万岁"》，《美术》1979 年第 3 期。

革命"结束后国内第一个具有现代艺术色彩的展览，这个展览大胆涉及了"文化大革命"禁区——风景画与静物画等，还率先借鉴了"印象派"及西方现代艺术的观念与技法。1979 年春节期间，在首都各公园里就出现了近三十个这类展览，此后，各地的画会展览如雨后春笋般相继问世，如"四月影会""无名画会""同代人""申社"等，其中影响较大的是"星星画会""无名画会"和"四月影会"等展览。这些展览大多倾向于借鉴西方早期现代主义风格，都较注重个人意识的表现以及现代艺术形式的探讨。其中，尤为重要的是 1979 年的"星星美展"，它是通过政治运动争取到的偶然艺术狂欢，是中国现代美术的序曲，更是"85 新潮美术运动"的先导。

1979 年 9 月 27 日，"星星美展"在中国美术馆东侧的铁栅栏上举行了第一次公众性的露天作品展，9 月 29 日该展览因"影响了群众的正常秩序"遭禁止，随即该事件由画家贴上了西单"民主墙"①，并进行了游行抗争。在游行开始之前，画家们通过宣言的形式向广大人民群众讲述了游行的原因，并对游行活动予以辩护，经过游行抗争，最后，官方让步，该展览于 11 月 23 日至 12 月 2 日在北海公园继续展出。1980 年夏初，"星星画会"正式成立，其口号是"要言论自由，要艺术自由"。画会由一些"业余"艺术家组成，没有十分明确的主题，选画的程序及标准十分简单，在艺术观念和手法上多样而不同，少数偏向于社会性，大多数偏向于抽象表现主义。1980 年 8 月 20 日，中国美术馆举办了"星星画会"的第二次正式展览。在参展的艺术家中，王克平展出了雕塑《沉默》《万岁》《偶像》，马德升展出了木刻《人民的呼喊》《六平方米》，黄锐展出了油画《葬礼》《遗嘱》《新生》等，从艺术家们的展览以及宣言中可以看出"星星画会"积极介入社会生活，批判权威，有借鉴西方现代派（甚至带有明显抄袭）的痕迹。而另一方面，以李爽为首的几位艺术家则倾向于发掘作品自身形式的潜力，如李爽的《神台下的红孩》、

---

① 西单"民主墙"始于 1977 年，"文化大革命"结束后作为解放思想，自由讨论，申诉民主的集中地而存在。

严力的《对话》《游荡》以及包炮的雕塑等，他们力图在纷繁的线、形及构图中，获得一种强烈的情感宣泄，追求"什么都没有表现"的纯形式表达。对于观众看不懂这类艺术的质疑，王克平辩解道："有些画不必被看懂，它本身没有什么奥妙。……只要美就多看几眼，并不存在懂不懂的问题，有些画就是如此。"① 对于那些没有题目的画，王克平又说："没有题目就没有必要加题目，让别人自己去领会，尊重别人的想象，你能理解多少，它就给你多少。"② 对习惯了画作要表现主题的中国观众而言，这种纯形式的启蒙至关重要，它意味着对人们惯常视觉方式的批判和破坏，为西方现代派在"新时期"被接纳做好了前期扫盲工作。总体而言，"星星画会"的作品形式直观，情感躁动，哲理深厚，有着某种深不可测的力量，它们反传统、反学院派，有朝气、有力量，既深沉又强烈，是未曾在中国展厅中出现过的新形式。虽然大部分作品造型怪异、色调突兀、意义隐晦，但表达了一种强烈的要爆发的力量。其强烈的社会指向性，对传统的挑战、对黑暗的控诉、对自由的追求，为 1985—1989 年中国现代艺术的繁荣奠定了坚实的基础。

在没有形成"文化热"的当时，美术界对"星星"的响应极少，因而没有形成"潮流"。虽然"星星美展"作品的艺术性遭到了质疑，但其重要性却在于"星星画会"以政治运动的形式，即游行示威，参与了艺术机制的建构，使得官方承认了民间展出的合法性。对传统视觉观看模式的颠覆，使得西方现代派这种全新的创作手法，开始为民众所接纳并在更大的范围内形成新的艺术创作标准，为今后艺术的自主探索与自由发展提供了一种氛围。可以肯定，如果没有"星星美展"及其相关事件，1985 年开始的中国现代艺术的繁荣是不可想象的。诚如鲁虹所言："星星美展的举办……以西方现代派的语言模式关注了中国的现实问题，并真正触及了人们的灵魂，故而在当时引起了极大的轰动。"③ 一言以蔽

---

① 王克平:《问答》,《美术》1981 年第 1 期。
② 王克平:《问答》,《美术》1981 年第 1 期。
③ 鲁虹:《中国当代艺术三十年》,湖南美术出版社 2013 年版,第 23 页。

之，"星星美展" 所争取的 "艺术自由""批判权威""介入社会" 的特质，应该说只是一种波及全国的艺术潮流的集中表达罢了。1984 年以后中国现代艺术团体的风起云涌毫无疑问与 "星星艺术家" 的努力不可分割，只是 1985 年以来，中国的现代主义艺术浪潮里艺术作品的形式及其批判力度和勇气远超 1979 年和 1980 年的 "星星"。

继 "星星画会" 之后，在解放思想的政治形势下，现代艺术有了进一步发展的可能性。自 1982 年起，各地自发的青年艺术家群体及其展览活动蜂拥而起，湖南各地先后出现了 "磊石画会""野草画会""怀化群体""美术出版社青年美术家集群" 等青年艺术创作团体，并举办了一系列美术作品展，其中以 "湖南 0 艺术集团展" 和 "湖南青年美术家集群展" 影响较大。1983 年 5 月举办的 "厦门五人展览" 和 9 月举办的 "八三年阶段·绘画实验展览" 同时表现出一种趋势，即艺术试图扩大对形式语言的探索，尝试在艺术与生活之间建立一座桥梁，将立体与平面、实物与幻象、拼贴与构成进行结合，极大地拓展了艺术的审美领域，刺激了观众惯常的审美方式。在这些新的艺术理念及其表现方式的启迪下，王广义、舒群、任戬、刘彦等人于 1984 年在哈尔滨成立了 "北方艺术群体"，这也是学界公认的第一个 "85 新潮美术运动" 群体，他们推崇强调理性和秩序性原则的 "极地艺术"，正是在此新的艺术理念及其创作方式的基础上召开了 "珠海会议"，并倡议组织了 "中国现代艺术大展"。然而，同年官方举办的 "第六届全国美术作品展览" 却受到偏 "左" 思想的影响，出现了 "文化大革命" 创作模式的复辟，"题材决定论" 明显，轻视绘画的艺术性。① 然而，半年之后在北京举办的 "前进中的中国青年美展"（1985 年 5 月）却使美术界感受到了一股清新的空气。虽然此次展览仍然有着明确的主题 "参与、发展、和平"，但值得注意的是，《春天来了》《在新时代——亚当夏娃的启示》《140 画室》这三件作

———————

① 本次美术作品展览在创作方法、艺术观念上和 "文化大革命" 时期一致，只是将绘画的主题改为 "建设四化"，将主要人物改为青年工人，主题性绘画与非主题性绘画作品比例失调，像何多苓的《青春》这类作品寥寥无几。

品获得了鼓励奖,而且,它们都不约而同地关注了形式问题。其背后的实质则是思想观念的转变,作品追求超越可视的逻辑现实,将存在主义学说的 "自我意识" 上升到灵性的高度去感应世界,画面放弃了文学性的叙述,与观众保持着相当的距离,以一种冷漠、超现实的态度表达了艺术家对现实的思考。在本次展览上,批评家们开始运用苏珊·朗格的符号美学以及克莱夫·贝尔的 "有意味的形式" 理论进行评析,评论的相关作品有俞晓夫的《孩子们安慰毕加索的鸽子》、周春芽的《诺尔盖的春天》、刘谦的《小巷》等。继 "星星美术作品展览" 之后,"前进中的中国青年美展" 再一次举起了批判的旗帜,这些作品充当了一个新时代的揭幕者,从 1985 年开始,一股势不可挡的现代艺术运动如雨后春笋般涌现在整个中国,"85 新潮美术运动" 最终拉开了大幕。

1985—1986 年间,各地青年艺术群体活动频繁,展览与会议此起彼伏,群体活动多种多样,如露天和群众交流、行为表演、各种观摩、研讨等,现代主义的呼声一浪高过一浪,艺术界掀起了 "85 新潮美术运动" 的高潮。

这一时段的重要群体有成立于 1984 年 7 月的 "北方艺术群体",该群体带有地域文化的影响,具有冷漠、肃穆、摒弃情感的特征;成立于 1985 年 6 月的 "新具象与西南艺术群体" 也是具有地域特色的群体,该群体的精神纲领是 "行动—呈现—超越",将艺术看成生活本身,强调灵魂和生命,表现了一种反叛精神。

与 "北方艺术群体" 和 "西南艺术群体" 表现地域文化不同,江苏青年艺术群体转向了对艺术家个体的关注,在这一时期该群体举办了一系列展览并产生了广泛影响。例如,1986 年 3 月举办的 "江苏青年艺术周·大型现代艺术展"(江苏南京)是此时为数不多的大型展览之一,相对于 "前进中的中国青年美术作品展览" 对社会和历史的关注而言,本次展览凸显出对个人狭窄生活圈子的消沉、颓废及虚无等情绪的表达,从这里可以窥视到 "85 新潮美术运动" 的社会历史感向个人虚无主义的转向。1986 年 6 月,丁方、杨志麟、沈勤、曹晓东、柴小刚、徐累、徐一晖、官策、杨迎等生基于一致的绘画风格而组成的"超现实主义团体",定名为"红色·旅",该团体在"85 新潮美术运动"时期产生了相当大的影响。杭州的"85 新空间画展及其艺术群体"展示出与其他地域群体所追求的激情与宣泄截然不同的面貌。艺术家们努力去掉人情味,以静态的形式来表达内心的活力,把目光转向都市和工业化,表现出一种克制、含蓄和冷漠的气氛,这种冷漠与克制,以及由此产生的对日常生活景观的"陌生"效果在张培力和耿建翌两位画家的作品中体现得较为充分。1986 年 5 月,由张培力、耿建翌、宋陵等人发起,通过商议,确定重新建立一个团体,即"池社"。在"池社"的宣言中,艺术家们着重强调了艺术庄严与纯粹的一面,并强调了"浸入"的意义。"池社"的宗旨比"85 新空间"更进一步虚无和观念化了,是一种艺术家对现实环境的认识,也是艺术家孤寂内心世界的投影,并特别强调"浸入"式的感悟。这些理念毫无疑问地导致一种缺乏终极目的的过程性艺术的产生,如《作品 1 号——杨氏太极系列》,以及随后的《包扎——国王与王后》的"包扎活动"。

湖南艺术群体也是"85 新潮美术运动"的中坚力量,湖南最早的现代艺术团体是受"星星画会"影响于 1982 年 6 月成立的"磊石画会",该画会的第一次展览就偏离了"三突出"的创作原则,第二次展览中出现了超现实主义和表现主义风格的作品。1986 年 11 月,该画会大多数成员参加了在北京举办的"湖南青年美术家集群展",这是湖南省青年现代艺术家群体的一次大集会。参与展览的艺术家包括六个湖南现代艺术群体的主要成员,即"磊石画会""《画家》群体""湖南 0 艺术集团""野草画会""立交桥画会"和"怀化群体"。"集群展"引起了强烈的反响,评论界褒贬不一,一些批评家认为"集群展"在"85 新潮美术运动"的基础上有了建设性的推进,以栗宪庭为代表的另一些批评家则认为本次展览过于注重风格形式与制作,带有厚重的脂粉气,从而冲淡了"85 新潮"爆发时的那种真诚、热情的生命冲动,其文化批判的任务还远未完成。与此同时,湖南"《画家》群体"也较为瞩目,《画家》的编辑均为艺术家,袁庆一也属于这个群体,他创作的《春天来了》最早暗示了"85 新潮美术运动"中的冷漠倾向,产生了一定的影响力,而且他们从理论和实践层面探讨了中国当代艺术的发展之路,对于周边的艺术群体起到示范作用,具有相当大的凝聚力。

与湖南的艺术实践遥相呼应的是湖北的理论研究,1985 年《美术思潮》在武汉创刊,该刊的激进和生机被看成湖北美术界的形象。这一时期影响最大的是"湖北青年美术节",美术节于 1986 年 11 月同时在武汉、黄石、沙市、襄樊、十堰等 9 个城市举行,在 28 个场所展出了两千多件作品,形式丰富多样,并且将展览与讲座、幻灯观摩等活动结合起来。这是湖北艺术创作群体的一次集体亮相,随后在北京举办了展览。本次展览以后,湖北青年艺术家们像中国其他地区的艺术家一样,开始逐渐放弃团体性的活动,转而在各自的领域内进行新的探索。总体而言,湖北的"新潮美术运动"呈现出依恋楚文化、崇尚老庄哲学以及追求艺术革新的特征。

北京艺术家群体在这一时段举办了数次展览,如 1985 年的"11 月画展",1986 年 5 月的"北京青年画会首届会员作品展"以及 1987 年 12 月的"走向未来画展"。值得说明的是,"北京青年画会首届会员作品展"呈现出现代艺术的形式主义倾向,各种风格争奇斗艳,整体上失去了往日的冲击力与批判性。以戴士和为代表的《走向未来》丛书编委会在中国美术馆举办了"走向未来画展",这是一次表现主义的盛宴。戴士和作为此次画展的主要组织者,他的艺术风格多变,"游移动摇",没有渐进变化的逻辑,这也是"85 新潮美术运动"时期大部分艺术家的缩影,"游移"与"通达"是那个时期"新潮艺术家"的共性。

厦门艺术家群体在此时段举行了数次展览,这些展览构成了厦门艺术家群体对传统文化的批判性展示。1986 年 9 月 28 日至 10 月 5 日在厦门举办了"厦门新达达"展览,1986 年 11 月黄永砯进行了焚烧作品的行为表演,创作了装置作品《"中国绘画史"与"现代绘画简史"》。无论是将参展作品置于大火中付之一炬,还是直接将展馆周围的建筑材料和废弃物搬进展厅抑或是将《中国绘画史》和《现代绘画简史》放在洗衣机里搅拌，所有这些虚无荒谬的行为，其目的不过是要表达一种对经典与传统的嘲讽与解构，这种批判是基于思想、语言的逻辑而展开的。

除上述这些群体之外，还有西北群体、中原各群体、深圳群体等。这些群体都不约而同的以西方现代主义为摹本，追求艺术的自由与解放。据高名潞统计，仅 1985、1986 两年，就有 4401 人参加现代艺术活动，从 1984 年开始现代美术的展出率直线上升，由之前低于 11 次的状况上升到 39 次，而 1986 年则攀升到了 110 次，达到了"85 新潮美术运动"的高潮。① 事实上，许多群体和展览在不被关注的情况下自生自灭了。然而，这些在混乱与激进中产生的现代艺术组织和活动，开创了中国艺术发展的新阶段，从此，艺术不再追随苏联的革命现实主义写实性技法，而是听从内心，表现个人情感。

总体而言，1985—1986 年的新潮艺术运动此起彼伏，声势浩大，朝气蓬勃。但从 1987 年开始，艺术运动处于相对停滞的状态，艺术界和批评界开始对此前蓬勃发展的现代主义艺术进行反思。在这种背景下，出现了古典风和抽象风的复辟，形成了一股"纯化艺术语言"的思潮。而这种"纯化"之风因缺乏对以人为核心的各种观念以及体制的思考而丧失了艺术的批判性，从而沦为纯粹的形式主义运动，这种对"85 新潮美术运动"的反叛又在一定程度上被拉回到现代主义艺术运动的轨迹上来，并为 1989 年举办"中国现代艺术展"提供了理论氛围。

1987—1989 年间，关于泛文化问题的讨论热情渐趋减退，急促的经济增长和缓慢的体制改革之间的矛盾开始凸显，市场经济体制的发展打乱了计划经济所确立的运转秩序，经济领域改革导致的社会问题把文化的一般问题引向了较为具体的政治问题。学界固然普遍认可栗宪庭将"中国现代艺术展"上肖鲁的两声枪响作为"85 新潮美术运动"的谢幕礼的判断，但"85 新潮美术运动"的谢幕，实则可以追溯至 1986 年

① 相关数据可参见高名潞《中国当代美术史：1985—1986》，上海人民出版社 1991 年版，第 608—620 页。

"反对资产阶级自由化" 运动的兴起。随着胡耀邦被迫离开政治舞台，思想解放的背景便不复存在，而高名潞等原本计划于 1986 年实施的 "中国现代艺术展"，经多方努力，也只能在 1989 年以回顾展的方式展出。尽管这次展览取得了在国家最高艺术殿堂中国美术馆的展出资格，但展出的只有少量前卫作品，也引起了一定的社会轰动，不过这些作品均未得到官方的支持。

不管是出于对 "85 新潮美术运动" 进行研究的动机，还是出于推动现代主义艺术发展的需要，栗宪庭、高名潞等评论家都认为，有必要举办一次全国性的展览。历时半年之久的筹备，"中国现代艺术展" 开展了。2 月 5 日 9 时开幕，11 时 10 分，肖鲁开枪完成作品并导致第一次闭展。2 月 10 日重新开展，2 月 14 日《北京日报》、北京公安局、中国美术馆同时收到用报上铅字剪贴而成的匿名恐吓信。为安全起见，全馆关闭两天。2 月 17 日展览再次恢复，2 月 19 日展览结束。栗宪庭作为本次展览的总设计师，其布展设计体现了批评家对几年来中国现代艺术发展的一种概括性看法。他以自己提出的 "大灵魂" 艺术观① 为基点，将整个展览分为四个部分。一楼的具有 "崇高" 特征的前卫作品，以波普、装置及行为等样式为主，以强烈的视觉冲击观众的传统审美惰性；二楼中厅强调一种宗教式的崇高气氛，展出了丁方的教堂以及王广义的模式形象等；二楼西厅的 "冷" 作品，热情受到理性的压制，如徐冰的《析世鉴》等关注理性，是具有荒诞倾向的作品；二楼东厅则强调 "热"，展出的是西南艺术家群体的作品，如毛旭辉的《和明星在一起》、张晓刚的《生生息息之爱》、潘德海的《掰开的包谷——后山》等，这些作品无论发泄痛苦，还是对生命表示留恋，其实质都在于表现情感。本次展览中二楼的三个展厅在一定程度上可以看成一个回顾展，不少作品在 1985 年、1986 年左右已经完成且展出过。从创作手法来说，延续了 "85 时

---

①　1988 年第 37 期发表于《中国美术报》的一篇文章《时代期待着大灵魂的生命激情》中，胡村（栗宪庭）针对东西方文化的碰撞所出现的时代困惑提出了 "大灵魂" 这一概念，也即超越个人经验之上的一种时代精神，这种时代精神正是 "85 新潮美术运动" 艺术家所扛起的批判大旗以及生命追求。

期"的技法，如在本次展览中首次亮相的《√》（杨君、王友身创作）在技法和内涵上均类似于1985年的"前进中的中国青年美术作品展览"中展出的《1976年4月5日》，只是少了几滴象征鲜血的红色，将画面的主体由手挽手的革命青年变成了来去匆忙的消费群体，呈现出日常生活中的无表情、无中心、无目的的特征。而对社会造成强烈冲击的作品仅仅出现在第一展厅中。这些作品主要是行为艺术作品，包括李山的《洗脚》以及并未完成的黄永砯的拖走美术馆计划和太原三个艺术家裹白布试图制造的"超现实"气氛等，装置作品如肖鲁的《对话》，高桦、高强、李群三位艺术家的"充气浮游集合雕塑"、李为民的《黑匣子》、顾德鑫的《无题》等。其中吴山专的《大生意》将中国美术馆这一艺术的圣殿变成了黑市，艺术家基于对美术馆作为艺术品审判法院的反抗以及对艺术理论家拥有艺术品评判权的反抗而创作了该作品。张念的《孵》和李山的《洗脚》，在观念上与《大生意》没有什么不同，均具有诙谐和嘲讽的意味。高桦、高强、李群三位艺术家的"充气浮游集合雕塑"系列作品之《子夜的弥撒·最后的审判》《世纪末·最后的审判》，均以气球组成的硕大男性生殖器做造型，以劳伦斯的论断——"性是生命与精神再生的钥匙"作为创作宗旨，通过对性以及性器官的模拟，提醒观众对自己的生命进行反省。尽管弗洛伊德关于性的著作已在中国大量出版，但性以一种强烈直白的象征出现在神圣的中国美术馆内，以一种野蛮的形式反抗文化领域里的"绅士精神"，无疑对观众心中已经开始动摇的艺术概念进行了毁灭性的打击。李为民的装置《黑匣子》，装饰着写满诸如"AIDS""马屁精""兽性""逆来顺受"等词汇的佛像，顾德鑫的作品《无题》是用塑料热处理之后做成的近似腐烂的肠子的形态，这些作品所体现的压抑情绪的排解与"85新潮美术运动"中的那些发泄相比没有什么不同，对艺术家来说当画布上的宣泄已经显得无能为力时，对现成品的简单处理可以将生活中难以承受的精神痛苦通过实物的转嫁得以缓和，类似的现成品装置还有范叔如的《无题》、顾雄的《网》。总体而言，这些作品的表达方式依然延续了"85时期"装置艺术的创作手法，都采用了几近直白的造型语言，区别在于对材料运用的强度有所不同。所有作品中最具代表性的则是肖鲁对其装置作品《对话》所发射的两颗子弹，栗宪庭将这两声枪响看作新潮美术的谢幕礼。此外，本次展览的标志设计——黑色的禁止掉头的交通标志，则暗示着此时波普意识在中国已经转化为一种独特的、深刻的文化意识。综合来看，这些具有强烈社会冲击性的作品均以艺术的幽默、诙谐、堕落来展示社会的不合理、文化的堕落，这些荒唐的行为、恶心的发泄是艺术家在直面无法破解的社会难题时采取的一种极端方式，这种方式最终使得艺术成为反抗的牺牲品，正是这样的牺牲促使人们去思索当下的社会问题。

1989年"中国现代艺术大展"之后，"85新潮美术运动"宣告结束。随着市场经济的发展，从1987年开始的对现代主义的本质主义的质疑，使得部分艺术家开始对艺术的未来进行重新思考。绘画出现了新的动态，如"玩世现实主义""政治波普"以及"新绘画"。它们均"没有本质主义的追问，却有现实问题的揭示；不是西方主义的标准，却有全球化的普适态度；不再攻击具体的目标，却有并置出来的冲突；不讨论什么是艺术，却坚持艺术史的立场；没有独一无二的阐释，却有截然鲜明的观念"[1]。王广义将这些艺术形式统称为"当代艺术"，用以消除本质主义的立场以期和市场取得联系，他开始将商品问题放置到荒诞的政治符号中来，方力钧则用朋友和自己的画像来表现自嘲调侃的情绪。新的艺术形式既不在艺术中思考政治问题，也不去一味强调批判性的情感，当然也不迎合官方有关改革开放的宣传。"当代艺术"彻底摆脱了"现代艺术"，开始在社会中构成整体性的力量。

第三节 "85新潮美术运动"的发生机制及其实现路径

"85新潮美术运动"作为以"星星运动"开启的20世纪80年代中国

---

① 吕澎：《新绘画的历史上下文》，《艺术当代》2007年第5期。

现代艺术运动主体，它在艺术群体、艺术传媒、艺术展览等社会活动方式上，上演了一场文化、思想史的宏大正剧。"85 新潮美术运动"的重要意义无须赘述，但是促成这场"运动"的观念以及思想是什么？它们又是通过怎样的方式连接在一起，以及对艺术实践产生着怎样的影响？这些都是必须要思考的问题。笔者尝试从"85 新潮美术运动"发生的前提、关键、条件等机制以及实现路径等方面呈现"85 新潮美术运动"的"问题域"。

上文分析了"85 新潮美术运动"的内外生态环境。一言以蔽之，发生在全球历史转折期的"85 新潮美术运动"是国内外政治、经济、文化环境共同作用的结果。在"革命的 20 世纪"的末期，中国经济飞速发展使得贫富差距不断扩大，而长期遭受"文化大革命"压迫的中国民众深刻地意识到只有"破坏"才能获得"自由"，这种"破坏"理念可以弥补经济发展带来的精神世界的空虚与孤独，在艺术上表现为对主观情感的追逐。纵观中国艺术史，自文人画重表意重情感以来，这种关注个体情绪情感的价值追求在"革命的 20 世纪"尤其是"新文化运动"以来，被"写实主义"或者"革命现实主义"的表现方式所代替，"新时期"以来对个体情感的关注再次成为时代的呼声，它不仅是来自中国内部的呐喊，更是与西方现代哲学的传播密不可分。当时的艺术家们基本上都饥不择食地阅读各种西方哲学著作，用艺术形象来表达艺术家们对哲学观念的理解，形成了一股艺术表达观念的风潮，比如"北方艺术群体"的理性化、"西南艺术家研究群体"的"生命流"等。

对于艺术形式的语言范式而言，选择写实或写意本身并非是界定艺术是否"新潮"或"现代"的标准，对于 20 世纪中国的艺术现状而言更是如此。自徐悲鸿①将写实技法引入中国传统艺术以来，经陈独秀②、刘海粟③、

---

① 徐悲鸿：《中国画改良论》，载郎绍君、水中天编《二十世纪中国美术文选（上卷）》，上海书画出版社 1999 年版，第 38—42 页。

② 徐悲鸿：《中国画改良论》，载郎绍君、水中天编《二十世纪中国美术文选（上卷）》，上海书画出版社 1999 年版，第 29—30 页。

③ 徐悲鸿：《中国画改良论》，载郎绍君、水中天编《二十世纪中国美术文选（上卷）》，上海书画出版社 1999 年版，第 35 页。

蔡元培①等对写实的极力倡导，毛泽东延安文艺座谈会指导精神的大力宣传，"文化大革命"以来将写实融入中国传统艺术，从严格意义上来讲并未成为一种艺术手法，这期间的主流作品充其量只能作为政治图解的工具而存在。进入"新时期"后，艺术面临的最本质的问题乃是如何回到"艺术"本体，因此这一时期美术界要解决的核心问题是"观念"而不是"手法"。基于这个逻辑，我们可以认为思想解放是"85新潮美术运动"之所以能够发生的关键。这里将思想解放的时间范畴限定在"文化大革命"结束后到"85新潮美术运动"爆发前，因此有两次明显的解放潮流，一是邓小平在1978年12月13日中央工作会议第四次全体会议闭幕式上的讲话《解放思想，事实求是，团结一致向前看》，由此拉开思想解放帷幕；二是"清除精神污染运动"以及"反对资产阶级自由化运动"，这两次运动虽然表面上提出清理"资产阶级"的毒瘤，缩紧意识形态管制，在一定程度上造成了对现代艺术的发展障碍，然而这些压制和阻碍却助长了更为强烈的求新求变的思想，为更大范围的思想解放赢得了喘息之机。实际上"思想解放运动"和"清除精神污染运动"等都是自上而下的政治运动，其主旨在于扫除"文化大革命"影响，清除"资本主义"因素，拨乱反正，树立社会主义领导权威。1983年开始的"清除精神污染"运动，最先针对的是意识形态的代言人周扬。周扬在马克思逝世100周年纪念会上"关于马克思主义几个理论问题的探讨"的发言中涉及了"异化"问题，提出经由改革，克服人的"异化"现象，可以实现人的解放。而保守主义者认为，这些改革是对社会主义基础的动摇，进而掀起了轰轰烈烈的"清除精神污染运动"。由于改革开放初期奠定的思想解放基调，这股"极左"思潮的反扑并未取得成功，而是在经历"文化大革命"磨难的新一届当权者的干预下，为更大规模的开放创造了条件。经过两轮"思想解放运动"的洗礼，使得社会改革朝着"民主""自由"的道路前进，"思想解放运动"作为改革开放和个体解放的

---

① 徐悲鸿：《中国画改良论》，载郎绍君、水中天编《二十世纪中国美术文选（上卷）》，上海书画出版社1999年版，第15—19页。

前提，具有了超越政治意图的现实价值，成为"85 新潮美术运动"的思想关键。

如果将 1979 年的"星星画展"、1985 年的"前进中的中国青年美术作品展览"以及 1989 年的"中国现代艺术大展"，放置在中国传统艺术的历史脉络中来看，这些参展作品类似于某种"艺术奇迹"，即它们在叙述形式、表现技巧及话语形态上，脱离了主流意识形态的管制，呈现出一种超时空的救赎特征。学界常常认为这一系列展览呈现出的异质性与 20 世纪 80—90 年代之交的社会与政治动荡直接相关，从而将"85 新潮美术运动"的历史处境象征性地指认为 80 年代不断推进的文化革命的缩影。而事实上，立足于本土国情，从世界格局的宏观身份认同与微观个体压制的反抗两个方面来探讨"85 新潮美术运动"的发生机制，是最为可能的形式。

"文化大革命"造成了自我与社会、与他人、与坏境以及与自身之间的紧张关系，由此而产生精神危机和心理创伤。这种异化和扭曲与资本主义全球化造成的人类困境类似，由此而获得了自愈疗法的模板与共振。在"文化大革命"中被利用而后被放逐的青年一代在历经传统道德崩塌所带来的怀疑、悲观、绝望与反叛之后，被西方现代派这种异质的酵素催化后激发出"革命救赎"的活力。从宏观层面来看西方现代派开启了一个另外的艺术世界和想象空间，这里的"西方"，是冷战阵营的另一方，是"别一世界"，是"想象的他者"，说到底，艺术家们崇拜西方的，不但是其文学艺术，而且崇拜西方的个性解放。对于这一点，颇具启发性的是詹姆逊的地缘政治空间理论，[①] 该理论从殖民帝国系统的空间角度来阐释现代主义的诞生。贺桂梅将这种理论下西方现代主义的诞生归结为由于"殖民帝国'殖民化的他者'的隐形而导致的结构性空缺的呈现所产生的美学后果"[②]。如果从空间与现代主义之间的关系来看，可以说是后冷战时期关于"世界"空间的新体认方式，这也是促使"85 新

---

① ［美］弗雷德里克·詹姆逊：《现代主义与帝国主义》，载张京媛编《后殖民理论与文化批评》，北京大学出版社 1999 年版，第 1—21 页。

② 贺桂梅：《"新启蒙"知识档案》，北京大学出版社 2010 年版，第 135 页。

潮美术运动"诞生的某种历史动力。事实上，"85 新潮美术运动"这个具有"中国+80 年代+新潮美术"特征的"运动"的复杂性要远超以西方为中心的历史经验。首先就国别特征而言，尽管中国已经实行改革开放，但只是一个刚刚经历了"文化大革命"并开始跻身国际的发展中国家，是作为"第三世界国家"存在的。因此，从一定意义上来说，"85 新潮美术运动"的诞生不仅是空间地缘政治格局变化的结果，更是中国人对于其生活空间的体认方式的剧烈变迁的表现形式。那种由冷战格局所划定的世界空间，那种被锁闭在单一民族—国家之内的历史体验被打破了。"85 新潮美术运动"的出现不仅是在单一民族—国家内部体验"全球化"时所感受到的"结构性空缺"，而且因政治经济变化而导致空间变迁，这种变迁最终反馈为一种美学上的反应。"85 新潮美术运动"的出现是中国在全球空间格局中位置错动的表现，中国现代主义艺术的出现可以视为这种空间错动的一种美学反应。80 年代中国艺术界在与西方对接的过程中，不免会产生一种来自落后的"第三世界"的身份焦虑，这种焦虑的形成可以从两个方面来加以理解。一方面在于，中国从一个封闭状态的"第三世界"国家在与全球资本主义市场接轨的过程中激发出来的民族身份认同的内部动因。另一方面在于，从外部世界来看，如果说民族主义是全球资本主义世界体系在 19 世纪后期的伟大贡献的话，那么，中国以"发展中国家"的身份加入这一民族—国家体系，无疑是由内而外激发其民族身份认同的外部动因。无论如何，在一种以西方为参照的坐标系中，西方现代主义的发达、完善，都被冠以极大的虚幻与热情，这种炙热的激情是西方现代主义在自己的世界里很少能达到的，因此出现了"85 新潮美术运动"的参与人数高达 4401 人的群体性艺术行为。可以用"狂热"这个词来描绘当时的"新潮艺术家"对西方现代主义的迷恋，以期通过这种虚幻的"海市蜃楼"来排解"欠发达的现代主义"[①] 在成长过程中所遭受的各种压力。

---

① 此概念由马歇尔·伯曼提出，参见［美］马歇尔·伯曼《一切坚固的东西都烟消云散了——现代性体验》，张辑、徐大建译，商务印书馆 2003 年版，第 222 页。

从微观层面来看,参与"85新潮美术运动"的青年艺术家的革命态度、其自由结社的灵活性以及思想资源的多样性都直接导致了"85新潮美术运动"的发生。回顾20世纪中外美术史的发展历程,现代主义艺术作为社会革命的媒介由来已久。中国在30年代已经进行了现代主义实验,比如1932年庞薰琹发起的中国艺术史上第一个现代艺术社团"决澜社",其作为"五四"新文化运动的一部分,是新美术运动的代表,它效法西画反对中国传统艺术形态,加速了社会转型的步伐,遗憾的是这场发生在20世纪初的现代美术运动半途而废了。现代主义艺术实验在1949年至"文化大革命"结束的30年中,在主流意识形态的压制下完全处于销声匿迹的状态,直至"新时期"的到来。鲁明军将这种世纪初萌生的"美术革命"精神延续至"85美术"时期,且将其放置在"革命的"20世纪的全球视野中加以考察,与意大利未来主义、俄罗斯无产阶级文化运动剧场、法国达达主义一同构成了20世纪初全球性艺术社会革命的景观。① 从这一点上来说,中国作为全球革命景观的一个组成部分,"85新潮美术运动"展示了艺术的丰富性,具体体现在一方面批判和反抗国家内部强权压制,另一方面是对西方资本主义现代性的接纳。

从更加微观的层面看,"85新潮美术运动"产生的契机就是反抗中国美术家协会举办的"第六届全国美术作品展览"。中国美术家协会作为艺术文化权的掌控者,观念保守,效率低下。由其组织的新中国成立三十五周年大型美术作品展览,作为新中国成立以来规模最大的展览,呈现了新中国成立后中国艺术的繁荣局面,但它在创作观念上并没有突破"新时期"以来有关"人"的主题。虽然展览中也出现了"新时期"以来的几种绘画潮流,如"伤痕绘画""生活流""唯美主义"等,但普遍出现了"矫饰"的趋势,形式谄媚,创意固化,然而更多的则是"文化大革命"的创作模式。基于美协体系的僵化,各地青年艺术家自发在民间结社组会,这些组织松散、牢固性不强,构造灵活,能够即时展示他们的新思维、新观念,这为传播现代主义美术思潮奠定了组织基础。除

---

① 鲁明军:《"美术革命":当代的预演与新世界构想》,《文艺研究》2018年第10期。

了富于弹性的组织基础外,这场运动主体的"草根性"更是决定了艺术革命的彻底性。这场运动的参与者主要是刚毕业或者还没毕业的年轻学生,如高名潞、王广义、舒群、张培力等,他们年轻而有热情,思想活跃,对新事物敏感,不会受到传统的过多羁绊,他们除了拥有丰富的思想和绘画技巧外,几乎一无所有。① 正是他们的"草根性"决定了其义无反顾的投身文化变革的历史洪流,以年轻人的血性和阳刚诠释着革命的决绝。他们以一种狂野的态度标榜个性、张扬自由,以一种英雄主义的豪情追逐着自我的个体权。在一种逆反心理的驱使下,以四川的乡土画家为代表的"伤痕美术"首先出现了对"红光亮""三突出"的"文化大革命"美术创作模式的反动,此后,出现了从形式到内容的革命。从"星星美术作品展览"的在野展示到"中国现代艺术展"的登堂入室,这些"草根"艺术群体曾经将作品展示在公园、马路、商场等公共空间接受路人的检阅,这些刺激而又饱含激情的争取现代艺术合法性的行为本身就可以视之为"革命运动"。正是这些年轻人自发形成的艺术群体从组织结构上、人员构成上助了"85 新潮美术运动"的诞生。

虽然我们从国内外的政治、经济、文化环境等方面分析了"85 新潮美术运动"的前提,也从宏观和微观两个层面阐释了该运动的发生机制,但要清晰地了解该运动的运行机制,就不得不讨论其成型路径。首先,从思想准备方面来说,没有谁比"新潮艺术家"更热衷谈论自己的"阅读史","阅读"在 20 世纪 80 年代的文化意识中扮演了"新启蒙"的媒介角色。在关于 80 年代的知识合法性的描述中,形成了一种明确的历史指认,即将"新时期"描述为继"五四新文化运动"、延安整风运动之后的"第三次伟大的思想解放运动"。② 如果将"文化大革命"描述为"封建法西斯专政""宗教教义式的新蒙昧主义",那么"文化大革命"

---

① 李晟曌、刘畑:《万曼之歌:"马林·瓦尔班诺夫与中国新潮美术"学术文献展》,《当代艺术与投资》2009 年第 10 期。

② 周扬:《三次伟大的思想解放运动——在中国社会科学院召开的纪念"五四"运动六十周年学术讨论会上的报告》,载《周扬文集》(第五卷),人民文学出版社 1994 年版,第114—134 页。

结束后的 80 年代便成为高举"民主与科学"的"新时期","五四"任务则不可避免地成为"新时期"的"革命目标"。在这个层面上,我们将"80 年代"称之为"新启蒙"时期。事实上,毛泽东有关延安整风运动和周扬有关当代文艺传统的论述①都同样在重构这种历史连续性。既然"五四运动"的"反帝"目标经由抗日战争已经取得全面胜利,那么剩下的"反封"目标则被凸显出来。问题的关键在于,如果强调从"五四运动"到"新时期"的"反封"目标的延续性,那么实则可以将"五四"的理想拆分开来也即"反封+反帝",换句话说,"反封"可以作为一场"思想革命"从"政治革命"中独立出来,这也是作为 80 年代文化热一个面相的"85 新潮美术运动"发生的内在驱动力。在这种内在动力的驱使下,哲学成为最直接的思想批判与精神重建的武器。无论德国古典哲学还是现代西方各种哲学流派,如精神分析、直觉主义、现象学、存在主义等,都成为"85 新潮美术运动"的思想资源。这些西方的理论资源改变了过去马列主义对中国的影响,更为重要的是带来了现代意识的启蒙。自 1984 年《走向未来》丛书出版后迅速地掀起了出版热潮,正是这股文化出版热潮全方位地为"85 新潮美术运动"这场视觉革命提供思想方案,比如《走向未来》丛书着重介绍了各种边缘学科和新兴成果,《文化:中国与世界》丛书则重点译介西方学术思想著作。甚至曾经作为"被革命"的"传统文化"也做出了贡献②。此外,还有李泽厚、朱光潜、冯友兰等在北大的讲学,这些都为现代派艺术合理地在中国语境中落地生根起到了至关重要的作用,有了思想上的积淀之后,这股追逐西方现代派的思潮才能成为光明正大的运动。③ 其次,从政策支持方面来

---

① 参见毛泽东:《五四运动》,载《毛泽东选集》(第二卷),人民出版社 1952 年版,第 407—411 页。毛泽东:《青年运动的方向》,毛泽东:《中国革命和中国共产党》,载《毛泽东选集》(第二卷),人民出版社 1952 年版,第 529—593 页。毛泽东:《新民主主义论》,载《建党以来重要文献选编》(第十七册),中央文献出版社 2011 年版,第 11—55 页。周扬:《发扬"五四"文学革命的战斗传统》,《人民文学》1954 年第 5 期。

② 《中国文化书院》重点推介了经济文化。

③ 关于"85 新潮美术运动"到底是思潮还是运动的问题,王小菲已做专文论述,这里就不再讨论了,笔者倾向于高名潞的观点,将这一文化景观称之为"运动"。参见王小菲《关于 85 美术新潮性质与命名探讨》,《新美术》2017 年第 9 期。

看,"85新潮美术运动"的成型路径也有其必然性。1985年左右的政治环境应该说是少有的宽松,当时的领导干部普遍年轻化,且都经历了文革的磨砺,在一种"后文革"的语境中发自内心的渴望民主、自由。当时的总书记胡耀邦,宣传部长朱厚泽,文化部长王蒙都是"思想解放运动"的旗手。此外,许多当权的中青年艺术家、理论家,如文联的周扬、美协的江丰及《美术》杂志的栗宪庭与高名潞等都无一例外地倡导民主,鼓吹思想解放。根据陈晶的研究,湖北的"青年美术节"并非是青年美术群体自发的行为,而是湖北省美协为了提高全省的现代艺术知名度而组织的一次官方活动。① 所以"85新潮美术运动"的发生与政府的政策支持及行为默许有着莫大的关联。

　　思想上有了理论的武装,政策上有了官方的支持,艺术到底该如何介入社会革命,这里还涉及一个行动模板问题,是去学习文人画的自娱自乐,还是去学习新兴版画运动的革命流血?因而,从行动效仿方面来探讨"85新潮美术运动"的实现路径就相当关键了,它涉及了从思想到行动的"质"的变化。如果说在"社会主义革命实践"期间对19世纪以来的写实主义的模仿成为其目标手段的话,那么几乎同样清晰的是,"新时期"以来承续"反封"革命目标而选择西方现代派则理所当然。1979年9月在中国美术馆外墙举行露天展的"星星画会"做出了表率,本次展览的作品在直观的形式背后蕴藏着强烈的情感冲动,有着某种深不可测的力量,如王克平的《沉默》《批判》等。虽然大部分作品造型怪诞、意义晦涩,但都蕴含了强烈的爆发力,都是未曾在中国展厅中出现的新形式。这些作品极大地冲击了中国观众的审美期待,在全国美术界产生了广泛影响,一些艺术家竞相模仿,出现了不少团体和组织,如"野草画会""北方艺术群体"等,不胜枚举。如果将"星星画会"的行为视为中国内部力量的爆发,那么1985年中国美术馆展出的劳申伯格的展览可谓是为处于摸索阶段的中国"新潮艺术家"提供了外部样板。美国波

---

① 参见陈晶《策略与风气——湖北新潮美术群体现象探析》,《湖北美术学院学报》2016年第3期。

普艺术家劳申伯格在中国美术馆展出现成品后，极大地点燃了中国艺术家的革命热情，他们利用波普艺术家的反文化理念进行艺术创作，因此出现了"中国现代艺术展"上的洗脚、孵蛋、撒避孕套，乃至枪击等一系列荒诞的行为与事件。至此，拥有了革命思想武装的"新潮艺术家"在国家政策的扶持与默许下模仿着西方和国内的"革新派"，开启了"社会革命"的运动高潮。

高名潞将散落在全国各地的"新潮群体"现象归纳为"85新潮美术运动"。1985年间骤然出现了许多机缘，导致了"新潮群体"的创作高潮，这一年出现了一系列展览和会议，如："第六届全国美术作品展览""中国港澳台特邀展""前进中的中国青年美术作品展览""劳申伯格艺术展"、第四届全国代会、黄山会议等。此外一系列重要杂志期刊的创立与推介也显得颇为重要，如《中国美术报》《美术思潮》创刊，《江苏画刊》调整了办刊方针，朝着推介"新潮艺术"的方向发展。在诸多繁复的问题中，"第六届全国美术作品展览"中呈现的保守气质与"文革创作模式"是"85新潮美术运动"发生的导火索，作为对这次展览的回应，同年举行的"前进中的中国青年美术作品展览"上展出了大批具有现代意识的作品，如袁庆一采用超级写实主义手法创作的《春天来了》被认为是即将到来的"新潮美术运动"的某种预示。需要说明的是，1986年由各级美协及青年艺术家参与的珠海会议对推动"85新潮美术运动"的发展起着承上启下的作用。通过这次会议，各地美协将"85新潮美术运动"的信息带回了地方，从而使"85新潮美术运动"真正传播成了全国性事件，在一定程度上缓解了地方美协对新潮美术创作的压制，促进了现代艺术的蓬勃发展。珠海会议也是第一次将全国的"新潮艺术"创作群体集中在一起进行交流、展示、评析，可以说这种集中进一步扩大了现代艺术的创作，最为重要的是在本次会议上倡议发起了"八九现代艺术展"。此外，珠海会议使用幻灯片进行交流展示的形式①，使得"新潮

---

① "全国油画艺术"讨论会上第一次使用幻灯片进行交流展示，这种交流手段启发了珠海会议。

艺术"的宣传与展示更为直接具体。除了幻灯片这种介质在"新潮运动"的推广方面做出了杰出贡献外，专业的期刊杂志也助力了"85 新潮美术运动"的推广，它承载了传播推广现代艺术的功能，成为这场运动的思想交流阵地。80 年代当代艺术的发展，形成了以"两报一刊"（《中国美术报》《美术思潮》《江苏画刊》）为主导的话语中心，比如《美术思潮》对新兴艺术现象的报道，对倒退艺术现象的批评，以及对可能的艺术方向的预测等；《江苏画刊》也形成了类似的办刊宗旨，这些期刊同时都强调、在全国范围内在发现新事物，扶持新思潮，预测新潮流引导艺术创作的舆论。陈孝信认为，1989 年正值《美术思潮》《中国美术报》《美术译丛》等主要"新潮"媒体凋落之际，《江苏画刊》顶着压力报道了"首届中国现代艺术大展"，"介绍了湖北、上海、浙江等地的新潮艺术及艺术家，发表了一些相对尖锐而又有争议的文章，还重点推出了包括栗宪庭、皮道坚、彭德、贾方舟等新潮美术的'吹鼓手'（批评家）"①。同时期的《美术》《画家》《画廊》等期刊也对现代艺术的推广功不可没，这些期刊杂志推动了中国转型期的艺术创作与思想创新，发表了大量"新潮"文章，推荐了不少"新潮"画家以及有价值的观点。如吴冠中的"笔墨等于零"，李小山的"中国画的穷途末路"等，这些观点一经提出立马引起了艺术界的轩然大波，促使艺术家开始思考如何变革中国传统艺术的问题。这些刊物在引进西方现代艺术与推荐本土"新潮"画家的过程中，其观点尖锐、勇气极佳。与这场运动的需要相适应，在这些期刊杂志的孕育下诞生了一批优秀的理论家和社会活动家，如高名潞、栗宪庭、刘骁纯、彭德、王小箭、易英、张蔷、朱青生、费大为、殷双喜、皮道坚、邵宏、黄专、鲁虹、杨小彦等，他们为这场具有乌托邦色彩的理想主义运动添薪加火，贡献了多元的智慧与开阔的视野。

从更大范围看，"85 美术新潮"也并非孤立现象，它除了有自身发

---

① 陈孝信：《如何新美术——"85 美术新潮"回眸》，《美术报》2016 年 1 月 30 日第 14 版。

生发展的逻辑外,还与整个时代的求新求变的心理相吻合。作为"思想解放运动"的一部分,与同期的文学、电影、音乐、舞蹈等一起探讨着时代精神,不断地提出问题,引发讨论,形成了"新时期"的一股思想合力。这股思想合力在开明的政策体系的支持下,上下联动,朝野共赴,最终引爆为一场审美救世的现代主义艺术运动。"85 新潮美术运动"的发生与实践既有自身又有外界的原因,也有宏观与微观的因由,它是多种因素共同作用的结果。

第二章 关于"85 新潮美术运动" 研究的反思

在前面一章中，我们系统介绍了"85 新潮美术运动"的生态环境及发生机制问题，可以清晰地了解该运动发生的时代背景、环境因素、发生过程及其实现路径。要想在当下和"当年"交织的复杂语境中重新认识该运动的价值与意义，首先离不开对该运动研究的反思，正是这些必要的研究与争论为我们拨开历史的迷雾、重新发现"85 新潮美术运动"的历史价值提供了重要的动力支撑。因此，本章关于"85 新潮美术运动"研究的反思，主要包含三个方面，即 20 世纪 80 年代的美学、美术及"85 新潮美术运动"本身的反思。这些反思主要涵盖两个层面，一是学界对 80 年代美学、美术及"85 新潮美术运动"的反思，二是笔者对这一时段美学、美术及"85 新潮美术运动"重要理论与观点的梳理与总结。

第一节　20 世纪 80 年代哲学美学反思

20 世纪 80 年代，首先从知识界刮起来，进而蔓延至大学校园，最后波及整个社会的"文化热潮"，一直是 80 年代研究的热点。其中，肇始于"形象思维""共同美"问题讨论的哲学美学热潮又是最具代表性的浪潮。

　　这次 "美学热" 不仅是感性生命的勃发形式,① 而且与整个社会的思想文化、政治生态之间存在着复杂的关系。所以陶东风先生的看法很有说服力,在他看来,20 世纪 80 年代的哲学美学热潮可以从两个层面上来理解:"从知识的谱系看,80 年代美学主流话语的知识型与话语型可以追溯到西方启蒙主义现代性,尤其是康德的哲学与美学;而从文艺学知识场域与其他社会活动场域,尤其是政治场域的关系看,其根本原因在于它与当时整个社会文化思潮之间的深刻、内在的勾连,是当时整个思想解放运动非常重要的组成部分。"② 这种看法充分抓住了理解 80 年代哲学美学主流话语的可能性。原因在于, "文化大革命" 结束后,百废待兴,无论是物质生活还是精神生活,都处于匮乏和压抑状态,亟须重建,在一片废墟中,人的 "精神" 问题显得更为重要。③ 那么如何重建?

　　首先当然是确立人的 "主体性",只有将人作为人来看待,将人看作历史、社会的主体,才能真正重建人的尊严。所谓 "主体性",实际上指的是人在实践过程中所表现出来的能力、作用和地位,也就是人是自主、主动、有意识有目的的动物,这从某种意义上肯定了人的自由性。"主体性" 问题是伴随着近代西方自然科学的发展而来的,因为科技的进步增强了人类改造自然的能力,改变了人与自然的关系,使得人能够控制自然、改造自然,人在与自然的关系中逐渐居于主导地位。因此,哲学思考的重点也从本体论层面逐步转向人自身以及对于作为主体的人的认识,这也就催生了西方近代哲学的所谓 "认识论转向",其中笛卡尔的 "我思

---

　　① 王岳川就以非常感性化的形式对这次 "美学热" 进行了总结,在他看来, "美学热" "不仅是理论的自我甦生,而且是被压抑的感性生命解放的勃发形式。当思想解放以 '美学热' 的方式表征出现时,美学实际上成为当代新生命意识存在的浪漫诗意化的表达——对人自身感性存在意义的空前珍视和浪漫化想象。人的理性化和感性诗意化整合,人的主体的无穷膨胀和主体精神的极度伸张,这一切铸成了当代中国美学的精神内核。美学成为思想解放、价值重估、意义伸展的别名,甚至成为全民心灵狂欢的当代 '仪式'"。参见王岳川《中国九十年代话语转型的深层问题》,《文学评论》1991 年第 3 期。

　　② 陶东风:《80 年代中国文艺学主流话语的反思》,《学习与探索》1999 年第 2 期。

　　③ 比如刘再复就强调 "精神主体性" 是比 "实践主体性更为深邃与根本的东西",参见刘再复《论文学的主体性》,《文学评论》1985 年第 6 期;刘再复《论文学的主体性》(续),《文学评论》1986 年第 1 期。

故我在"可以说是最具代表性的观点。在西方思想还没有大量涌入国内的情况下,要寻求个体的自由和解放,"主体性"就成了一个很好的思想资源,而这一点又是有马克思主义的理论支持的。1979 年,马克思的《1844 年经济学哲学手稿》中译本第二版公开出版,这就为"主体性"问题的讨论提供了重要契机,人们重新发现了一个全新的"人道主义"的马克思,这是因为马克思在该书中强调了人的自由自觉的创造性实践活动,而这恰恰是人的本质。

学术界在重读马克思的《手稿》后,一方面掀起了"人性论""人道主义""异化论"的大讨论,比如,高尔泰的《异化辨义》、墨哲兰的《巴黎手稿中的异化范畴》、徐友渔的《马克思的异化观》等文章;人民出版社更是从 1981—1984 年间每年出版一本关于这些议题的论文集,比如,1982 年的论文集《关于人的学术的哲学探讨》,1983 年的《人性、人道主义问题讨论集》,1984 年的《关于人道主义和异化问题讨论集》。这些关于"人道主义""异化"以及"人性论"话题的讨论,事实上存在着一个基本的理论指向,即批判 50—70 年代对集体、国家意识的强调而为个人、个体的价值与尊严张目。正是对"集体化""大我"等群体概念的批判,才使得以个人价值为旨归的人道主义潮流成为可能。另一方面又在美学领域围绕《手稿》问题进行了大范围的讨论。①

在重新阅读《手稿》的热潮中,李泽厚的"主体性实践哲学"脱颖而出,成为影响当时,乃至此后相当长一段时间内思想界的重要理论资源,推动了"主体性"问题研究的展开与深化。② 在 20 世纪五六十年代的美学大讨论中,李泽厚通过与朱光潜等人的论战,确立了在学术界的

---

① 关于美学领域围绕《手稿》的讨论可参见张婷、赵良杰《反思"主体性"美学——关于 20 世纪 80 年代美学演进的另一种陈述》,《当代文坛》2015 年第 5 期;裴萱《社会学视野中 1980 年代主体性美学的理论谱系与逻辑框架》,《唐山学院学报》2017 年第 1 期。

② 当然朱光潜先生对马克思《关于费尔巴哈的提纲》的重新翻译对于推动"主体性"问题的探讨也做出了重要贡献。在重译该书时,朱先生将此前的"主观"一词译为"主体",而且特别指出"不懂得这种实践观点,就不会懂得马克思主义哲学及其重要性",真正的"实践"是"真正的人的活动",是"人在其中既改造自然也改造他自己的那种生产劳动,即'革命的,实践批判的活动'"。参见朱光潜《对〈关于费尔巴哈的提纲〉译文的商榷》,《社会科学战线》1980 年第 3 期。

重要地位。在论战中，尤其是关于"自然美"问题的讨论，他主张用马克思的"自然的人化"观点来解释，认为人类的实践才是美的根源，"内在自然"的人化是美感的根源。到了 1980 年，他在《美学的对象和范围》一文中，将《手稿》特别是其中关于美是"人的本质对象化"的观点，作为重要的思想武器，使美学逐渐过渡到"人学"。他写道："马克思《经济学—哲学手稿》是从人的本质、从人类整个发展（异化和人性复归）中讲'人化的自然'，提到美的规律的"，"美的本质和人的本质不可分割。离开人很难谈什么美"①。在李泽厚这里，"美的本质"与"人的本质"是统一起来的。

当然，如果仅仅借助马克思"人化自然"的理论资源，李泽厚是很难突破美学大讨论中唯物/唯心、集体/个人这种二元对立框架的，他真正有创造性的地方却在于将康德叠加于马克思之上。众所周知，在康德的批判哲学中，根据先验主体的心理形式，划分了认识、伦理和美学三大领域，并提出美是无目的的合目的性，而且只有通过美，才能解决感性与理性、认识与伦理之间存在的鸿沟。但是，在康德那里，先验主体的来源问题并没有解决，李泽厚用马克思的"实践"范畴来进行解释，从而将康德与马克思结合在一起，形成了他的"主体性的实践哲学"。对于李泽厚来说，康德之所以重要，其原因是："他超越了也优越于以前的一切唯物论者和唯心论者，第一次全面地提出这个主体性问题"，康德通过其所创立的"先验主体"的范畴和概念，使得人类"通过漫长的历史实践终于全面地建立了一整套区别于自然界而又可以作用于它们的超生物族类的主体性"，这种主体性也就是李泽厚所称的"人性"②。更进一步，马克思被描述为是对宏观历史予以阐述的人，而康德相应地被阐释为对"微观"心理进行分析的人。于是，马克思和康德，外在和内在，宏观历史和心理结构，组成了李泽厚"主体性实践哲学"的理论建构，

---

① 李泽厚：《美学的对象和范围》，载中国社会科学院哲学研究所美学研究室、上海文艺出版社文艺理论编辑室《美学》（第三期），上海文艺出版社 1981 年版，第 10—30 页。

② 李泽厚：《李泽厚哲学美学文选》，湖南人民出版社 1985 年版，第 150 页。

所以当 1981 年发表《康德哲学与建立主体性论纲》时,他明确指出:"人性应该是异化了的感性和异化了的理性的对立面,它是感性与理性的统一,亦即自然性与社会性的统一。"① 对于李泽厚来说,康德始终是第一位的,"这似乎是由马克思回到康德,其实,是以马克思为基础,重新提出康德的问题,然后再向前走"②。也就是说,通过嫁接马克思与康德,李泽厚打破了个体/人类、个人/社会、小我/大我之间的二元格局。

当然,在这种二元格局中,李泽厚突出的是后者。因为按照他在《批判哲学的哲学·我的哲学提纲》中的说法,康德是一位超越"经验论"与"唯理论"对立的哲学家,同时也是一位处于从"以契约为标志的英法资产阶级的个人主义、自由主义、启蒙主义"转变为"以先验理论为旗号的总体主义、集权主义、历史主义"这一"枢纽"位置上的重要人物。③ 李泽厚批判从黑格尔到现代马克思主义对历史必然性的过分强调,忽视个体自由选择而带来的历史后果,从而提出应当重视"个体实践"和"历史发展中的偶然",④ 也就是倡导从总体主义回到个人主义。同时,他又批判那种经验论的个人主义,认为"费尔巴哈和一切旧唯物主义从感觉出发,实际上是从个别或个体出发",⑤ 而"康德是从作为整体人类的成果(认识形式)出发,经验论则是从作为个体心里的感知、经验(认识内容)出发"⑥。在这个意义上,李泽厚既批判作为国家意识形态的正统马克思主义,同时也批判了人道主义者提出个人价值的费尔巴哈式的理论依据,超越了 20 世纪 70—80 年代之交关于人的主体性论争潮流中的诸种理论,为建立"主体性"美学提供了知识依据,同时也为维护并张扬人的权利、人的地位而确立了一种知识范式。

---

① 李泽厚:《李泽厚哲学美学文选》,湖南人民出版社 1985 年版,第 150 页。
② 李泽厚:《哲学问答》,高建平整理,《明报月刊》1994 年第 3 期。
③ 李泽厚:《李泽厚十年集》(第二卷《批判哲学的哲学·我的哲学提纲》),安徽文艺出版社 1994 年版,第 15—63 页,459—474 页。
④ 李泽厚:《李泽厚哲学美学文选》,湖南人民出版社 1985 年版,第 159—160 页。
⑤ 李泽厚:《李泽厚十年集》(第二卷《批判哲学的哲学·我的哲学提纲》),安徽文艺出版社 1994 年版,第 214 页。
⑥ 李泽厚:《李泽厚十年集》(第二卷《批判哲学的哲学·我的哲学提纲》),安徽文艺出版社 1994 年版,第 83 页。

与人的"主体性"的确立相一致，对人的精神领域中的一个重要组成部分——审美、艺术活动场域的独立性、自主性的强调，乃至提出要建立文艺美学学科的设想，其目的就在于对此前一味强调文艺的工具论、政治性的改造，要求从审美的而非功利的角度看待审美和艺术。其中，文学领域的刘再复提出的"回复到自身"以及鲁枢元的"向内转"是这种思潮的集中体现。刘再复在其影响深远的《文学研究思维空间的拓展》一文中写道："我们过去的文学研究主要侧重于外部规律，即文学与经济基础以及与上层建筑中其他意识形态之间的关系，例如文学与政治的关系、文学与社会生活的关系，作家的世界观与创作方法等，近年来研究的重心已经转移到文学内部，即研究文学本身的审美特点，文学内部各要素的相互联系，文学各种门类自身的结构方式和运动规律等，总之是回复到自身。"所谓"回复到自身"，也就是从外部研究向内部研究的掘进，具体来说："是关于艺术审美特征的研究。要注意文学艺术自身的规律，就应该探讨艺术的审美特征……文学欣赏活动不是被动的，不是消极地反映审美对象，而是包含着审美再创造和心灵的再创造，即情感形式的再创造。"[1] 同样，从方法上来说，也要由一到多，"即由单一的、单纯从哲学的认识论或政治的阶级论角度来观察文学现象转变为从美学、心理学、伦理学、历史学、人类学、精神现象学等多种角度来观察文学，把文学作品看作复杂的、丰富的人生整体展示，这样，就用有机整体观念代替了机械整体观念，用多向的，多维联系的思维代替单向的、线性因果联系的思维"[2]。对于刘再复来说，文学"回复到自身"，不仅是对文学审美性、艺术性的重视，也是研究方法上的更新，实质上否认了文学作为政治传声筒的附属地位。

在刘再复之后，鲁枢元进一步强调，文学在"文化大革命"结束的十年内出现了"向内转"的趋势。在《论新时期文学的"向内转"》一

---

① 刘再复：《文学研究思维空间的拓展（续）——近年来我国文学研究的若干发展动态》，《读书》1985 年第 3 期。
② 刘再复：《文学研究思维空间的拓展（续）——近年来我国文学研究的若干发展动态》，《读书》1985 年第 3 期。

文中，鲁枢元以惊奇的语调写道："一种文学上的'向内转'，竟然在我们 80 年代的社会主义中国显现出一种自生自发、难以遏制的趋势。"在分析了小说创作、诗歌创作中出现的"三无小说""朦胧诗"之后，他总结说："题材的心灵化、语言的情绪化、主题的繁复化、情节的淡化、描述的意象化、结构的音乐化似乎已成了我们的文学最富当代性的色彩。"① 虽然在当时的文章中，鲁枢元并未明确指出"向内转"的意涵，但在十年后，他说，这种"文学艺术的'向内转'，即转向文学艺术自身的存在，回归到文学艺术的本真状态"②。陶东风认为，所谓的"向内转"，实际上是有两个层面的含义的："第一层含义是从政治等非文学领域转向文学的自身领域……与这层含义紧密相关，'向内转'还有另一层含义，即从物质世界（'外宇宙'）转向心理世界（'内宇宙'）"③。显然"向内转"不仅仅涉及艺术作品内部的形式、结构因素，还与创作主体、阅读主体的精神世界联系在一起，这就从文学艺术角度肯定了人的"主体性"存在。

对文学艺术自律、自主的要求与人的"主体性"存在联系在一起，也与人的自由解放的诉求相联系，而审美活动、艺术活动又是自由自主的活动，与作为主体性的人的心灵的自由，乃至人的自由紧密相连，这显然与康德的审美无利害性思想一脉相承。作为美学家的高尔泰就是这样看待审美活动的。在 50 年代的美学大讨论中，高尔泰因认为美在心而不在物被划为"主观派"，到了 80 年代，他依旧是与此前相类似的思考取向，不过此时其美学思想的关键词有所深化，变成了"异化""自由"与"感性动力"，特别是"感性动力说"直接针对李泽厚的"积淀说"，突出的是"人的本质"的创造性。他写道："美不是作为过去事件的结果而静态地存在的。美是作为未来创造的动力因而动态地存在的。所以它不可能从'历史的积淀'中产生，而只能从人类对于自由解放、对于更

---

① 鲁枢元：《论新时期文学的"向内转"》，《文艺报》1986 年 10 月 18 日。

② 鲁枢元：《文学的内向性——我对"新时期文学'向内转'讨论"的反省》，《中州学刊》1997 年第 5 期。

③ 陶东风：《80 年代中国文艺学主流话语的反思》，《学习与探索》1999 年第 2 期。

高人生价值的永不停息的追求中产生",因此,他指出自己的"感性动力"具有重要意义——"强调变化和发展,还是强调'历史的积淀'?强调开放的感性动力,还是强调封闭的理性的结构?这个问题对于徘徊于保守和进步、过去和未来之间的我们来说,是一个至关重要的抉择"①。显然对于高尔泰来说,"历史积淀"是一个封闭的理性结构,是过去的、保守的。而"感性动力"则是开放的、动态的、面向未来的。而且他进一步指出,艺术"以感性动力为主导,是感性动力的表现性形式"②。"感性动力"作为人的自然生命力,天然就具有自由开放的性质,因而审美和艺术活动也都是自由的活动,他说:"审美活动是体验自由的活动,艺术创作活动是追求自由的活动。二者都是人的存在和本质、个体和整体相统一的活动。美与艺术的创作和欣赏,是人类在自由的基础上,在差异、变化和多样性的基础上实现人的存在和本质统一、个体和整体统一的一种途径"③。而这种自由,最终的落实处还是在于人的心理上。所以他写道:"审美活动作为一种无私的和非实用的活动,是个人自我超越的一种形式……自我的孤独来自异化现实,异化现实包括客观关系和主观心理这相互作用的两个方面。而审美的自我,其解放也就是从这种异化现实的心理方面获得解放。"④ 这种将心灵的自由理解为一般意义上的人的自由的观念,与前文所述的"向内转"的诉求具有相似性。

　　"85 新潮美术运动"的出现,显然也是在这样的哲学、美学背景之中,然而在今天的知识背景和社会语境下,再来反思 80 年代的哲学、美学,却有着不容忽视的问题。毫无疑问,"人道主义""主体性"等术语是 20 世纪 80 年代最为流行的话语。但是,就如吴兴明所评论的,在哲学视野中"不管是人道主义'热'所呼唤的人的价值、'公民的人身自由和尊严',还是李泽厚、刘再复所呼唤的'人的主体性',主要论证框架都仍然在反映论、实践论的关系视野中展开。"至于美学领域,"在思想

① 高尔泰:《美是自由的象征》,人民文学出版社 1986 年版,第 109—110 页。
② 高尔泰:《美是自由的象征》,人民文学出版社 1986 年版,第 172 页。
③ 高尔泰:《美是自由的象征》,人民文学出版社 1986 年版,第 88 页。
④ 高尔泰:《美是自由的象征》,人民文学出版社 1986 年版,第 95 页。

视野上几乎都是反映论（蔡仪）和实践论（李泽厚）之间的战斗。可问题是，只要把启蒙现代性的主体性原则放到反映论、实践论的逻辑框架上，落实到'反映''实践'的主客关系之中去，无论你怎么论证，主体性、人自我立法就只能要么是'唯心史观'（陆梅林等），要么是反映或实践的'能动性'（李泽厚、刘再复）。我们能够证明的永远是作为手段性活动——劳动或认识——的主体性"[1]。也就是说，问题与解决问题的手段之间产生了偏差。而且，对于这些追求"人道主义""主体性"的理论家来说，"个人"是一种理性的、完整的人，具有强大的自我创造力。奠基于这种观念之上的主流话语，从某种意义上又变成了一种意识形态，以此支配了整个20世纪80年代的社会变革、学科建制等。

从另一个层面上看，对于审美自主性的强调，对个体自由（主要是心灵的自由）的追求，正是启蒙现代性诉求。金观涛的观点特别能代表一代人对80年代的集体想象，他认为，在中国20世纪的历史上，产生了两次大的启蒙运动，一次是"五四运动"，另一次就是80年代的启蒙。第一次启蒙产生了新思想，将"德先生"（民主）和"赛先生"（科学）作为两杆大旗，但实际上，只有一面旗帜，即科学观念树立了起来，而民主并未得到普及，甚至很多人对它持否定、怀疑的态度。正因如此，借助对于"文化大革命"的反思，80年代出现了第二次启蒙运动，这次启蒙，不仅否定"文化大革命"的意识形态，也对整个"五四"所建立起来的思想体系进行反思。反思是站在比批判更高的层面上的，是思想解放和自由的表现。[2] 这显然是以"进步主义"与目的论的线性时间观和历史观作为自己的最终合法性依据。按照陶东风的看法，文艺领域的"主体性"与自由解放等宏大叙事，"与政治经济领域中的其他宏大叙述一起，共同建构了'新时期'这个乐观主义、浪漫主义的时间—历史想象……证明美学文艺学主流话语与改革的意识形态都从属于启蒙主义现

---

[1] 吴兴明：《海德格尔将我们引向何方？——海德格尔"热"与国内美学后现代转向的思想进路》，《文艺研究》2010年第5期。

[2] 金观涛：《八十年代的一个宏大思想运动》，《经济观察报》2008年4月28日第41版。

代性"①。而这种启蒙话语或者说启蒙叙事在面临新的时代状况时，就容易失去解释的效力，因而产生了 90 年代之后的所谓"失语症"。

第二节　20 世纪 80 年代美术运动反思

与哲学、美学领域的话语重构一样，20 世纪 80 年代也是中国美术领域的一个重要发展时期。在其发展过程中，既面临着外部的艺术观念、技法的猛烈冲击，也存在着内部的激烈争论。这个时期也是中国美术界调整自身观念、艺术思潮迭起的时期。按照栗宪庭的看法，20 世纪 80 年代中国的美术运动，实际上远不是 1985—1986 年这两年所谓的"85 新潮"所能代替的，它包括了 70 年代末到 90 年代初这十几年的历史，因而可以说是"泛 80 年代"，这是一个整体。同时，这个时间段内艺术的变化特别大，西方各种艺术语言及技法都被中国艺术家们所模仿，印象派、抽象表现主义、达达、超现实主义，以及波普等，都被艺术家所借鉴。只是到 90 年代中后期，艺术家们结束了向西方艺术"教科书式"的借鉴，逐步走向海外之后，80 年代中国艺术的这一惯性现象才有所改变。② 这样一来，80 年代的美术实际上跨度远不止 10 年，涵盖了 70 年代末到 90 年代初，这一时段的艺术观念、艺术实践等保持着一种连续性，而 90 年代中期之后，中国美术才真正发生质变。

张法将 1978—2008 年这 30 年艺术与艺术演进划分为三个阶段。1978—1985 年为第一阶段，表现为三个方面的内容。一是从艺术走出"文化大革命"模式的伤痕和反思艺潮，引发了关于艺术理论中的真实性的讨论；二是从艺术中走向生活、回归人性的艺潮，引发了关于人性、人道主义、异化问题的讨论；三是各门艺术对艺术规律的强调从"文化

---

① 陶东风：《80 年代中国文艺学主流话语的反思》，《学习与探索》1999 年第 2 期。

② 栗宪庭：《中国百年艺术思潮》2016 年 2 月 24 日，http://review.artintern.net/html.php? id＝62498，2022 年 9 月 18 日。

大革命"艺术理论中脱离出来，走向新时期的艺术理论建构。1985—1990 年是第二阶段，这一阶段的主潮是中国移植西方现代艺术，并在这一移植的过程中建立了中国式的现代艺术。尤其体现在新潮音乐、实验戏剧、现代美术、第五代电影中。1990—2008 年为第三阶段，这一阶段呈现为多元互动的艺术学景观。① 栗宪庭和张法的观点可以互为补充，形成一个立体的 80 年代美术运动的景象，因此，反思 80 年代美术运动，要将 70 年代末到 90 年代初这十几年时间看作一个整体。

　　本章参照栗宪庭和张法的观点，主要从以下几个方面梳理 20 世纪 80 年代的美术运动，并对其所呈现出来的观念等进行反思。

　　首先是美术该如何表现真实性的问题。十年"文化大革命"，美术已经丧失了自律性，完全沦落为服务于政治的工具，呈现出来的是一个单一的僵化的模式，"歌颂领袖""讲述红色历史""突显工农兵"是这一时期美术的三大主题。为了表现这三大主题，在创作手法上，一方面接受样板戏的风格，采用"三突出"的方式，追求理想化和舞台化的"高大全"的人物形象；另一方面在色彩的运用上，极力追求"红光亮"，突显"红色主题"。无论是从人物形象的塑造，还是色彩的运用，都呈现出概念化、图式化的状态，艺术成了僵死的东西，没有活力，自然也就不可能具有艺术的真实性。以侯一民等创作的《要把无产阶级文化大革命进行到底》（1972 年）为例，它是根据毛主席接见红卫兵这一真实的历史事件来描绘的，但是艺术家并未按照真实的历史事件来创作，在真实的历史中，毛主席接见红卫兵时，后面跟着刘少奇、邓小平等人，在"文化大革命"中，刘少奇、邓小平已经被打倒，所以当艺术家描绘这个场景时，就没有将刘、邓等人画上去，只画了被红卫兵小将围起来的毛主席，如图 2-1 所示。在这幅画中，毛主席成了画面的中心，非常具有舞台效应，在色彩的处理上，真正做到了"红光亮"，毛主席身后是光芒万丈的太阳，当然隐喻了一种观念，即毛主席是我们心中的红太阳，四

────────────

　　① 张法：《中国高校哲学社会科学发展报告（1978—2008）：艺术学》，广西师范大学出版社 2008 年版，第 20—215 页。

面八方的光线都是从他这里发出的。所以，无论是题材上还是在画面的
处理上，为了凸显政治性，真实性被牺牲掉了，这是典型的"文化大革
命"绘画。

图 2-1   《要把无产阶级大革命进行到底》，油画，侯一民等，1972 年

"文化大革命"结束后，尽管很多艺术家已经意识到"文革美术"
的虚假、做作、不真实，但在美术创作上，政治性依旧是首要考量的，
在创作方法上依然是样板化的，比如何孔德、高虹合作的《华主席和我
们心连心》等就是其中很具代表性的作品。直至"伤痕美术"的出现，
艺术的真实性问题才重新进入人们的视野。

"伤痕"这一表达方式，不是美术界的专利，事实上，是文学界率先
"发明"的，美术领域是借用的。早在 1977 年，《人民文学》第 11 期发
表了刘心武的短篇小说《班主任》，讲述了"文化大革命"对青少年灵
魂以及精神的伤害，并仿照鲁迅的笔法，发出了"救救被'四人帮'坑
害了的孩子"的呼声。1978 年 8 月 11 日，卢新华在《文汇报》上发表了
《伤痕》，"伤痕文学"由此得名。小说讲述了"文化大革命"时期一对
母女间的关系，从中国人最为注重的伦理感情——母女感情——入手，
揭露了"文化大革命"给普通中国人的生活和心灵带来的无法弥合的创
伤。此后，莫应丰的《将军吟》、韩少功的《月兰》、张贤亮的《邢老汉
和狗的故事》等都是反思"文化大革命"、痛斥"文化大革命"对人性

造成伤害的最具代表性的作品。由于小说《伤痕》在社会上的巨大影响，《连环画报》为了让更多的人看到这个作品，专门聘请了刘宇廉、陈宜明、李斌等三位年轻画家将小说改编成更具直观感受的连环画。1979年，以《伤痕》为题的连环画由《连环画报》发表出来，作品用形象、生动的方式展示了《伤痕》小说中王晓华这个女知青的悲剧形象，引起了很大反响。此后，刘宇廉等三位艺术家又以《枫》为题，创作了反思"文化大革命"的连环画，讲述的是一对恋人因分属不同的红卫兵阵营，最后都沦落为牺牲品的故事。在讲述创作连环画《枫》的目的时，刘宇廉说："用形象和色彩，用赤裸裸的现实，把我们这一代青年最美好的东西撕破给人看"[①]。无论是《伤痕》，还是《枫》，都不仅仅是用艺术的方式反思"文化大革命"，而是以写实的手法讲述故事情节，即使是反面人物形象，也给予了客观还原，对于美术创作回归真实起到了积极的推动作用。

差不多与刘宇廉等人发表作品同时，四川美术学院的一批青年学生，如高小华、罗中立、何多苓、程丛林、周春芽等，成为"伤痕美术"的代表性人物。高小华的油画《为什么》（1978年）真实再现了"文化大革命"中红卫兵武斗的场景；程丛林的《1968年×月×日雪》（1979年），何多苓的《春风已经苏醒》（1982年）、《青春》（1984年）运用写实主义的手法或者再现了"文化大革命"时的武斗场景，或者表现了女知青细腻的情感和心理活动。从武斗红卫兵到上山下乡的知青，凡是那些受到"文化大革命"冲击、影响的个人和群体都进入艺术家的视野，成为艺术家着力表现的对象，这较之"文化大革命"中的模式化的人物形象，更加真实可感。

不仅如此，艺术家们逐渐将对"文化大革命"的直接反思，扩散到对整个社会、人生命运等的反思，社会基层的贫困生活成为艺术家表现的一个重要主题。罗中立的《父亲》（1980年）就是其中最具代表性的

---

① 程宜明、刘宇廉、李斌：《关于创作连环画《枫》的一些想法》，《美术》1980年第1期。

作品。罗中立在讲述这件后来被誉为中国现代美术史上具有里程碑意义的作品时，这样描述了当时创作的情境："我压根儿就没有想到那么多的理念，也不是从某种推理出发的。说到底是我长期对农民强烈感受的结果，我想的就是要给农民说句老实话，因此，我的激情很高，能够在三十七八度的夏天，只穿一件裤叉在一间五楼顶阁里把它画出来。我用最大的努力来表现我熟悉的一切——农民的全部特质与细节，这是我作画全过程中的唯一念头。技巧我没有想到，我只是想尽量的细，愈细愈好，我以前看过一位美国照相现实主义画家的一些肖像画，这个印象实际就决定了我这幅画的形式，因为我感到这种形式最利于强有力地传达我的全部感情和思想。……老实的农民总是吃亏，这，我知道。'我要为他们喊叫！'这就是我构思这幅画的最初冲动，开始，我画了守粪的农民，以后又画成一个当巴山老赤卫队员的农民，最后才画了《我的父亲》，开始画的名字是'粒粒皆辛苦'，后来，一位老师提议改成《我的父亲》，这时，我顿时感到把我的全部想法和情感都说出来了。……表现农民，就画我熟悉的大巴山农民的平凡生活，画他们的悲欢喜怒、爱憎、生死。我觉得作品应有人民性，作品应和多数观众起到一种感情上的交流和共鸣作用，要做到这点，重要的是要有坚实的生活基础和真实感情。"[①] 这段话充分将艺术家的创作观念、价值判断呈现出来。画的尺寸是 215cm×150cm，这是"文化大革命"中流行的巨幅领袖像的模式，但画面人物则从被神化、样板化了的领袖、英雄人物的形象变成了一个朴实、贫穷、沧桑的老农形象。罗中立借鉴西方照相写实主义的表现手法来刻画人物，采用巨幅画的方式，有利于表现作品的主题，同时对情节性主题的取消，使得作品更真实，也容易让观众关注作品本身，从而对中国农民的苦难感同身受。"伤痕美术"作为一种在特定历史环境下的产物，通过对社会现实的直接表现，使美术创作逐渐摆脱"文化大革命"美术远离真实生活的矫揉造作的概念图解模式，使美术创作回到了人们熟悉的现实主义上来。

---

① 罗中立:《〈我的父亲〉的作者的来信》,《美术》1981 年第 2 期。

与美术如何表现真实性的问题相关，80 年代的美术运动还在 "美术应该为什么人" 的问题上展开了论争，而这关涉艺术是要阶级立场还是个体经验的问题。关于文艺为什么人的问题，早在延安文艺座谈会上，毛泽东就强调，文艺 "为什么人的问题，是一个根本的问题，原则的问题"，不存在 "为艺术的艺术，超阶级的艺术，和政治并行或互相独立的艺术"，"我们的文艺，第一是为工人的，这是领导革命的阶级。第二是为农民的，他们是革命中最广大最坚决的同盟军。第三是为武装起来了的工人农民，即八路军、新四军和其他人民武装队伍的，这是革命战争的主力。第四是为城市小资产阶级劳动群众和知识分子的，他们也是革命的同盟者，他们是能够长期和我们合作的"[1]。因此，文艺要为工农兵服务，要为政治服务，这一思想深刻影响了中国此后的艺术发展。

从 1949 年起，美术创作中，革命现实主义成了主要的创作方式，主题和题材是革命历史。到了 "文化大革命" 时期，"文艺为政治服务" 的口号得到了彻底充分的体现。领袖肖像、革命历史、武装斗争等成了当时最重要的题材，其中刘春华的《毛主席去安源》成为最具代表性的绘画作品。1967 年 10 月，油画《毛主席去安源》在中国革命博物馆展出之后，在全国范围内引起了非常大的反响，有评论家在《文汇报》发表评论文章时写道："在文艺领域里，成功地刻画出当代最伟大的马克思列宁主义者、我们天才的伟大领袖毛主席的光辉形象，深刻地反映了我党以毛主席为代表的无产阶级革命路线同以中国赫鲁晓夫为代表的资产阶级反动路线的斗争，在文艺史还是第一次。油画《毛主席去安源》是 '洋为中用' 的又一次样板，是美术史上的新篇章。"[2] 这幅画在短短的几年时间里，以各种形式印刷了近十亿张，在印数上创造了中外美术史上的一个神话。但实际上，其政治意义远大于艺术价值，成了宣传、配

---

① 毛泽东：《新民主主义论 在延安文艺座谈会上的讲话 关于正确处理人民内部矛盾的问题 在中国共产党全国宣传工作会议上的讲话 关于领导方法的若干问题 党委会的工作方法》，天津人民出版社 1966 年版，第 96—236 页。

② 文汇报编辑部：《又一朵大花香——赞油画〈毛主席去安源〉》，《文汇报》1968 年 7 月 6 日，上午版。

合政治意图的工具。六七十年代的绘画作品，所表现的基本上都是"领袖像""英雄""红卫兵小将"等，而且呈现出程式化的创作方式，构图方式、绘画色彩、人物的类型等都是固定的，要与政治观念相符合。① 这种创作模式的结果就是人物形象的脸谱化、类型化，画面结构雷同化、概念化，绘画变成了毫无艺术活力的形象符号。

1979 年，对于美术为政治服务的冲击和反叛出现了。在同年 3 月召开的中国美术家协会常务理事会第二十三次扩大会议上，通过了美协恢复工作的决议，并讨论了一些涉及艺术创作根本性的议题，比如艺术与阶级斗争的关系、艺术怎么服务工农群众、艺术创作如何接受党的领导，以及艺术题材能不能在模式化的基础上进行突破等敏感问题。② 1979 年也是国内文艺报刊转变的一个里程碑年代，1979 年第 1 期是许多美术刊物的复刊号。比如《美术》第 1 期就报道了美术界贯彻十一届三中全会的情况，并设专题笔谈形式，讨论艺术与社会、艺术与生活的相关问题。③

在第四次文代会和第三次美代会闭幕后，中国美术家协会常务理事扩大会议于 1979 年 11 月 19 在北京召开，会期两天。在会上，有艺术家及评论家明确指出："艺术为政治服务这个提法，多年来的实践说明了是有问题的。为政治服务具体化的结果就是写中心、画中心。一个政治运动还没有开始或刚刚开始，就强令作者去紧密配合，必然导致主题先行。把文艺当成侍女，听从主人使唤……就会违背艺术的基本规律，产生一些公式化、概念化的干巴巴的东西。"④ 这种观点显然是此前不敢讲，甚至是想也不敢想的，作为具有官方背景的中国美术家协会的理事们，说

---

① 具体情况可参见孔新苗《二十世纪中国绘画美学》，山东美术出版社 2000 年版，第 367—368 页。

② 张少侠、李小山：《中国现代绘画史》，江苏美术出版社 1986 年版，第 311 页。

③ 参见夏硕琦《为伟大的转变创作美好的图画——华东六省一市三十周年美术作品展览草图观摩会代表座》，《美术》1979 年第 1 期；朱朴《用马克思主义认识论指导创作实践》，《美术》1979 年第 1 期。

④ 美术杂志编辑部：《中国美术家协会第三次会员代表大会新选出主席、副主席、常务理事、理事》，《美术》1979 年第 11 期。

出这样的观点，可以说是巨大进步。当然，对于艺术家来说，他们更是走在时代的前沿。1980 年《美术》第 3 期上刊登了栗宪庭访问部分"星星画展"参展者的文章，其中，雕刻家王克平说："我搞木雕，纯粹是为了发泄我心中的感情，……其实，我根本没学过雕塑，也不会画画，……我觉得艺术不应该有什么'定律'，随着生产力的发展，人们总是不断寻求最有利于表达他们思想感情的新形式。"栗宪庭在访问画家曲磊磊时，他表示绘画艺术的本质只不过是表达自我，表达内心的欢乐、痛苦而已，不存在其它本质。[1] 这种前卫的观点立即引来了很多不满，发表于同年《美术》第 8 期，署名千禾的文章《"自我表现"不应视为绘画的本质》就认为，"自我表现"理论"没有明确地从理论上认识到，正是客观现实决定了作者的内心以及作者主观内心的表现有正确与不正确之分……根本没有涉及要在观赏者中取得共鸣这一点，是很大的缺陷"[2]。由此引发了一场长达两年之久的关于绘画是否"自我表现"的讨论。

回顾反思这段历史，可以看到在有关美术创作为什么人的问题上，反对艺术为政治服务的也好，强调艺术是"自我表现"也罢，在当时的历史语境中，其核心还是要反叛个人崇拜、长官意志以及领导审查的"文化大革命"创作模式，向往艺术家对自我、内在感受的真诚表露。毋庸置疑，长期以来，"为政治服务"和"自我表现"是主流艺术理论中截然相反、不可相容的理论，前者是无产阶级的，后者是资产阶级的，应予以批判。而 20 世纪 80 年代的艺术实践和批评，真正将艺术拉回了主航道，即一种关于真正的、活生生的"人"的思考被自然地诱发出来了。

与前两个问题相关的是，艺术要表现真实，要凸显"人"的价值，该采用什么样的技法问题，这就是当时有关"形式美"的论争。1978 年《诗刊》1 月号发表了《毛主席给陈毅同志谈诗的一封信》，信中说道："诗要用形象思维，不能如散文那样直说，所以比、兴两法是不能不用的。赋也可以用……然其中亦有比、兴。……宋人多数不懂诗是要用形

---

① 栗宪庭：《关于"星星"美术作品展览》，《美术》1980 年第 3 期。
② 千禾：《"自我表现"不应视为绘画的本质》，《美术》1980 年第 8 期。

象思维的，一反唐人规律，所以味同嚼蜡。"① 这封信写于 1965 年，原本是两个老同志之间就诗歌展开讨论的一封私人信件，但是在这个特殊的时间节点上刊出后，引起了非常大的反响。因为说诗歌要用形象思维，也就是强调诗歌等艺术门类不是一般意义上的认识，而是通过形象来认识，所以，诗歌的首要条件是要有形象。既然诗歌要有形象，而且这又是毛泽东所提出来的，美术界自然也就可以毫无顾忌地谈论艺术形象、艺术形式问题，因为美术本就是靠形象说话，较之诗歌来说尤甚。在这种形势下，曾经留学法国学习油画而"文化大革命"期间被遗忘的吴冠中，重提绘画的形式因素。1979 年，花甲之年的吴冠中先生率先发表《绘画的形式美》一文，指出造型艺术也是形象思维，更具体地说，是形式思维。"形式美是美术创作中关键的一环，是我们为人民服务的独特手法。……我认为形式美是美术教学的主要内容，描画对象的能力只是绘画手法之一，它始终是辅助捕捉对象美感的手段，居于从属地位。而如何认识、理解对象的美感，分析并掌握构成其美感的形式因素，应是美术教学的一个重要环节，美术院校学生的主食"②! 在吴冠中这里，绘画的价值不在于描画对象，而在于其形式美，形式美可以独立存在。观点一出，引发了大量关于形式美的讨论，主流是强调形式美的独立性，反对政治内容干预艺术创作。第二年，他接着发表名为《关于抽象美》的文章，继续为"形式美"辩护，在该文中，吴冠中指出："抽象美是形式美的核心，人们对形式美和抽象美的喜爱是本能的。"具体什么是抽象美呢，他说："要在客观物象中分析构成其美的因素，将这些形、色、虚实、节奏等因素抽出来进行科学的分析和研究，这就是抽象美的探索。"③ 1981 年，在北京市举行的油画学术讨论会上，吴冠中更进一步将矛头指向了统治中国艺术界的金科玉律，即"内容决定形式"。他明确指出艺术的最高标准不是内容，而是其自身的形式，绘画之所以能够存在，

---

① 《诗刊》记者：毛主席仍在指挥我们战斗——学习《毛主席给陈毅同志谈诗的一封信》，《人民日报》1977 年 12 月 31 日第 2 版。

② 吴冠中：《绘画的形式美》，《美术》1979 年第 5 期。

③ 吴冠中：《关于抽象美》，《美术》1980 年第 10 期。

就根源于其形式美，形式具有独立性。① 因为吴冠中的影响力，他的这一系列论点激起了广泛讨论，并由此引发了此后美术界很长一段时间内有关形式美、抽象美等问题的探讨，虽然有反对之声，但更多的艺术家和评论家站到了吴先生一边，因为"很长时间以来，内容不过是从属于政治范畴的一个子概念，所谓内容决定形式的金科玉律，往往在无形中变成了政治干预艺术、长官意志横行的合法借口，并在很大程度上压制了艺术家对形式的研究与对个性的表达。强调形式美的独立性的看法……都是想用向艺术本体回归的方式反驳政治对艺术的干预，从而为新的艺术表现寻找理论依据"②。

作为整体的"泛 80 年代"，经济上开始逐步与市场接轨、政治上的重提"实事求是"的思想解放运动，以及文化领域的新启蒙运动，实际上是中国由封闭的国家走向现代国家的必由之路。在这个意义上，20 世纪 80 年代的艺术运动，也就不仅仅是社会变革在视觉领域的反映，其实质上也是社会变革的重要内容之一。因而，这场长达近十年的艺术运动，从某种程度上看，是中国艺术自身的"救赎"，所以其精神价值与历史意义远远超过艺术史的范畴。

但是在今天反思整个 20 世纪 80 年代的艺术运动，无论是有关艺术真实性问题的讨论，还是关于艺术为什么人，以及艺术作为形式美的独立性的讨论，都存在着很大的问题。

首先，80 年代的艺术运动，虽然都在强调真实，想以一种新的艺术形式来诉说被压抑的感情，但是诸如"伤痕美术"等艺术流派，其作品的感染力还是沿用"文化大革命"模式，通过对重大社会主题的戏剧性再现以及对生活形象的象征化表达，来传达对"文化大革命"的控诉。比如高小华的《为什么》、程丛林的《1968 年×月×日雪》等，都是还原"文化大革命"中的武斗题材，通过再现强烈的戏剧性的场面，达到对

---

① 吴冠中：《内容决定形式?》，载詹建俊、陈丹青、吴冠中、靳尚谊、袁运生、闻立鹏编《北京市举行油画学术讨论会》，《美术》1981 年第 3 期。
② 鲁虹：《中国当代艺术三十年：1978—2008》（增订版），湖南美术出版社 2013 年版，第 42—43 页。

"文化大革命" 的控诉和揭露。在讲述其创作《为什么》的原因时，高小华解释说："我常常想我也是这场悲剧的目睹者、参与者和受害者，那深留在我们身上、心灵上的每一条 '伤痕' 都是历史的见证。我们这一代人有权利和义务来发言，来记载这一历史事实。"① 所谓 "前事不忘后事之师"，就是通过对 "文化大革命" 中各种惨烈场面的描述和再现，提醒后人，历史悲剧不能再重演。当然，我们也看到，艺术家们虽然是要揭露、控诉，也在根据时代的变化寻找新的主题素材，但是所讲述的故事还是宏大主题。

其次，20 世纪 80 年代的美术运动，主要是以一个个群体的形式出现的，比如 "星星画会" "无名画会" 等，"艺术家作为一个群体的出现，它是 80 年代的现象，80 年代艺术家作为群体出现在某种意义上是承袭了传统的方式，比如说 '文化大革命' 的大批判，都是采用一种集体的方式，那么在 80 年代的时候应该说 '文化大革命' 的残余还存在，不管是对资产阶级自由化的批判，还是对这种批判的一种反叛，都是采用群体形式，这与整个中国 80 年代的社会状态是相适应的，那时中国社会在生活方式上还没有出现很明显的分化，……社会比较单一化，在这样的环境下艺术很容易走向一种集体主义的倾向。"② 如果以一种更理论化的方式来总结，利奥塔提供了一种观点，他认为："科学游戏意味着历时性，即一种记忆和设想……这种历时性以储存记忆和追求创新为前提，它显示的基本上是一种积累过程。"③ 因此，尽管 80 年代的艺术家在一定程度上摆脱了集体主义的创作模式，但作为出生成长于 "文化大革命" 一代的人，其精神深处仍然有 "文化大革命" 创作模式的影子。

最后，关于形式美的讨论，虽然吴冠中接受过西方的艺术教育，但对于大多数艺术家来说，尚未走出国门，所以其创作理念和技法是在西方哲学、艺术观念涌入中国后，从书本上学到的。因此，整个 80 年代的

---

① 高小华：《为什么画〈为什么〉》，《美术》1979 年第 7 期。
② 易英：《20 世纪 90 年代艺术：理论的回顾》，《文艺研究》2002 年第 5 期。
③ [法] 让-弗·利奥塔：《后现代状况：关于知识的报告》，车槿山译，生活·读书·新知三联书店 1997 年版，第 55—56 页。

美术运动实际上是对西方哲学、艺术观念的生吞活剥和图解，并未从自身传统内部寻找突破口，因此艺术语言形态的丰富性并未展现出来。

第三节　"85 新潮美术运动"反思

前两节分别从 20 世纪 80 年代的哲学美学以及整个 80 年代的美术运动出发，对其中所涉及的重要事件和观点进行了反思。本节从"85 新潮美术运动"本身出发，来对这一影响中国当代艺术走向的美术实践进行反思。

首先，是其命名的问题，所谓名不正言不顺，同时，名称问题也涉及以什么样的价值支点来评价这一艺术现象，以及进一步可能的思考方向。美术史论界习惯上将 1985—1989 年这五年时间，称为"85 美术运动""85 美术思潮""85 新潮美术运动"或"85 美术新潮"。"运动"的提法最早由高名潞发起，之所以用"运动"命名，高名潞解释说，这是因为 20 世纪早期艺术家喜欢用"社"或"会"来作为团体的名称，比如"天马社"等。但是在 1985 年前后，全国共有近百个自发的艺术群体出现，这些群体"是有着明确的现代艺术观的组织。群体成员有共同一致的艺术观，发表艺术宣言，撰写论文和艺术笔记，同时还通过留言簿和座谈会等形式与公众交流，以获取后者的理解"。所以"85 时期"的艺术现象是"一个运动，运动的性质就是反传统、反权威和求变，要和过去不一样。不是要延续，而是要断裂"①。对于高名潞来说，无论是从群体性，还是从宗旨上看，用"运动"来命名是最贴合艺术史的实际状况的。因此，当《中国当代美术史 1985—1986》2007 年再版时，高名潞将其改名为《'85 美术运动》。高名潞的命名得到了很多批评家以及艺术家的拥护，比如 2007 年费大为策划尤伦斯当代艺术中心的首展时，就将其

---

① 高名潞：《群体与运动：80 年代理想主义的社会化形式》，《天津美术学院学报》2007年第 4 期。

命名为"85新潮美术运动——中国第一次当代运动"。

栗宪庭则与高名潞不同,他认为"85美术"不能说是"艺术运动",而是一种"新潮"。作为这段艺术历史的亲历者,栗宪庭在当时写了好几篇影响巨大的文章,比如《重要的不是艺术》《时代期待着大灵魂的生命激情》等。他之所以不将这段艺术史称为"运动",是因为对于栗宪庭来说,"85美术"现象其实是思想解放的深入,而不是凭空兴起的一种现代主义艺术运动。这与中国没有现代主义艺术产生的历史语境,也没有西方现代主义艺术产生发展的思想、哲学背景有关。① 刘淳的《中国油画史》也称这段历史为"85美术新潮",其根本指向在于用西方的现代主义对中国的传统艺术予以反思、批判。

除了"运动""新潮"的称呼外,还有"思潮""青年艺术大潮"的说法,比如吕澎和易丹合作的《1979年以来的中国艺术史》②,就将1985—1986年的美术现象称之为"85思潮";鲁虹的《中国当代艺术三十年:1978—2008》将1985—1989这一段时间称之为"势不可挡的青年艺术大潮"③。

命名问题的重要性就在于,命名背后所蕴含的价值取向,即用什么样的标准或者价值观念去评价、反思"85美术"这一中国当代艺术史上的现象,因为它是在整个政治、经济以及文化领域发生大变动的时代发生的,对后来的中国艺术产生了巨大影响。用不同的价值观念、立场去评价、反思,自然就会带来不同的定位。比如,"运动"就具有较强的"政治意味",强调了其明确的组织性、群体性;而"新潮"则是对时代潮流中新思想或前卫思想影响的现实势态或情状的描述,肯定了其与传统截然不同的一面,强调了其变化的维度;而"思潮"强调的是特定历史时期和地域内,由于经济政治的变化,以及艺术自身内部的规律性运动和发展,所形成的广具影响的艺术创作潮流,探索的起点在于

---

① 栗宪庭:《重要的不是艺术》,《艺术当代》2018年第8期。

② 参见吕澎、易丹《1979年以来的中国艺术史》,中国青年出版社2011版,第76页。

③ 参见鲁虹《中国当代艺术三十年:1978—2008》(增订版),湖南美术出版社2013年版,第65页。

政治、经济以及文化观念的变迁，但更重要的是艺术内部的自发性运动。

事实上，2005 年之后，"运动"一词开始得到更为广泛的使用，有时"运动"甚至成为进一步解释"新潮"的词汇。在艺术著作和研讨会中，我们可以看到"运动"一词出现的频率不断提高，于是"运动"成为"新潮"的进一步修饰。比如朱其在其《'85 美术新潮的神话终结》中分析和批评了 2007 年出现的"85 热"，认为这股热潮产生的背景与当时艺术资本市场的泡沫有关，并认为"严格说来，'85 新潮美术运动'并非一个流派，主要是一场艺术运动。这个运动实际上也是 20 世纪 80 年代精英文化运动的社会大潮的一个支流"[①]。黄专则从思想史的角度谈"85 新潮美术运动"，将其定义为"一场庞大的思想史运动"，他将"理性的文化建构"和"非理性的人本重塑"看作"85"时期的正题，把分析哲学、后现代主义和波普尔"批判理性主义"作为反题，从而建构了"85 美术运动"的思想史内涵。[②] 黄专所论之"85 新潮美术运动"中的正题和反题，大部分已在高名潞发表于 1986 年的《'85 美术运动》中得到详细阐述，只不过"池社"的分析哲学思想和范景中等人所译介的"批判理性主义"发生在 1986 年之后，所以《'85 美术运动》未能提及。在《'85 美术运动》一文中，当作者开宗明义，强调这次运动是"自'五四'新文化运动以来的又一次文化变革运动"时，"85 美术运动"已被赋予了思想史的意义。不过，黄专有效补充了高名潞文章由实践所带来的局限，将这场作为思想史的运动延展到 1989 年。

从批评家们所使用的概念术语来看，将"85 美术"现象恢复为"运动"，或"运动"被用来进一步限定"新潮"的含义，这在一定程度上说明，研究者认为"新潮"已经不足以描述"85"。因此，在反思"85 美术"现象时，必须要对其名称予以澄清。笔者认同"85 新潮美术运动"的提法，是因为在这段历史中，既有"新"的东西出现（即使是移

---

① 朱其：《'85 美术新潮的神话终结》，《艺术评论》2007 年第 12 期。

② 黄专：《作为思想史运动的"85 新潮美术运动"》，《文艺研究》2008 年第 6 期。

植或者模仿西方的现代艺术,但毕竟不是从中国艺术传统内部生发出来的),又具有很强的政治和思想的指向性。艺术家们思考的、探讨的绝不仅仅是美术的问题,而是有组织、有目的的思想解放运动,"运动"包含了一系列自觉行为,它有核心人物和事件,可以被建构为一段有序的历史,这是中国20世纪90年代之后的艺术实践所不具备的特征。关于这一点后文再详细讨论。

其次,为什么以1985年而不是其他年份作为标志。事实上,很多研究者都是将"85新潮美术运动"看成一个时间段内的美术现象,起点在1979年,终结于1989年。比如吕澎和易丹就认为,对于"85新潮美术运动",1979—1984年是准备与突破阶段,1985—1986年是反传统的全面展开阶段,而1987—1991年是问题与过渡时期。这种划分显然将1985—1986年作为一个独立的时段来看待。但起点是1979年。

当然,1979年作为起点年份,确实不会引起争议,因为正是从1979年起,中国当代美术开始从问题意识、技法等各个层面发生转变。前文我们曾梳理过1979年艺术批评领域关于"艺术为什么人""艺术民主化"的论争,除此以外,美术展览多了起来,风格、形式较此前也有很大的变化。① 从2月1日"迎新春画展"在北京中山公园展出开始,试图摆脱政治束缚、回归艺术本身的展览如雨后春笋般层出不穷。2月11日,"上海十二人画展"在黄浦区青少年宫展出,这次展览不仅涉及"文化大革命"禁区——风景画、静物画等,还率先借鉴西方现代主义艺术的观念和技法,在美术界产生了很大震动;4月,成立刚一个多月的"春潮画会"改名"北京油画研究会",并举办了展览,在展览前言中明确提出"政治民主是艺术民主的可靠保证,艺术家个人风格的被承认是'百花齐放'响亮号角的主和弦";1979年7月,"无名画会"的公开展览在北海公园举办,马可鲁、赵文量等艺术家参加了展览,据统计,当时展览每日迎来的观众竟达到2700人次,人们在展

---

① 下文所列各种展览的名称及相关信息,参见鲁虹《中国当代艺术三十年:1978—2008》(增订版),湖南美术出版社2013年版,第20—27页。

览中看到的不再是"高大全"的形象，而是真实、丰富多彩、充满个性化的美术作品；9 月 27 日，"星星美术作品展览"开展，没有在固定的场馆，而是在露天的中国美术馆东侧公园的铁栅栏上展出，后被迫取消，但 11 月 23 日至 12 月 2 日再一次在北海公园画舫斋展出。"星星美术作品展览"艺术效果未必很高，但它所带来的震撼和冲击力是非常巨大的。之所以能产生轰动效应，是因为参与"星星美术作品展览"的艺术家们通过其作品，既从现实层面表达了对中国现实问题的关注，同时也对此前"文化大革命"对人的戕害进行了申讨，触及了人们的灵魂。因此，这次展览也是 1949 年后，中国艺术史上最为激进、最具反叛精神的一次展览，是艺术家为争取自己表达的权力而做出的主动而明确的反应。特别是展览被撤销后，"星星"艺术家们举行了抗议游行，并提出了"要言论自由，要艺术自由"的口号，这显然超出了绘画本身的意义，是以一种激烈的、对抗式的方式来抵制主流话语形态和艺术体制。9 月 26 日，首都国际机场候机楼壁画举行落成典礼，以神话故事、民间传说等作为题材，回避了"文化大革命"中的政治题材，而且对抽象、夸张、变形等技法的运用，给人带来耳目一新的感觉。……这一切，都为此后艺术领域的进一步拓展奠定了基础，由此看来，1979 年作为"85 新潮美术运动"的起点确实能为大家所接受。

对于"85 新潮美术运动"来说，1985 年是一个重要的时间节点，这一年美术界发生的大事件最密集，影响也最大。1985 年美术界大事频发，其契机来自 1984 年的"第六届全国美术作品展览"。1984 年 10 月，"第六届全国美术作品展览"根据画种种类的不同，分别在 9 个展区展出，到 12 月份时，从中挑选出的优秀作品以"第六届全国美术作品展览优秀作品展"的名称在作为国家最高美术殿堂的中国美术馆展出，展览持续到 1985 年 1 月 10 日。虽然此次展览还是由中国美术家协会具体策划，但从展出的作品看，无论题材还是作品的艺术形式，都有很大的进步。尽管如此，还是引起了艺术家、批评者的不满。比如 1985 年 1 月《美术思潮》杂志就发表了《中央美院师生关于全国美术作品展览座谈会纪要》，纪要中提到，出席座谈会的师生主要在两个方面对"第六届全国美术作品展览"展开了尖锐批评。其一，美术作品展览还是像"文化大革命"时期的美术一样，重视题材，而轻视作品的艺术性；其二，僵化的艺术体制、展览体制阻碍了艺术与社会间的互动关系。① 1985 年 4 月 21 日，由中国艺术研究院美术研究所、中国美术家协会安微分会等机构共同筹办的"油画艺术讨论会"（史称"黄山会议"）在安徽泾县召开，与会者同样也对"第六届全国美术作品展览"中的"题材决定论"带来的刻板化、公式化以及概念化的创作倾向做出了批评，并提出了"观念更新"的思想。这些批判性的理念使得艺术多元化、现代化的目标成为广大艺术家，特别是青年艺术家的追求，他们以更激进、更多样化的创作来回应陈腐的艺术观念。所以 1985 年 5 月"前进中的中国青年美术作品展览"成为年轻艺术家的创造性能量的集中展示，俞晓夫的《孩子们安慰毕加索的鸽子》、王向明和金莉的《渴望和平》、张群和孟禄丁的《在新时代——亚当、夏娃的启示》等是其中的代表性作品。艺术评论家张蔷对展览给予了高度肯定，他认为该展览对青年艺术家的美术创作带来的影响是巨大的，这一点恐怕远远超过了举办者的初衷。②

在"前进中的国际青年美术作品展览"的影响下，大大小小的各类展览扎堆举办，既有国内艺术家的展览，也有西方艺术家的展览在中国举办，比如 1985 年 8 月 30 日"法国·印象派及 20 世纪初作品展（1870—1920）"在中国美术馆开展；11 月 18 日至 12 月 8 日的"罗柏特·劳申柏格作品国际巡回展"等。国内艺术的展览情况如 10 月 15—22 日的"江苏青年艺术周·大型现代艺术展"，12 月 2—15 日的"85 新空间展览"等。不仅如此，国内各种艺术家团体、画会、沙龙也大量涌现，如上海"M 艺术群体"、"北方艺术群体"、"西南艺术研究群体"、浙江

---

① 参见鲁虹《中国当代艺术三十年：1978—2008》（增订版），湖南美术出版社 2013 年版，第 66 页。

② 张蔷：《绘画新潮》，《江苏画刊》1987 年第 10 期。在文中，张蔷认为，这次展览"像一个标杆，竖立于中国向现代化进军的美术的起点；它像一篇宣言，预示了现代艺术的流向；它又像一面旗帜，启迪着青年艺术家们施展才华"。

"池社"、江苏"红色·旅"、厦门"厦门达达"、湖北"部落·部落"等。这些群体纷纷举办展览,用激烈的方式对传统艺术的旧有格局、观念以及创作方法展开挑战。

此外,为了对活力四射的青年艺术家们的创作观念、技法等进行批评、总结,《美术思潮》《中国美术报》等较为先锋的报纸杂志应运而生。其中,《美术思潮》虽然只发行了 22 期,在 1987 年年底停刊,但培养了重要的批评家队伍,很多前卫观点也由这个刊物发出。《中国美术报》从 1985 年 7 月 6 日出版到 1989 年停刊,虽然 4 年时间也只发行了 231 期,但这份报刊成为"85 新潮美术运动"中影响最广泛的专业报刊之一。此前老牌的美术期刊如《美术》《江苏画刊》《美术研究》《文艺研究》等也都开辟专栏讨论新潮美术,其中,《江苏画刊》由双月刊改为月刊,积极推介青年艺术家及群体,成为介绍"85 美术"的重要刊物。

1979 年社会氛围逐渐开放,政治形势也开始松动,美术领域迎来新的气象。经过几年时间的酝酿,终于在 1985 年,中国美术破茧成蝶,在艺术观念上有了大的突破,艺术家群体雨后春笋般出现,艺术展览比肩接踵,从而对 80 年代后半期的中国艺术界产生了深远影响。

最后,必须反思"新潮美术运动""新"在何处以及"运动"的规模、范围、效果怎么样。之所以能被称为"新潮",是因为无论是从创作观念还是从创作技法上,都是较传统艺术有很大变革的。一是对中国传统绘画的批判。《江苏画刊》于 1985 年 7 月号刊出了李小山的重磅文章《当代中国画之我见》,文章一出,在中国绘画界引起了强烈反响,可以说是对中国传统绘画的腰斩。在文中,李小山指出,中国画已经穷途末路,只能作为保存的画种而存在。其原因在于"中国画的历史实际上是一部在技术处理上追求'意境'所采用的形式化的艺术手段不断完善、在绘画观念审美经验上不断缩小的历史。……在绘画形式上的演变,就是逐渐淘汰那种单纯的以造型为主的点、线、色、墨,而赋予这些形式符号本身以抽象的审美意味。……中国画笔墨强调书法用笔的抽象审美意味愈强,也预示着中国画形式的规范愈严密。随之而来的,也就使得中国画的技术手段在达到最高水平的同时，变成了僵硬的抽象形式。这样画家便放弃了在绘画观念上的开拓，而用千篇一律的技艺去追求意境——这是后期中国画中保守性最强的因素"。至于对绘画技法、观念进行总结和批评的画论，其"全部意义不在它指导绘画如何从根本上去观察和发掘变动着的生活的美，而是受那种重实践轻理论的民族特点支配的、在大量绘画实践的基础上集中起来的'重法轻理'的经验之谈，其中包括的某些片言只语的精华部分往往湮没在大量冗长和重复的方法论中"①。不仅如此，李小山还对当代在世的绘画大师进行了点名批评，比如，李苦禅的作品是七拼八凑的典型，黄胄和程十发的作品是千篇一律的重复，等等。尽管在今天看来，李小山的观点有很多偏颇之处，但他当时这种激烈的反传统姿态，恰恰是"85 新潮美术运动"中最具代表性的革命性"新观点"。二是形式化的倾向。出于对"文化大革命"艺术的反叛以及对吴冠中所提出的"形式美"的继承和发展，很多艺术家强调，艺术题材与艺术的本性没什么太大关系，只有艺术语言才是艺术的本体。而这正是对传统的具象艺术的反叛。三是"新"在不仅仅反对传统，还出现了反"形式化"，乃至对架上绘画的消解，即行为与装置艺术的出现。比如谷达文的《"静""则""生""灵"》的水墨装置对中国传统文化的调侃，吴山专的《今天下午又停水》的装置艺术对"文化大革命"话语的反讽等。这些艺术实践极大地增强了"新潮美术"的社会影响度。

　　而这种"新潮"又是有组织、有目的并且以群体性的形式出现，之所以能够被称为"运动"，首先，在于其群体性。一方面，"85 美术"涌现的近百个群体，几乎囊括了所有的艺术家；另一方面，几乎每一个艺术家都参与过群体活动或者隶属于某一个群体，其中至今还产生影响的艺术家，如舒群、王广义属于"北方艺术家群体"，黄永砯属于"厦门达达"，毛旭辉属于"西南艺术群体"，等等。其次，这些参与"运动"的群体，尽管所受到的思想影响不同，技法也各异，但其反传统、反权威以及求新、求变的诉求是一致的，他们要变革、要断裂，而不是延续。比如"北方艺术

---

① 李小山：《当代中国画之我见》，《江苏画刊》1985 年第 7 期。

家群体"的"理性绘画"受黑格尔的影响较深，而"西南艺术家群体"受
"生命哲学""精神分析哲学""存在哲学"的影响较大，所以前者表现的
是抽象的、乌托邦式的宏大叙事，而后者则是对"自我"进行重塑的尝试。
尽管在不同的思想资源影响之下，他们所表现的主题和创作技法截然不同，
但每一个群体都在思考自我以及自我与国家的关系等问题，这是此前的
"文化大革命"绘画中不曾有过的。① 最后，作为"运动"群体，尽管各
个群体不是铁板一块，但表现出普遍一致的特质。高名潞将这种特质归
结为"行动主义""超越主义""抵抗主义"和"悲情主义"这四个方
面;② 而鲁虹则认为这场"运动"表现出三种特质，即"哲理化倾向"
"生命流倾向"以及"形式化倾向"。③ 朱其则认为，"独立精神""文化
反省"和"现实批判"是这场运动的三大特征。④

　　不同的艺术史家对这场运动的特质有着不同的定位，但毋庸置疑，
这场运动不仅是当代美术观念和技法的启蒙，也是当时整个中国社会思
想启蒙的一个重要组成部分，实际上是对"五四"文化启蒙运动的延续。
更为重要的是，在"运动"中革了艺术领域长期以来的工具论、反映论
创作模式的命，使得艺术自律、自主性观念在社会中确立起来。

　　三十多年后再来反思这场"运动"，有几个关键点是必须意识到的。

　　首先，群体的出现是基于一种无奈之举。按照鲁虹的看法，至少有
三个层面的原因，使得艺术家们不得不组成群体。第一，艺术家们的作
品无论是内容还是形式，都超出了官方的政治标准、艺术标准，他们很
难通过正常的渠道发表自己的观点，展出自己的作品，借助群体的力量，
人多力量大，可以找到超越官方之外的展览途径;第二，极"左"思潮
尚未肃清，传统势力也依旧强大，群体的"抱团取暖"，可以抵制来自各

---

　　① 关于这一点，可参见黄专《作为思想史运动的"85新潮美术运动"》，《文艺研究》
2008年第6期。

　　② 高名潞：《群体与运动：80年代理想主义的社会化形式》，《天津美术学院学报》2007
年第4期。

　　③ 鲁虹：《中国当代艺术三十年：1978—2008》（增订版），湖南美术出版社2013年版，
第79页。

　　④ 朱其：《'85美术新潮的神话终结》，《艺术评论》2007年第12期。

方面的压力；第三，80 年代的思想解放、文化争鸣的观点非常之多，个人的力量有限，也很难发出有影响力的声音，而群体的宣言，可以达到很好的效果。① 然而这只是问题的一面，更为重要的可能是，受 1949 年之后长期政治运动的影响，青年艺术家们潜意识地要利用"运动模式"来反叛"运动模式"，所以他们在组成团体，发表宣言，游行示威时与过去政治运动的方式十分相似。在这场"运动"中出现的具体做法，如集中取代民主、个体服从群体，以及唯我独尊、排斥异己，用大字报的形式来反对意见相左的观点等，就证明了虽然艺术家们希望对"文化大革命"中的专制传统进行批判，但实际上无形中又形成了新的专制话语。

其次，与群体的建立相一致，他们用宣言的形式发表共同的艺术观。但是在刘天舒看来，群体所发出的宣言不具有约束力，只是暂时的、局部的、有条件的，在需要的时候大家聚集在一起临时约定一些貌似"本质性"或"普遍性"的观点，以此对抗来自传统和官方的制约。但是当大家对某些细微的问题产生分歧时，可能又会陷入各自为战的状态，甚至互相责难，团体宣言也就不再具有任何效力。②

最后，在整个 "85 新潮美术运动"期间，艺术家们大量借鉴了西方思想资源。古典哲学家如康德、黑格尔等的著作，现代哲学家如尼采、柏格森、萨特、海德格尔等的著作都为青年艺术家提供了思想资源，印象派、达达、超现实主义等西方现代主义流派也为艺术家们提供了技术支持。但是，由于知识水平的局限性，很多艺术家只是生吞活剥哲学家的观点，试图用有限的艺术形象来承载生命起源、民族—国家等宏大叙事，结果使作品晦涩难懂，最终被公众所抛弃。此外，西方现代主义流派几乎没有不被模仿过的，艺术技巧上的训练也非常粗糙。因此，从某种程度上说，这场运动尽管影响很大，但远没有切入建构中国本土艺术的课题。

---

① 鲁虹：《中国当代艺术三十年：1978—2008》（增订版），湖南美术出版社 2013 年版，第 78 页。

② 参见刘天舒《'85 新潮的精神实质与当代中国艺术》，《艺术评论》2007 年第 12 期。

第三章　作为审美革命的 "85 新潮美术运动"

作为上承 20 世纪 70 年代末的思想解放运动,下启 90 年代多元化审美进程的艺术景观,"85 新潮美术运动"以激进的艺术态度和热情承续了 20 世纪初的"美术革命",成为 80 年代文化热的一个重要环节。在 80 年代的语境中,"人文主义"和"现代化"是被高频展示的主题词,也正是这两个词汇决定了"85 新潮美术运动"作为审美革命的基本特性。第一,它延续了"五四新文化运动"对于传统的批判,是思想启蒙的重要组成部分;第二,它反叛了长期以来"左倾"的艺术政策和体制,是对"文化大革命"创作方式的革命;第三,它通过对西方艺术语言的模仿和借鉴,一定程度上,革命了中国人的艺术趣味和审美习惯。因此,本章从现代性与审美现代性、作为"新潮"的"85 新潮美术运动"及其审美革命的意义三个方面展开讨论。

第一节　现代性与审美现代性

"85 新潮美术运动"作为中国现代性进程中的一个重要景观,积聚了社会文化观念、审美意识等在特定时代的各种矛盾、冲突和悖论。尽管现代现象源于西欧,中国的现代性是在自己的历史基础上发展而来的,但并非与欧洲没有任何关联。特别是在"85 新潮美术运动"中,对现代的展望，实际上是以西方的现代性问题作为参照的。按照刘小枫的看法："对欧洲而言，现代现象是'事物和人的巨大变形'。"①，附于 20 世纪 80 年代的中国何尝不是如此。因此，有必要审理中西方现代性的相关问题。

讨论现代现象，首先就是术语上的困难，因为"现代"（Modern）、"现代性"（Modernity）、"现代化"（Modernization）、"现代主义"（Modernism）等词汇是密切相关但又各有所指的。据考证，"modern"一词源于公元 4 世纪出现的拉丁语单词"modernus"，该词最初是用来表示时间状态的。紧随"modernus"之后，像"modernitas"（现时代）、"moderni"（今人）等拉丁词也很快流行起来。② 从语义学上来分析，"现代"与"古代"相对，构成了一种张力性的关系，但二者实际上又是相反相成的，任何一种"现代"都可能成为"古代"，所以在思考这一问题时，不能仅仅将其看作一个时间性的概念，于是"现代性"成为一个重要词汇。

一般认为，"现代性"这一词汇是 19 世纪才出现的，而最早使用该词的是波德莱尔。波德莱尔在 1863 年发表的《现代生活的画家》中，专章论述了"现代性"问题，这被认为"现代性"一词最早的出处。在波德莱尔那里，现代性就是"过渡、短暂、偶然，就是艺术的一半，另一半是永恒和不变"③，这是就艺术来说的。就艺术家来看，他也在寻找被称为"现代性"的事物，也就是"从流行的东西中提取出它可能包含着的在历史中富有诗意的东西，从过渡中抽出永恒"④。从波德莱尔的描述中，"现代性"不是某一个特定时代及该时代中的人或事物所具有的属性，而是"事物的'当前存在'所具有的短暂性、飞逝性；眼前还属于

---

① 刘小枫：《现代性社会理论绪论——现代性与现代中国》，上海三联书店出版社 1998 年版，第 1 页。

② 参见谢立中《"现代性"及其相关概念词义辨析》，《北京大学学报》（哲学社会科学版）2001 年第 5 期。

③ ［法］夏尔·波德莱尔：《波德莱尔美学论文选》，郭宏安译，人民文学出版社 2008 年版，第 439—440 页。

④ ［法］夏尔·波德莱尔：《波德莱尔美学论文选》，郭宏安译，人民文学出版社 2008 年版，第 439 页。

'现代'的东西，很快就变得不属于'现代'，变成'过去'甚至'古代'。'现代性'永远都在不断消失的同时又不断地再生"①。所以波德莱尔说："每个古代画家都有一种现代性。"② 也就是说，"现代性"指的是一种社会生活以及社会中的事物所具有的一种性质和状态，它在任何时代都可能存在。

与波德莱尔意义上的"现代性"相联系的，还有另一层面的含义，即特定的"现代"时期以及这个时期中文化、生活方式等所具有的属性。确切来说，指的是大约 17 世纪出现于欧洲的社会生活及组织模式。③ 在制度结构层面上，包括资本主义、工业化、监督机器以及对暴力工具的控制等四个层面。④ 马克斯·韦伯以及哈贝马斯也是从这个维度上认识现代性，对于韦伯来说，现代性就意味着结构分化、理性化、世俗化、标准化等方面。哈贝马斯则指出，现代性规划根据其内在逻辑，具有三方面内涵，即"客观的科学""普遍的道德和法律""自主的艺术"，"科学话语、道德理论和法学，以及艺术的生产和批评渐次被体制化了。文化的每一个领域都和文化的职业相对应，因此每个文化领域的问题成为本领域专家所关注的对象"⑤。

无论是从波德莱尔，还是从韦伯和哈贝马斯对现代性的定义中，都可以看到现代性概念本身是作为一种概念群而存在的，涉及社会历史进程中的很多问题。但从学术史上的讨论来看，至少包含了两个层面的基本含义，一个层面是作为社会现代化的意义上来说的，与启蒙主义密切相关，另一个层面则与艺术、文学等密切相关，通常是对启蒙理性的反

---

① 谢立中：《"现代性"及其相关概念词义辨析》，《北京大学学报》（哲学社会科学版）2001 年第 5 期。

② ［法］夏尔·波德莱尔：《波德莱尔美学论文选》，郭宏安译，人民文学出版社 2008 年版，第 440 页。

③ ［英］安东尼·吉登斯：《现代性的后果》，田禾译，译林出版社 2000 年版，第 1 页。

④ ［英］安东尼·吉登斯：《现代性的后果》，田禾译，译林出版社 2000 年版，第 50—51 页。

⑤ ［德］尤尔根·哈贝马斯：《现代性与后现代性》，周宪译，载周宪编《文化现代性精粹读本》，中国人民大学出版社 2006 年版，第 142—143 页。

思、质疑和否定。① 所以卡林内斯库认为，现代性自身实际上包含着两种彼此对立的力量，一是历史阶段的现代性，二是美学概念的现代性，二者呈现出张力状态。这两种现代性构成的矛盾和张力显而易见。前者与理性、对进步的虔信、经验科学、实证知识以及确证性等概念连接在一起，而后者则与非理性、变化、动态、零散、短暂等特征紧密相关。周宪认为，这两种现代性可以被称为"启蒙的现代性"与"文化的现代性"，如果用人类心智活动类型来概括的话，前者最典型的方式是数学，后者的代表则是艺术。

为什么会出现现代性的这种分裂状况，按照冯黎明等的看法，现代性是启蒙思想家们设计的人类社会改造工程，从总体上可以理解为一场"人类社会实践场域的结构性转型"的历史事件，其起源在于"社会实践的场域分解"，而"分解的要旨在于解构古典的同一性生活世界，但是生活世界的分解意味着同一性的意义世界和秩序世界被拆散为'地方性存在'，如何在一个有'碎片化'危险的生活世界中获得意义和价值就成了现代性工程开工后必须面对的重大问题"②。回到艺术的话题上，之所以出现分解，可以从两个层面上来理解。

首先，在启蒙主义者的现代性设计中，艺术、审美实际上是居于被支配地位的。以鲍姆嘉通为例，尽管在他那里，美学被确立起来，也因而被称为"美学之父"，但从其关于美学的定义可知，审美能力是处于逻辑能力之下的认识能力。因为美学研究的对象是人的感性能力，而逻辑学研究的则是理性能力，即"明确的、明晰的认识"。也就是说，审美能力是理性能力的一个部分。他虽然认为美学是感性认识的科学，但研究对象却限定在艺术、认识论、美以及类理性这四个层面。③ 尽管鲍姆嘉通为"美"在传统哲学架构中争得了一个地盘，但危机也是很清楚的，它

---

① 可参见周宪《审美现代性批判》，商务印书馆 2005 年版，第 57 页。

② 武汉大学文学院文艺学专业"纯粹现代性"课题组：《现代何以成性？——关于纯粹现代性的研究报告》（上、下篇），《江汉论坛》2020 年第 2 期、第 3 期。

③ ［德］亚历山大·戈特利布·鲍姆嘉通：《美学》，王旭晓译，文化艺术出版社 1987 年版，第 13 页。

变成了形而上学的一个面向。启蒙主义者试图为感性领域确立话语地位，但这种理性主义的美学，将其限定在一个特定的知识领域，对其进行科学研究，实际上忽略了人的感性、欲望等层面，为此后现代性的分裂埋下了种子。

其次，启蒙现代性的一个重要规划就是追求人的主体自由，所以主体性成为现代性的一个重要原则。但问题在于"主体哲学是将主客关系理解为基本的认知和行为关系，这必然会导致理性与自由、自然与社会、个人与社会、情感与理性的冲突，……主体哲学在理性认识上的狭隘性，使它把现代性分化为两种倾向。一方面，作为理性的主体，人具有自由；另一方面，社会合理化又只能表现为工具和目的的合理性，个人若想要追求与社会的同一性，就意味着主体的自我奴役和自由的失落，从而现代性就意味着真正意义上的自我反抗"①。也就是说，现代社会的合理化以及社会分工，凸显了个人的主体性，但又使得个体生存的整体感和完整感丧失，碎片化代替了整全性。这样一来，审美现代性不可避免地从现代性中分化出来。

在刘小枫看来，尽管审美性是现代性的必然结果，然而它与启蒙现代性之间还存在着三个巨大的冲突。首先，为感性正名的问题；其次，艺术代宗教；最后，游戏式的人生态度。② 显然，靠感性力量确证自我，是与启蒙现代性所确立的原则背道而驰的，因为启蒙现代性最重要的一个原则就是人能够自由运用自己的理性，这是康德为启蒙所定下的调子。③ 因此，尽管启蒙现代性与审美现代性存在着断裂或悖反，但其方向

① 徐敦广：《现代性、审美现代性与艺术审美主义》，《东北师大学报》（哲学社会科学版）2009 年第 1 期。

② 刘小枫：《现代性社会理论绪论——现代性与现代中国》，上海三联书店出版社 1998 年版，第 307 页。

③ 在其著名的《答复这个问题："什么是启蒙运动?"》一文中，康德写道："启蒙运动就是人类脱离自己所加之于自己的不成熟状态。不成熟状态就是不经别人的引导，就对运用自己的理智无能为力。当其原因不在于缺乏理智，而在于不经别人的引导就缺乏勇气与决心去加以运用时，那么这种不成熟状态就是自己所加之于自己的了。Sapere aude! 要有勇气运用你自己的理智，这就是启蒙运动的口号。"参见 ［德］伊曼努尔·康德《历史理性批判文集》，何兆武译，商务印书馆 1996 年版，第 22 页。

还是一致的，那就是确立并捍卫一个主体性的存在，启蒙现代性捍卫理性主体，审美现代性捍卫的则是感性主体。然而，从审美现代性作为本能冲动对逻各斯的"造反"来说，它又是反现代性的。

具体到中国的状况，与西方的现代性有着比较大的差异。因为中国现代性的出场，现代性问题的产生，不是内生性的，而是鸦片战争之后，在殖民主义的扩张中，被迫卷入的。当闭关锁国的"天朝上国"在西方列强的坚船利炮猛烈轰击之下急剧走向衰败的时候，无论是政治制度，还是传统的精神价值、理念的正当性，都遭遇危机，这就使得中国如何面对强势的西方列强的问题成了首要问题。在当时的语境下，"师夷长技以制夷"似乎成了其唯一选择，然而，中国之所以落后挨打的原因到底是什么，还是困扰中国的最大问题。中国何以富强，中国的文化精神以及政教制度合法性何在，是否还有继续存在的必要性，等等，这些关涉中国文化、中国往何处去的问题，构成了讨论中国现代性问题的基本语境。① 所以从这个意义上来讲，中国现代性的展开是以西方的现代性为标准的，是对自身的经济、社会、政治制度以及生存方式、价值体系、心理结构、知识范型以及语言、艺术等全方位的转换。

中国的现代性是由于遭遇西方列强入侵而被迫出场的，所以并未像西方那样存在着两种现代性的矛盾对立，即社会现代性与审美现代性的对立。即使存在这两种可能的现代性，审美现代性也要给社会现代性让位，因为中国的现代性面临的首要问题是为中华民族、为国家的生存争取空间，从而使中国这个东方大国能够屹立于世界民族之林，而个体自由、人性解放与之相比，就显得不那么重要。在中国的现代性进程中，"社会与个体之间的矛盾往往被掩盖、被遮蔽起来，而转换成了中西方思想之争。对民族—国家整体利益的思考往往压倒和吞没了对个体价值、个性发展的思考和需要"②。即使在现代性进程中，也存在着以蔡元培、

---

① 参见刘小枫《现代性社会理论绪论——现代性与现代中国》，上海三联书店出版社1998年版，第381页。

② 徐碧辉：《美学与中国的现代性启蒙——20世纪中国的审美现代性问题》，《文艺研究》2004年第2期。

宗白华、朱光潜等学人鼓吹美育代宗教、人生的艺术化、建立中国的美学等审美现代性的尝试，但对于他们来说，其目标还是在于救亡图存，寻求民族的解放。因此，中国的社会现代性与审美现代性的形态与西方存在着非常大的差异。西方的两种现代性实际上是共生关系，其存在的张力是相互依存的事物间的内在冲突。启蒙现代性要建立理性的、秩序化的社会制度，其中，个人的价值和权利能够充分得到保证。尽管审美现代性"造反"启蒙现代性，那也是因为理性变成了工具理性、秩序与法则变成了对个体的自由、感性的束缚，要对其进行批判与反抗。然而，其批判的前提是理性的思维方式，对进步、科学、实证性知识的确证等，这些都已经深入人心，并成为一种根深蒂固的观念，指导着整个社会的运行。而中国的社会现代性则是将民族的振兴、国家的富强置于首位，摆脱半殖民地半封建的处境。当然，这里存在的问题也显而易见，那就是对现代性的态度的矛盾性。一方面，因为没有可选择的道路，学习西方的现代性是必然选择，但另一方面，由于是被动接受，而且是在被动挨打的情况下遭遇现代性，从心理上难以接受，因而会对发端于西方的现代性表现出某种程度的犹疑、焦虑，甚或排斥的状态。①

哪怕在接受西方现代性的过程中，部分有识之士认识到了文化现代性的重要性，比如"五四运动"时期，举起的"民主与科学"这两杆大旗，而这二者正是西方现代社会中最为核心的价值观念。然而，文化的现代性终究没能战胜革命的现代性，随着十月革命一声炮响，马克思主义的革命诉求取代了从文化层面进行现代性的理想，即以革命手段，彻底推翻现存社会制度，以新的制度和社会主义新人代替现行的制度和权力的掌握者。在革命思想的指导下，"不是理性，不是秩序，不是法规，不是对社会问题的仔细耐心地研究，相反，是对秩序的反抗、对法规的蔑视，成为中国现代性启蒙的重要内容和结果"。然而，反抗现存秩序、蔑视现行法规，这些并没有导向对个体价值、个人尊严的珍视。"由于残酷的政治现实和民族危亡状况，在反抗旧秩序的过程中建立了一套新的

---

① 参见张明《中国现代性问题历史语境的哲学审思》，《人文杂志》2018 年第 6 期。

秩序，这种秩序不是建立在对个性和个体价值的尊重之上，而是建立在战争时期的纪律、整齐划一上。被西方启蒙主义者视为天赋的人权和个体价值、私有财产等观念统统被作为资产阶级的腐朽没落的观念而摒弃。这样，艺术、审美这种最能体现个性和自由风格的意识形式也被染上浓重的意识形态色彩，艺术的主体性、个人风格、审美的独立性和超越现实功利的性质基本上被否定。"① 特别是在 20 世纪 50—70 年代的特殊政治环境中，无论是社会现代性还是审美现代性，基本上销声匿迹，鼓吹艺术独立、审美无功利、艺术人性化的审美现代性，毫无立锥之地。比如强调美是主客观统一的朱光潜，不断地对自己进行批判及辩解来保持话语权；而提出 "美是自由的象征" 的高尔泰，则被打成 "右派"，差点在夹边沟农场报销了自己的生命。

1978 年十一届三中全会的召开，被中断的现代性又重新开启。曾经作为国家战略的工业、农业、国防以及科学技术的 "四个现代化" 被进一步确认，并成为主导性的官方话语，被推向社会各个领域。因此，20 世纪 80 年代，中国现代性话语的重新出场，是与现代化理论联系在一起的。知识界之所以更喜欢用 "现代化" 而非 "现代性"，除了主流意识形态推动之外，根本上还是因为这两个词在语用学上大有区别。许纪霖认为："前者注重历史的过程，后者更注重规范的理解，更重要的是，在当代中国，它们各自所针对的语境是不同的。现代化的目标最早出现在世俗化了的改革社会主义国家意识形态上，并且成为思想解放运动和新启蒙运动的共同目标。"对于现代化内涵的解释虽不尽相同，但其背后的思想预设是一致的，现代是作为传统的对立面出现的，现代化的核心问题是如何从传统到现代。而且，他进一步指出，现代化的问题，在相当大程度上，是对空间与时间的理解，而中国 80 年代启蒙主义的现代化思想，建基于两个二元的思维模式，"一个是在时间关系上的传统/现代二分法，另一个是空间关系上的中国/西方二分法，而这两种二元的思维模

---

① 徐碧辉：《美学与中国的现代性启蒙——20 世纪中国的审美现代性问题》，《文艺研究》2004 年第 2 期。

式背后，却分享着同一个一元论的历史发展目的论的思想预设。也就是说，从晚清社会达尔文主义的进化论以及从"五四"到 80 年代的启蒙主义，都建立在线性的一元论历史观基础上，如何从传统到现代，从中国到西方，成为中国现代化的历史诉求和必经之路"①。在当时的语境下，区别于传统的主要是来自西方的文化，因此出现了译介西方思想文化理论的热潮。借助于《汉译世界学术名著丛书》《走向世界丛书》以及《文化：中国与世界丛书》等的翻译出版，西方的各种哲学、科学以及文化思潮，潮涌般地展现在中国知识界面前，中国的知识分子真正做到了"睁眼看世界"。与此同时，知识界出现了对传统文化的激烈批判，乃至全盘西化的论调，他们认为，传统文化是"衰落的文明"，中国之所以难以走向现代化，就是传统文化的严重阻碍，要用"海洋文明"代替"大河文明"。从这个意义上来理解 20 世纪 80 年代中国的现代性问题，就会发现，无论是社会的现代性还是审美现代性，都要对传统价值进行重估和批判。

王德威认为，中国的现代性是在四个层面上展开的。首先，对"真理"的重新定义和追求，所谓的"真理"，是一个文明语境中对特定知识体系的掌握，对知识真相的思辨和清理，而 20 世纪发生在中国的启蒙运动使得知识分子同心一致去寻求未曾接触和了解的知识，比如西学；其次，对"正义"的重新思考及实践，涉及如何将社会资源公平、有效、合理分配的问题，而 20 世纪中国人对正义的追寻，往往是通过革命这种能够产生立竿见影效果的剧烈的方式来进行的；再次，对于"欲望"的重新定义及探讨，而这涉及了人如何定义主体、发挥主体的作用；最后，对"价值"的重新定义，不仅包括市场经济资源的分配和循环，也包括对生活、文化、知识资源的掌握、判断和实践。也就是说，真理与知识启蒙、正义与革命、欲望与主体、价值与资本，这四个方向代表着中国现代性非常重要的向度。② 事实上，王德威所阐释的中国现代性的四个向

---

① 许纪霖：《从现代化到现代性》，《中华读书报》2006 年 11 月 8 日第 10 版。

② 王德威：《抒情传统与中国现代性》，生活·读书·新知三联书店 2018 年版，第 72—73 页。

度，特别是第一、第三和第四个向度，在 20 世纪 80 年代表现得尤为突出。这主要是因为，80 年代的现代性启蒙正是由李泽厚的一部确立人的主体性地位的著作及两篇文章拉开序幕的。① 在李泽厚所发表的这些成果中，他明确指出，人具有的最突出特征就是 "主体性"，而这种 "主体性"，不是单一的，而是包括了两个双重内容和含义："第一个 '双重' 是它具有外在的即工艺—社会的结构面和内在的即文化—心理的结构面。第二个 '双重' 是它具有人类群体（又可区分为不同社会、时代、民族、阶级、阶层、集团等）的性质和个体身心的性质。这四者相互交错渗透，不可分割。"② 也就是说，从外部看，人的主体性是以社会人的身份展示出来的，是群体主体性，具有 "工艺—社会" 结构；从内部看，则是以 "个体人" 展示出来的，是个人主体性，具有 "文化—心理" 结构。尽管在这个结构中，李泽厚仍然强调群体性的、整体性的 "工艺—社会" 对个体心理结构的决定作用，但是，他更强调个体感性、个体存在的价值，为个体感性欲望的发掘和辩护提供了有效的理论依据，使得个体本身的生命存在的意义和价值凸显出来。这也为 "85 新潮美术运动" 中审美现代性的出场提供了哲学论证。

人的主体性地位的确立，是中国 20 世纪 80 年代现代性进程中的一个重要标尺。主体性确立的同时，对于新知识的攫取，对真理的重新定义，也是这一时期现代性的重要方面。当然，自徐光启翻译《几何原本》开始，中国人对西学有了了解。但真正认识到西方知识的有效性，还是鸦片战争之后，人们看到了西洋火炮的威力，看到了声光电的奇妙之处，但此时也还是 "师夷长技以制夷" 而已，并未真正认识到西方技术的进步源于西方整个的文化系统。所以甲午战争的惨败，使得有见识的知识人看到了技术可以拿来，但技术背后的支撑力量不是一下子就可以学会的，于是开始废科举，办新学，修铁路，做实业。接触西学的时间越长，

---

① 这本著作是李泽厚的《批判哲学的批判》，这两篇文章是《康德哲学和建立主体性论纲》《关于主体性的补充说明》。

② 李泽厚：《实用理性与乐感文化》，生活·读书·新知三联书店 2005 年版，第 218 页。

越了解到最根本的是整个文化系统内部的问题，于是有了打倒"孔家店"的"五四新文化运动"，引进了"德先生"与"赛先生"。艺术领域也出现了鲁迅的《拟播布美术意见书》、蔡元培的《以美育代宗教说》、吕澂的《美术革命》以及陈独秀力挺吕澂的《美术革命——答吕澂》等批判中国传统文人画、宫廷绘画的论述，力主革新中国艺术的语言，从"写意"转向西洋画的"写实"。"文化大革命"虽然中断了对西学的接受，但改革开放之后，各种西方的哲学、文化思潮经知识界的介绍进入中国社会，比如德国古典哲学的"启蒙理性"思想、现代哲学中的唯意志主义、生命哲学、精神分析、现象学、存在主义等，都成了人们狂热汲取的思想资源。而这些理论资源则从根本上改变了人们对于知识、真理的看法，从而产生对于此前"极左"意识形态的批判。"85新潮美术运动"中，艺术家们所做的工作在很大程度上也是用艺术来表现所接触到的新的哲学理念和观点，比如北方艺术家群体的"理性绘画"就是对黑格尔哲学观念的图解，西南、华中和东南地区的艺术家则更是直接从各种非理性、反理性的"生命哲学""精神分析哲学""存在哲学"中寻找重塑自我的精神依据。

对于"新潮艺术家"们来说，接受新的知识系统，其目的是对此前"文化大革命"的伤害进行疗愈，并反思"文化大革命"产生的原因（尽管这种反思并不彻底），这就不免带着浓厚的功利主义观念，而非纯粹对新知识的接受。对于这一点，张法先生也有着精到的评价，他说："中国从进入现代性追求以来，基本上不是用西方领域自主和领域分治的框架来看待问题，而是用中国传统的领域整合、领域互助的模式来架构理论，因此，从梁启超开始，艺术就成为帮助救国救民、求新求变、改造现实、推动历史的工具。从维新到革命，从新民主主义革命到社会主义革命，艺术不是追求自主，而是服务革命功利。到了改革开放后的20世纪80年代，美术上的现代派和文学上的先锋派，也是用现代艺术形式去推动新时期的启蒙，有着强烈的功利主义观念……中西方关于艺术现代性的区别在于，西方认为，艺术首先获得（超功利的）自主性，这种自主性本身就有了（对功利现实的）批判；中国认为，艺术本身就是追求理想的工具，因此，它追求批判现实的功利性。"① 所以，80 年代的审美现代性与西方的审美现代性就存在着很大的不同，西方的审美现代性是为了疗愈，乃至对抗社会现代性的弊端，而中国的并不存在这样的诉求，恰恰是社会的现代性规约着审美现代性。

　　总体来看，中西方的现代性存在着较大的差异。西方的现代性存在着张力和悖论，一方面是社会的现代化所带来的社会变迁，而另一方面，在社会变迁过程中，思维、观念、生活方式等也都发生了重大的转变，审美现代性也由此出场，试图 "救赎" 被工具理性所占据的社会生活。这就构成了西方现代性的一体两面性，其中有冲突、制衡，也有互补。也正是在这种张力结构中，保持了现代性的开放性。而中国现代性的发生不是内生性的，而是外部力量刺激的结果，是在一种二元对立的框架内展开其进程的。这种二元对立包括新与旧、进步与保守、自由与强制、普及与有界……而发展的方向就是朝着新的、进步的、自由的等具有进步论意义的方向前进。所以中国的现代性是一种单一的发展趋势，而缺少了西方现代性的那种张力—矛盾结构以及自我批判性。同时，启蒙（社会）现代性与审美现代性尽管存在着张力以及矛盾关系，但后者的生成首先要依赖于前者的充分实现，依赖社会文化各个领域的分化以及自我合法性的确立。然而，中国的情况是，20 世纪 80 年代之前，我们没有发生文化场域中分化、自主的过程，所以审美现代性作为一种批判性话语没有特定的对象。即使在 "85 新潮美术运动" 中，存在着 "形式主义" 的讨论、"抽象画" 的尝试，但艺术的自律或者 "为艺术而艺术" 的审美现代性主张并没有建立起来。因为，"在西方，为艺术而艺术的审美主义思潮是对于资产阶级现代性（如实用主义与低劣的趣味等）的对抗，它表达的是艺术家对于资产阶级的重商主义、粗俗的实用主义以及市侩现代性的反叛；而在中国，为艺术而艺术或对于艺术的自主性的强

---

　　① 张法：《现代性话语的流变与美学的关联》，《甘肃社会科学》2005 年第 4 期。

调在很大程度上是对于'左'倾实用主义文艺观而不是市侩现代性的反抗"①。因而我们可以看到,"85 新潮美术运动"中尽管艺术家们试图通过对西方文化、西方现代主义艺术语言、技法的选择性模仿来反抗传统,批判社会,但因为艺术与审美的基本自主性尚未完全实现,与社会、文化的真正多元化也有很大差距,"85 新潮美术运动"也就成了一个在"相对封闭的环境中进行的一场具有浓厚形而上学和思辨色彩的思想、文化运动"②,实际上并不具备完全意义上的审美现代性。

第二节 作为"新潮"的"85 新潮美术运动"

尽管如前文所述,"85 新潮美术运动"并未彻底完成中国艺术的现代性,但毕竟迈出了非常重大的一步,成为当时"文化热"语境下一股重要的"新潮"。鲁明军认为,尽管 20 世纪初的语境与 20 世纪 80 年代的语境有很大差别,艺术所追求的对象也有很大差别,但"85 新潮美术运动"显然是接续 20 世纪初叶的"美术革命"的。③ 当然,我们也必须认识到,80 年代中国知识界的话语方式与"五四"是有很大差别的,其最大的变化在于,由于受西方现代化理论模式的影响,从"五四"反封建论述的革命范式向"传统/现代"这种二元对立的现代化范式的转变。因此,"85 新潮美术运动"的"新潮"就不仅仅是普通的反封建,还纠缠着对整个传统,乃至自身的激烈反叛,至少可以从这样几个方面体现出来。反叛既有美术传统;革新艺术语言;反对艺术体制专制;综合利用各种传播手段。

---

① 陶东风:《审美现代性——西方与中国》,载赵一凡、张志扬、章国锋、金元浦、周宪、陶东风、余虹、程正民《现代性与文艺理论(笔谈)》,《文艺研究》2000 年第 2 期。

② 黄专:《作为思想史运动的"85 新潮美术运动"》,《文艺研究》2008 年第 6 期。

③ 鲁明军说:"整个 20 世纪,1918 年左右的艺术氛围无疑最接近 1985 年前后的艺术与文化生态,二者都处在反传统的'革命'情境中,都在如饥似渴地寻找新的出路。如果说'美术革命'是新文化运动的一个开端的话,那么,'八五美术运动'则是整个 80 年代'文化热'的重要一环。"参见鲁明军《"美术革命":当代的预演与新世界构想》,《文艺研究》2018 年第 10 期。

首先是对既有美术传统的反叛。1987 年，黄永砅制作了一件较有创意的装置作品，将王伯敏的《中国绘画史》和赫伯特·里德的《现代绘画简史》一起放在洗衣机中搅拌了两分钟，随后又将这团已成为糊状的纸浆放在了架在木箱的玻璃上，如图 3-1 所示。由于洗衣机具有清洗的作用，因而黄永砅的这一装置艺术自然蕴含了清洗中外艺术史的意味，宣告了对中国艺术传统，乃至西方现代主义艺术传统的决裂。

图 3-1　《〈中国绘画史〉与〈现代绘画简史〉》，装置，黄永砅，1987 年

事实上，在此之前黄永砅已经做出了较为前卫的尝试。1986 年 9 月 28 日，黄永砅组织了 "厦门达达现代艺术展"，并于 11 月 17 日在《中国美术报》上发表了《厦门达达——一种后现代?》，11 月 23 日，焚烧了群展的所有作品。在焚烧之前，黄永砅还用石灰在旁边写下了不少标语，如 "艺术作品对于艺术家就像鸦片对于人" "不消灭艺术生活不安宁" 以及 "达达死了" 等。① 如图 3-2 所示。以黄永砅为代表的艺术家们的

① 李亚伟:《黄永砅式的艺术: 在 "争执" 中追问世界》，2016 年 3 月 17 日，https: // news. artron. net/20160317/n822737. html，2019 年 3 月 20 日。

图 3-2　《焚烧作品》，行为艺术，黄永砅等，1986 年

这一系列破坏行为，以及声明、标语都表明了"厦门达达"成员们试图通过破坏和改变作品本身的存在状态，达到颠覆艺术传统的目的。黄永砅自述"焚烧"作品时说："其一是表明艺术作品对于艺术家就像鸦片对于人——艺术家从来都是靠作品来显示其伟大和难度，从来必须处心积虑地加以保护，所以对待自己作品的态度标志着艺术家自己释放自己的程度，艺术家可以任意处理自己的作品而无须小心翼翼。同时，作品的最终最佳样式也是不存在的，可以一直变化直至消灭——焚毁或其他手

段、人工或自然方式。"① 他们不仅对传统的绘画观念、美术传统发动了进攻，也反叛了西方现代主义绘画及现行的艺术体制，甚至对他们自身也进行了消解，表达了激烈的反叛精神。这种看似荒诞的、以非艺术的态度对待艺术的行为在当时引起了强烈的反响，以至评论家栗宪庭称其为"无意义的意义"。他写道："焚烧展出作品之所以被称作艺术，是因为它是一种超语言的象征，人们必须在焚烧自己的大火面前，才能感受到一种消除了艺术作品的永恒、神圣性的快慰。"而且这种从根本上破坏、放弃传统艺术形式的做法，看起来是荒诞、无意义的，但在栗宪庭看来，"这即无意义的意义，在无意义中获得一种自由"②。

　　"厦门达达"成员们从否定艺术、否定自我的无意义中寻求自由表达的努力，实际上带来了颠覆性的后果。"厦门达达"成员们似乎在寻求一种新的艺术疆界的拓展，但实际上走向了一个极端的反面，那就是用反文化、反艺术的行为来确证艺术的存在性或者人的主体性。这样，他们就进入了一个悖论式的反讽之中。一方面，彻底否定的、反叛的反艺术行为，看起来毫无意义，但这种反艺术行为本身，又确证了意义的在场；另一方面，艺术家们试图通过彻底摧毁艺术作品的方式，来解构此前文化专制对于人的思想的伤害，但这种解构性的对待艺术作品的行为本身又变成了另一种文化专制。③ 当然，这一点在当时的激烈反传统中并未被很好地意识到。

　　当然，"厦门达达"只是"85 新潮美术运动"众多群体中较为激烈地对艺术传统进行反叛的群体之一，他们不仅反对一刀切的"革命现实主义""社会主义现实主义"的创作模式，更反对"歌德"的传统，同时也对此前的"伤痕绘画""唯美绘画""乡土写实绘画"以及传统中国绘画的观念进行反省和批判。艺术家们试图通过种种反叛方式，摆脱长期以来所承受的思想负担与束缚，从而完成一场思想的革命。这其中，

---

　　① 黄永砯:《黄永砯自述》，载高名潞《'85 美术运动：历史资料汇编》，广西师范大学出版社 2008 年版，第 518 页。

　　② 栗宪庭:《重要的不是艺术》，江苏美术出版社 2000 年版，第 209 页。

　　③ 参见吕澎、易丹《1979 年以来的中国艺术史》，中国青年出版社 2011 年版，第 150 页。

尤以对中国传统绘画的批判引起的争议最多，也刺激了艺术家以及理论界对中国绘画进行重新定位和思考。

首先发难的是南京艺术学院中国画专业的研究生李小山。1985 年，李小山提出了一个爆炸性的观点，"中国画已到了穷途末日的时候"。之所以得出这样的论断，是因为在李小山看来，中国曾经有优秀的美术遗产，即"那种将空间、时间和观察者本人融为一体的精神实质"。这一点是需要继续发扬的，但是从中国艺术史上看，"传统中国画发展到任伯年、吴昌硕、黄宾虹的时代（人物、花鸟、山水均有了其集大成者），已进入了它的尾声阶段"。即便如此，还有一大批富有才能的艺术家在捍卫已经过时的观点，在实践中浪费了那么多精力，他为此甚为惋惜。原因在于传统的美学观念在束缚着我们，因此，必须要革新中国绘画的观念。他写道："只要我们还迷恋于古人创造的艺术形式和用传统眼光看待中国画，我们便会无能为力地承认，古人比我们高明，我们就会服服帖帖地膜拜在古人的威力之下。由此可见，革新中国画的首要任务是改变我们对那套严格的形式规范的崇拜，从一套套的形式框架中突破出来。"① 在李小山看来，传统的绘画观念已经穷途末路，又规约、束缚着今天的艺术创作，因此必须要革新观念、摆脱束缚。随后，李小山又连续发表了《中国画存在的前提》（《美术思潮》1985 年第 7 期）和《作为传统保留画种的中国画》（《江苏画刊》1986 年第 1 期）两篇文章，进一步表达了对中国画创作现状的强烈不满，并阐明了其观点，即中国画正处于历史的转捩点上，要想使中国画走向现代，必须革新绘画观念，而不是靠修正和补充。

李小山以犀利的笔触、无比的勇气提出了对中国画的观念进行革新的想法，在美术界造成很大震动，因为他确实触及了中国画创作中的很多实际问题。而且他认为，这个时代所需要的"不是那种仅仅能够继承文化传统的艺术家，而是能够做出划时代贡献的艺术家"。要达成这个效果，就需要创造这样的气氛，"使每个画家在可以自由探索的基础上，抛

---

① 李小山：《当代中国画之我见》，《江苏画刊》1985 年第 7 期。

弃严格的技术规范和僵化的审美标准，创造出丰富多彩的艺术形式来"①。这句话道出了李小山那些震撼性观点的宗旨之所在，即通过对传统的批判，获得创作的自由。也正是在这个意义上，易英评论李小山的贡献时说："在于它深刻地反映了中国年轻一代在走向思想解放和开放社会时的浮躁，长期文化压制和个人的生存境遇（文革与知青的经历）所造成的逆反心理，以及国门开放后面对中西方在文明进程和生活水平上的巨大差距所形成的心理失衡，以至将复杂的历史与现实条件的成因归咎于传统文化的束缚，使一部分人走到了文化虚无主义的极端。"②

　　"85 新潮美术运动"的艺术家们不仅仅从行为、理念、批评等层面表达了反传统观念，而且将这种观念穿彻于其艺术创作中，以新的艺术语言传达了"新潮美术"的"新潮"意味。前文已经述及 20 世纪 80 年代之前的艺术创作，无论是国画、油画、版画还是雕塑，在媒介材质、艺术形式以及艺术语言等方面，都十分单调、贫乏。特别是十年"文化大革命"，由于艺术完全为政治服务，要"歌颂领袖""讲述红色历史"以及"突显工农兵"，因而在艺术语言上，以"三突出"的方式展现理想化和舞台化的"高大全"的人物形象，极力追求"红光亮"的艺术效果，色彩明亮，甚至在阴影的地方都禁止使用冷色调，而且为了追求逼真的画面效果，几乎没有笔触，这就使得艺术失去了应有的生命力。而"85 新潮美术运动"由于对西方现代主义艺术的借鉴，无论是材质还是艺术语言都产生了非常大的变化。从材料上看，除了传统的国、油、版、雕之外，还增加了金属、陶瓷、综合材料等；从艺术语言上，各种色彩、变形、重组、夸张等轮番上阵，共同构造了一个"新潮"的美术运动。

　　以 1983 年厦门文化宫举办的"厦门五人现代艺术展"为例，这个展览是由黄永砅组织的，但是在开展时只能内部观摩，所以在当时影响并不大。但黄永砅后来在《美术思潮》上发表了《一次未能公开的画展》

---

① 李小山：《当代中国画之我见》，《江苏画刊》1985 年第 7 期。

② 易英：《80 年代美术批评》，2011 年 3 月 26 日，https://ww.docin.com/p-159985916.html，2022 年 9 月 21 日。

一文，介绍了这个展览的相关情况，引起了很大反响。在文中，黄永砯首先介绍了办展的宗旨："作者大胆地披露了自己对以往习惯的'表象'艺术观念及价值的质疑，包括所谓'美'的法则，以及一件在展览会展出的艺术作品应该是什么样的固定看法；在实践中对现代艺术进行综合性尝试，寻求多种现代精神的表现方式。"显然，他要通过艺术实践来寻求现代艺术精神，而艺术实践的表现方式未必就是此前占据统治地位的"现实主义"，而是多种多样的，进而他通过展览来探讨艺术作品的本性。展品到底是怎样的呢？他接着写道："展览的作品大致分成两大倾向，一是探索一种纯粹的绘画平面与雕塑空间的语言——形式与色彩的语言，基于艺术作品是一种独立自主的、和谐的有机体，与自然平行，而最终与自然达到更高的统一的信念，艺术家对怎样表现这种信念会有完全的自主权。这些体现在类似的抽象形式中，体现在形与色、色与域（平面）等诸关系中。二是试图超越这种纯粹的绘画或雕塑的语言本身，在艺术与生活之间建立一座桥梁，这主要体现在那些主体与平面、实物与幻象的结合，实物拼贴与构成的作品之中。"[1] 具体选了哪些作品，我们不得而知，但从其描述中，无论是形式与色彩这些艺术语言，还是艺术与生活的关系，都较此前的艺术有了很大差异。

与黄永砯同时期的"西南艺术群体"的"新具象绘画"也是运用新的艺术语言来寻找艺术本质，重塑自我的重要尝试。何谓"新具象"？按照"西南艺术群体"的领袖人物之一毛旭辉的说法，就是"心灵的具象，灵魂的具象。这种具象为艺术家对心灵和生命的直觉把握。采取各种艺术手段对心灵和生命所作的判断、假设和界定。它的目的还不限于此，还在于与观众对话和观众本身。它更像一则启示，观众可以借此作为一次向生命和心灵寻问的起步"[2]。从毛旭辉的定义可见，"新具象"不同于传统的社会主义现实主义或者其他的写实样式，而是通过多种艺术表达形式来对生命和心灵做出界定，是一种深思熟虑后的理性表达，用全

---

① 黄永砯：《一次未能公开的画展》，《美术思潮》1985 年第 10 期。
② 毛旭辉：《云南·上海〈新具象画展〉及其发展》，《美术》1986 年第 11 期。

新的艺术语言来解读外在的客观世界。以毛旭辉的《圭山组画》与《红土之母》为例，艺术家思考的是怎样找到一个视点，从而将内心的精神世界以可视的形象表达出来。为了达到这个目的，他用全新的视角和艺术语言来解读客观世界。在他的画面上，红土、山羊、蓝天、白云等，都不是再现写实的风景，而是重组了自然空间，要么改变透视比例，要么肢解对象形体，要么打乱空间关系，彼此间没有必然的叙事关系，只是具有象征意味的意象排列，其目的在于表现自然生命在精神层面的和谐，所以它们是一种具有形而上意味的抽象关系，而非可视现实的逻辑关系。因而我们可以看到，无论是《圭山组画》还是《红土之母》系列，他都反复运用红土、山坡、山羊、蓝天、白云以及抽象化的人物，只是稍作变化而已，其原因在于，人物也好，自然形象也罢，都只不过是表达内心精神世界的载体，而不是准确再现这些形象，如图3-3、图3-4所示。因此，毛旭辉的艺术语言跟此前的"社会主义写实主义"，乃至"乡土写实主义"绘画相比，都有非常大的差异。首先，艺术家在艺术语言的使用上，摆脱了"红光亮"的模式，用红色、褐色等各种色彩来表达内心的情感和观念；其次，画面形象不追求写实，简化了事物的外在特性，用象征式的形象去制造画面的冲击感和吸引力，突出内在的真实的家园感。从这个意义上讲，毛旭辉的"新具象"革新了艺术语言，在艺术呈现方式上具有颠覆性的力量，是形式至上而非内容至上的作品。

图3-3　《圭山·三月》，油彩，毛旭辉，1986年

图 3-4 《红土之母·召唤》, 油画, 毛旭辉, 1986 年

如果说以黄永砯为代表的 "厦门达达" 以及以毛旭辉为代表的 "新具象" 是用油画、装置等来革新艺术语言的话, 传统中国画 (国画) 在艺术语言上如何革新, 也成了 "85 新潮美术运动" 中艺术家们探索的问题。水墨画是中国传统绘画的重要形式, 它以毛笔、墨、宣纸或绢帛为材质, 以墨代色, 通过墨法的运用, 产生浓、淡、焦、重、清等各种效果, 所谓 "运墨而五色具"。但是李小山关于 "中国画已到了穷途末日的时候" 的论断, 使得国画的现代化问题变得尤为迫切。然而, 传统水墨的程式表现系统、图像系统、价值系统的结构十分稳定, 由此可见, 水墨画的现代转型是多么艰难。尽管艰难, 但在整个 "85 新潮美术运动" 期间, 还是有很多艺术家纷纷加入革新国画艺术语言的尝试中来, 大致有两种倾向。其一, 要向西方的现代主义艺术学习, 彻底抛弃传统绘画的用笔、墨法等, 发展出区别于传统的现代水墨艺术, 比如李世南、朱新建等; 其二, 要完全抛弃笔墨语言和形式, 以谷文达、刘子健等为代表。

在对水墨语言的革新中, 尤以谷文达的实验水墨影响最为广泛。他放弃了传统水墨画的笔墨标准, 将笔与墨分离开来, 甚至将水墨本身作为单独的要素, 与装置艺术相结合, 形成高名潞所谓的 "立体水墨", 从而对传统水墨画的观念以及艺术语言进行了解构。在其众多作品中, 《遗

失的王朝——我批阅三男三女书写的静字》是谷文达首次将水墨与行为
艺术结合起来的尝试。1985 年，时任浙江美术学院教师的谷文达邀请了
学校国画系的六名学生，分别来到他的工作室，在其事先准备好的同一
幅巨大的宣纸上书写变体或完全错误的 "静" 字，然后对 "静" 字进行
破墨处理，并且像老师给学生批改作业一样，用红笔在这六个字上画叉
或者画圈，以示对错，如图 3-5 所示。这种勾画大红的 "叉" 和 "圈"
的方式，显然是受 "文化大革命" 大字报的影响。作品虽然具有水墨的
印迹，但显然超越了水墨艺术的语言，具有反叛、调侃意味。

图 3-5　《遗失的王朝——我批阅三男三女写的静字》，实验水墨，谷文达，1985 年

　　1986 年，谷文达为参加 "瑞士洛桑第 13 届国际壁挂双年展"，在壁
挂艺术家万曼的工作室完成了《静则生灵》的水墨装置作品，他以水墨
画和混合材料相结合的装置艺术为切入点，革新了传统水墨画的艺术语
言。作品中虽然仍旧保留着水墨的元素，比如墨、宣纸、书法、丝绸、
棉、竹等与水墨画相关的材料，但远远超越了传统水墨画的范畴。在这
个装置艺术中，中间部分是层层叠挂的红色丝织制品，上面印有类似中

国红印的方形体积物。两旁的是墨写的"静""则""生""灵"四个大字的巨大立幅，字的背景以晕染笔法绘制，字上画着红圈和红叉，如图3-6所示。作品的各个部分用黑色的绳索连接起来，整件作品不仅看起来厚重、雄浑，具有浓厚的宗教感，更重要的是，还传递出一些荒诞、非理性的味道。

图3-6　　《静则生灵》，水墨装置，谷文达，1986 年

无论是"厦门达达""新具象"还是"实验水墨"等，这些只不过是"85 新潮美术运动"中革新艺术语言的代表。其他如"北方艺术群体""红色·旅""池社""部落·部落"等团体，无不注重追求艺术语言的完善与精纯，试图通过对艺术语言的革新思考艺术本体，寻求艺术的自律，以及对于社会现实的批判性反思。

"85 新潮美术运动"的"新潮"还体现在对艺术体制的挑战和挑衅。艺术家们之所以不断地以革新的艺术语言来反叛传统，除了对艺术本体、艺术自律的寻求外，还包含着对艺术体制、展览体制的批判。根据彭德的记载："1985 年以前，美术展览的作品需要层层审查。从美术馆、美协、美院、画院、文化局、文联直至文化部、宣传部，掌握着创作的生杀大权。审查标准很刻板，体现着艺术的一元化，体现着艺术创作是被批准的。遵循这一机制的美术家，看重的是利益。比如画家在全国美术作品展览获奖，或者在中国美协主管的《美术》上发表两幅以上的作品，就能加入中国美术家协会。省一级美术作品展览获奖的作者，或者加入省一级美术家协会的会员，配偶如果是农村户口就能转为城市户口。中国户籍制度在当时如同印度的种姓制度，牢不可破，因而美术家协会及其阵地，具有改变人生命运的诱惑力。它使得美术家必须按照它的逻辑运行。当时所谓的艺术创作，包括题材、构思、构图、色调都需要层层把关。典型的表现是美协负责人要到艺术家工作室看草图，包括素描稿和色稿"①。而 "85 新潮美术运动" 期间，艺术家们以民间自发的方式组成团体、策划展览，自己决定画什么、怎么画，具有相当大的自主性，从这个意义上看，"85 新潮美术运动" 打破了一元的机制，推动了艺术的多元化。上文所述谷文达借用错字、变体字等来挑战中国已经学院化的水墨艺术传统，在一定程度上也是对艺术体制不满的表现。当然，在整个 "85 新潮美术运动" 中，类似的艺术行为还有很多。比如 1986 年 12 月 16 日，黄永砯与其他三位 "厦门达达" 成员在福建省美术展览馆表演了一出 "袭击美术馆" 的展览。整个展览中，黄永砯们没有携带任何艺术品，而是先给展览馆周围的各种建筑废料和垃圾拍照，然后将它们移入展览馆，并张贴照片、标志以及包含诸如 "我用五年就学会从事艺术，我要用十年才能学会放弃艺术" 等的文字，以此构成整个展览。栗宪庭当时就认为，"把类似垃圾搬进美术馆具有袭击意味，被袭击的不是参观者，而是参观者关于 '艺术' 的看法，同样被袭击的也不是美术馆，而是美术馆作为艺术制度的一个范例"②。

对意识形态体制、展览体制进行解构最彻底的，当属吴山专。1985 年，还在浙江美术学院读书的吴山专创办了一个 "快乐机构"——"红色幽默"，此后，"红色幽默" 贯穿了他多年的创作。1986 年开始，吴山专创作了系列 "红色幽默"，在 "文化大革命" 宣传画形象的基础上进行创作，将广告、日常语言、伪造的汉字以及反讽的语言符号等，与

---

① 彭德：《"新潮美术" 论》，《艺术当代》2015 年第 3 期。
② 栗宪庭：《重要的不是艺术》，江苏美术出版社 2000 年版，第 209 页。

"文化大革命"宣传画进行嫁接，形成了国内较早运用波普语言进行创作的范例，以一种幽默的方式消解"文化大革命"意识形态体制。其中影响较大的是 1985 年创作的装置作品《今天下午又停水》，又名《大字报》。该作品全长 35 米，高 2.8 米，他首先以较为标准的字体写下红底白字的"无说八道"（他的伪字、别字游戏）四个大字。然后找几个普通人在墙面上随意涂抹，写下"今天下午停水，居委会""爱国卫生运动""最后的晚餐"等通知或便条式语句。最后将墙面和天花板都贴上这种以红色为主，黑白二色夹杂其中的文字，产生非常强烈的视觉效果，如图 3-7 所示。作品张贴一段时间后，吴山专又将其全部覆盖上红纸，再随意撕下一些，裸露一些，于是使人产生了"文化大革命"时期红色海洋以及铺天盖地的大字报、大标语的联想。"红色幽默"系列作品抓住"文化大革命"的话语特点，将街头日常的琐碎的语言，运用"文化大革命"大字报的形式表现出来，创造性地转换成一种极具个人特色的话语方式，从而对"文化大革命"的意识形态展开批判。①

图 3-7　《今天下午又停水》，装置艺术，吴山专，1985 年

---

① 参见鲁虹《中国当代艺术三十年：1978—2008》（2013 年增订版），湖南美术出版社 2013 年版，第 101 页。

真正为吴山专暴得大名的作品是 1989 年 2 月 4 日在"中国现代艺术展"上，他专卖对虾的行为艺术《大生意》。当天，吴山专在中国美术馆分配给他的展位上卖起了对虾。此前，他在朋友的帮助下，从舟山买了200 公斤对虾运到北京，同时还在展览之初，在中国美术馆打出广告："亲爱的顾客们，在举国上下庆迎'蛇年'的时刻，我为了丰富首都人民的精神生活和物质生活，从我的家乡舟山带来了特级出口对虾（转内销）。展销地点为中国美术馆。价格为每斤 9.5 元，欲购从速。"前来观看展览的观众们踊跃购买。很快，吴山专的行为艺术被安保人员取消，吴山专的反应则是转身在展馆里的黑板上写下："今日盘货，暂停营业。"如图 3-8 所示。象征中国美术最高殿堂的中国美术馆在吴山专这里成了市场，美术馆的意义被改变了。吴山专在美术馆里销售对虾的行为是对美术体制的反抗，表达的是对审查美术作品的法庭，即美术馆的反抗，也是对艺术展览机制的反抗。

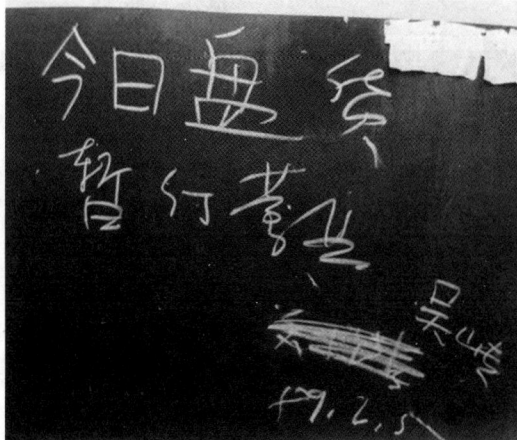

图 3-8　《大生意》，行为艺术，吴山专，1989 年

对于参与"85 新潮美术运动"的艺术家们来说，无论是其所在的艺术群体，还是艺术家个人，都不同程度地反叛着艺术评判体制、艺术展览机制。批评家王林在对"85 新潮美术运动"进行再思考的时候指出，当时所提出的"反传统口号针对的是当时美协体系的一统天下和学院一

元化的教育体系，以苏联写实绘画为宗的艺术系统不仅阻碍了现代艺术的传播，而且成了为政治服务的工具。'八五新潮美术'当时所挑战的正是这样一个权力系统。……由此观之，'八五新潮美术'对文化专制的挑战拓展了中国人的文化视野，也扩大了艺术家的创作自由"[1]。所以从这个意义上来看，"85 新潮美术运动"在打破官方美术体制一统天下局面的同时，也打破了由官方美术协会所主导的艺术的评判、展览机制，艺术家自己能够决定画什么以及怎么画，这给艺术家带来了很大的自由度，也给中国艺术朝多元化发展提供了契机。

"85 新潮美术运动"的"新潮"性，还体现在艺术家们不再像传统文人画家那样悠然自得地抒发自己的情绪、情感，而是争先恐后地组织群体，发表宣言，策划展览。而要扩大影响，有一个重要的手段，那就是借助报纸杂志等传媒的力量。所以，"新潮艺术家们"特别注重与各种报纸杂志，特别是能左右绘画评论的、掌握话语权的杂志，保持较为紧密的联系。同时期的大量社会媒体也成为这场运动的重要传播中介、思想交流阵地。吴永强甚至认为，"85 新潮美术运动""是一场与期刊类美术传播媒介有多层复杂关系的美术思潮。当时许多美术期刊的深度介入，使其在很大程度上看起来更像是一种传媒事件，而不是单纯的美术运动"[2]。比如被称为中国现代美术"两报一刊"的《中国美术报》《美术思潮》与《江苏画刊》就在其中起着重大作用，并推动"85 新潮美术运动"向更宽广的领域拓展。报纸杂志当然是由人，特别是主要编辑所把持和操纵的，从黄专的说明中可以设想，那些报纸杂志中同情或者对新兴发展起来的"新潮美术运动"感兴趣的编辑，利用其报刊的平台，对艺术群体以及艺术家名声的传播所起到的作用。

在"85 新潮美术运动"所涌现的群体中，"北方艺术群体"的崛起以及在艺术界地位的确立，尤其离不开报纸杂志，特别是《美术》杂志

---

① 王林：《个人性、反传统与重建文化民间——对"八五新潮美术"的再思考》，《文艺研究》2015 年第 10 期。

② 吴永强：《在艺术史视野中的美术期刊——透过 '85 思潮的案例观察》，《艺术与设计》（理论）2009 年第 12 期。

及其编辑高名潞的鼓舞与支持。① 在"85新潮美术运动"期间,艺术群体纷纷通过各种方式来举办展览,然而"北方艺术群体"却是唯一一个只举办了一次展览的群体,即1987年在吉林艺术学院几间教室里举行的"北方艺术群体双年展",这场活动结束后,在群体性的展览中,再也没有看到"北方艺术群体"的身影。其原因就在于,"北方艺术群体"对于展览的态度是暧昧不清的,展览也不是他们主要借助的力量,他们借助的是其他方面的力量。作为"北方艺术群体"领导人物之一的舒群自己揭示了这种力量之所在。他写道:"1985年11月,《中国美术报》第18期发表了《一个新文明的诞生》的缩写本《北方艺术群体的精神》。作为'85美术运动首家自由艺术家集群——'北方艺术群体'的活动开始引起社会的关注。这期间,我和广义开始与外界展开广泛的联络,逐渐与《中国美术报》《美术》《美术思潮》《江苏画刊》等报纸杂志的记者和编辑建立了联系。"② 显然,报纸、杂志等在"北方艺术群体"成名之路上发挥了重要作用。办的这唯一一次群展,也不是他们主动、积极争取来的,而是不得不办。在同一篇文章里,舒群继续写道:"1987年年初,'北方艺术群体'已日渐成为新潮美术论坛的舆论焦点,但一直没有举办过一次'群体'成员作品展;此外,中央电视台'新潮美术'摄制组又要专访'北方艺术群体',希望可以拍到'北方艺术群体'作品展示的效果,而这个专题片又由高名潞出任总顾问,于是名潞也来信催我们办一次群体展,这使得'北方艺术群体'举办展览已呈'山雨欲来风满楼'之势。……后经多方努力,终于得到吉林艺术学院院长胡悌麟的支持,在吉林艺术学院几间超大号教室里举办了'北方艺术群体双年展'。展览的名字是广义起的,他从珠海特地带来了事先印好的请柬,我

---

① 这一点已经有不少学者撰文研究,代表性的有吴永强:《在艺术史视野中的美术期刊——透过'85思潮的案例观察》,《艺术与设计》(理论)2009年第12期;王志亮:《话语权力在运动中(上)——"八五美术新潮"中的"理性主义绘画"》,《画刊》2008年第4期;韩雪:《'85美术思潮的媒介实践——以"理性之潮"为例》,硕士学位论文,苏州大学,2018年。

② 舒群:《北方艺术群体和'85美术运动》,《当代艺术与投资》2008年第2期。

想他是为了增加画展的'权威感',因而仿造'威尼斯双年展'的展名,不过,这一不经意的仿造,却开创了中国当代艺术'双年展'的先河。"① 而且,据记载,当时的展览基本上是内部观摩性质的,"观展者主要是专程赶来的中央电视台'美术新潮'(电视片)摄制组、《美术》杂志编辑高名潞、中央美术学院教师朱青生和周彦,以及吉林艺术学院、吉林大学的部分师生"②。在长春一个教室里举办的展览,居然能够引起中央电视台、权威的杂志社编辑以及专业院校有话语权的教师的参与,可见这个艺术群体与媒体的关系有多么紧密。

"北方艺术群体"是"85 新潮美术运动"中最会倚重现代传播手段的群体,事实上其他群体,乃至整个运动,都与媒介息息相关。对此,批评家易英写道:"1985 年作为一个重要的转折点不仅在于新潮美术运动的发生,还在于批评对运动的参与和某种支配作用。这种支配作用主要是通过批评家所操纵的传播媒介而产生的,职业批评家群体的形成得益于当时一批从美术院校的史论专业毕业的硕士生和本科生,而为他们提供的阵地,即他们发挥影响的传播媒介主要是《美术》《中国美术报》和《美术思潮》,还有《美术译丛》和《世界美术》这样的刊物,通过介绍和引进西方现代主义艺术,对促进新潮美术的发生起了重要作用"③。

综合来看,"85 新潮美术运动"中,无论是在理论层面,还是在艺术实践中,都贯穿着对美术传统的反叛,对革新艺术语言的探索,对艺术体制的抵抗,以及对传播媒介的依赖,而这些是此前的艺术景观和现象都不具备的,也是审美革命的"新潮"之所在。

第三节　"85 新潮美术运动"审美革命的意义

1989 年 2 月 5 日上午 9 时,"中国现代艺术大展"在中国美术展览的

---

① 舒群:《北方艺术群体和'85 美术运动》,《当代艺术与投资》2008 年第 2 期。
② 高名潞:《中国当代美术史 1985—1986》,上海人民出版社 1991 年版,第 108 页。
③ 易英:《学院的黄昏》,湖南美术出版社 2001 年版,第 268 页。

最高殿堂中国美术馆开幕，策展人站在中国美术馆的台阶上自豪地宣布，中国的艺术家们用了 10 年时间，就走完了西方当代艺术家们 100 年才走完的路。的确，从这次展览的展品就能管中窥豹。在这次展览中，展出了过去十几年内最具代表性的 186 名艺术家的 297 件作品，不仅有架上绘画，还将来自西方的行为艺术、装置艺术、观念艺术纳入了展览范围。尽管这些艺术样式在民间已屡见不鲜，但在象征意味浓厚的中国美术馆展出，还是具有重大意义的。展览引起很大轰动，当然不仅仅是因为具有新艺术观念的作品大量展出，更是因为不断出现的各种意外，使得在半个月的展览时间里，被迫两次中断。随着展览的闭幕，"85 新潮美术运动"也奏响了谢幕曲。评论家黄专认为，"中国现代艺术大展"降下帷幕以后，"中国社会就迅速被另一种激情所充斥，待到事件平息，已经进入 90 年代，就像一出谢幕。而 90 年代以后，整个世界突然就变了，变得物欲横流，变成了一个消费时代；当年的现代艺术家们也都风流云散，出国的出国，转行的转行，隐居的隐居。就像做了一场梦，戛然而止，80 年代现代艺术几乎在一夜之间消失得无影无踪"①。虽然 1989 年的"现代艺术大展"成了"85 新潮美术运动"的谢幕礼，但也并未像黄专所描述的那样，80 年代的现代艺术一夜之间消失的无影无踪，它以变形的姿态出现在中国当代艺术生态之中。

　　从整个过程来看，包含"85 新潮美术运动"在内，持续了十年的轰轰烈烈的中国现代艺术运动，是 20 世纪 80 年代思想解放、艺术观念更新不可分割的组成部分，它给中国社会带来了冲击，给艺术带来了变革，使中国整体的艺术生态发生了变化。而且如上节所述，这种变化是革命性的、里程碑式的，从这种变化中，开创了此后中国艺术的种种可能性，其革命意义至少可以从这样几个方面表现出来。改变了此前单一化的审美习惯；更新了艺术创作、实践的观念；使得创建自律的、自主的艺术场域有了可能性等。

---

① Maggie Ma：《"就像做了一场梦"：追忆"八九现代艺术大展"》，2011 年 3 月 26 日，https：//www.docin.com/p-159935734.html，2022 年 9 月 21 日。

　　"85 新潮美术运动"的审美革命意义，首先是对审美习惯的改变，这种改变不仅仅是面对观众、社会的，也包括艺术家自己。在 1949 年之后的相当长一段时间内，特别是"文化大革命"时期，艺术因为要服务于政治，所以形成了固定化的创作模式和欣赏模式，审美习惯也被固化。从风格上来说，"文化大革命"时期艺术风格基本趋于一致，以具象、写实为主，题材主要是领袖、工农群众以及革命历史，艺术的法则是"高大全""红光亮""三突出"，艺术家没有自己的个性和特色，千人一面。特别是对红色的运用，这是最具代表性的色彩。中国的民俗传统中，红色本就是吉祥的象征，在"文化大革命"时，更是被赋予了极强的意识形态色彩，是政治品格和革命品格坚定性的标志，如红宝书、红袖章、红色标语、红色大字报等。在红色的基础上，"红光亮"成了色彩运用的主要特征。在形象的构造上，"文革美术"对物象的运用也具有鲜明的政治意涵及符号指向性，不容任何的误读，比如红心代表广大人民群众对领袖的忠诚，光芒只能与毛泽东头像或者红太阳配合使用，等等。在构图模式上，也通常采用对比、发散或集中、图文互相解释等方式，以此凸显领袖及正面人物的"高大全""伟光正"。[①] 如图 3-9 所示改革开放之前的艺术创作，由于受到政治意识形态的影响，形成了单一化、模式化以及平面化的创作理念，题材及创作手法依照"三突出""红光亮"及"高大全"的原则，形成了概念化的程式，可以说，它们不仅是艺术技巧和风格的概念，而且成了一种审美习惯，在这个时代氛围中，艺术家们都使用这样的创作模式，来表达宗教般的情绪。对于受众来说，也同样形成了概念化、模式化的视觉趣味及审美习惯。显然，在这种创作、欣赏模式中，也是完全集体化，没有个人地位的，就如水中天所评论的："'文革美术'现象反映的是异常社会环境中的虐待狂和受虐狂，即对于屈从和统治的渴求，从伤害和被伤害中得到满足，而这一切都以放弃个

---

① 参见陈文雁《"文化大革命"美术符号的形成与发展》，《艺术教育》2013 年第 8 期。

人独立和自由为前提。'文革美术'是排斥人性、排斥个性的美术。"①

图 3-9　《在大风大浪中前进》，油画，唐小禾，1971 年

　　"文化大革命"一结束，"伤痕美术"中就出现了对"红光亮"的美学风格的反叛，而到了"85 新潮美术运动"的主要阶段，对"文革美术"的反叛从色彩的运用上就可见一斑。以黑白灰为画面主体色调的作品大量出现，比如"北方艺术群体"就不在乎画面颜色的浓淡，而更注重理念的表达，所以其代表人物舒群就明确表示："我们的绘画并不是'艺术'！它仅仅是传达我们思想的一种手段，它必须也只能是我们全部思想中的一个局部。我们坚决反对那种所谓纯洁绘画的语言，使其按自律性发挥材料特性的陈词滥调。因为我们认为判断一组绘画有无价值，其首要的准则便是看它能否见出真诚的理念，也就是说看它是否显现了人类理智的力量，是否显现了人类的高贵品质和崇高理想。"② 该群体影响最为广泛的艺术家王广义则用"黑白灰"来表达艺术观念，其代表作《凝固的北方极地》系列就是用冷色调，以非现实化、抽象性的形象以及

---

　　① 水天中：《"文革美术"是什么?》，2007 年 1 月 30 日，http：//www.jdzmc.com/jdztc/Article/class11/class47/7277.html，2022 年 9 月 21 日。

　　② 舒群：《"北方艺术群体"精神》，《中国美术报》1985 年第 18 期。

几近于单色的色彩来表达其内心的感受，营造出静穆、庄严、宏伟、冷漠，甚至带着神秘意味的视觉图像，如图 3-10 所示。王广义在陈述自己的艺术观时也指出，他"追求的并不是作为'艺术'的画家语言的表现形式，而是追求深层语义意象的精神表述性，北方极地的场景仅仅是我的精神图像的一个假设，一种存在方式"①。这种创作方式显然与"文革绘画"保持了很大的距离，冲击着人们惯常的审美习惯，促进审美习惯的改变。

图 3-10　《凝固的北方极地之一》，油画，王广义，1985 年

与"北方艺术群体"的理性化思潮相对的是被称为"生命之流"的"西南艺术研究群体"，他们更注重个体生命的感受，重视人与自然的象征性关系，所以既不追求对真实事物的具象写实，也与"唯美""纯形式"的抽象绘画保持距离。他们要求"接近世界本质的真实"，即将真实的内心经验表现出来，用画面呈现内在情感和感受，这也就是其代表性人物毛旭辉所说的"闯入内心深层那个黑暗与混沌的'内象'世界的'生命具象图式'"②。尽管"西南艺术研究群体"声称他们不考虑艺术的本体性问题，但实际上，他们还是在追问艺术之所是，因为他们在努

---

① 王广义：《我的艺术观——关于〈凝固的北方极地〉的思考》，载高名潞等《'85 美术运动：资料汇编》，广西师范大学出版社 2008 年版，第 108 页。

② 毛旭辉：《新具象——生命具象图式的呈现与超越》，《美术思潮》1987 年第 1 期。

力塑造一种新的审美习惯，即告诉人们绘画究竟能表达什么，能让人们看到什么，如何看、怎么看等问题。在第三届 "新具象" 的展览资料中，清晰地表达了这样的诉求："物品物化着艺术家生命的张力、膨胀、运动以及他们对世界、人性的直接感悟。远至神话、图腾的神秘，民俗异风的原始；近至纷乱无序的都市心态，变化多端的现代生活；大至混沌的时空；小至流幻的原生物。世俗生活的食、色、性、行，形而上意义的生、死、幻、情……都以一种近乎象征的、隐喻的、多样的和模糊的方式表现出来，并渴求着生命与生命、心灵与心灵的对话。"[1] 他们的作品无所不包，然而，在广泛的题材中最根本的是与个体生命、心灵的对话，发掘被压抑的个体生命的本能。所以他们强调，艺术表达的是一个个具体的、活生生的生命与人性，而不是此前那种抽象的、集体化的人。

以张晓刚为例，他对此前所塑造的视觉趣味、审美习惯的冲击是巨大的。他在 20 世纪 90 年代后创作的《血缘：大家庭》系列影响最为广泛，但 "85 新潮美术运动" 期间的绘画，特别是素描《黑白之间的幽灵》系列以及油画《充满色彩的幽灵》系列作品，则对当时重塑视觉趣味及审美习惯具有非常重要的价值。在绘画作品的用色上，他完全摆脱了 "红光亮" 的模式，而是用单色平涂、层层罩染、迷蒙神秘的 "黑白灰" 色调，向人们讲述死亡、梦幻的主题，人们在观看其绘画作品时，仿佛游走于现实和虚幻之间，如图 3-11 所示。《黑白之间的幽灵》系列作品一共有 16 幅，黑白灰是其基本的色调，白色床单几乎是唯一始终贯穿这组图像的象征性视觉母题，表达的是对死亡的恐惧和焦虑。这是因为在这段时间，张晓刚因酗酒导致胃病而住院治疗，每天面对的是白色的床单、白色的药片以及冰冷的环境，所以这个系列的作品完全是个人化的记忆，是他自己对于生与死的真实体验。

如果说《黑白之间的幽灵》系列描述的是对死亡的恐惧的话，《充满色彩的幽灵系列》油画，则以扭曲、夸张，乃至躁动的画面形象，呈现

---

① "新具象" 第三届展览资料（未发表），载高名潞等《'85 美术运动：80 年代的人文前卫》，广西师范大学出版社 2008 年版，第 259 页。

图 3-11　《黑白之间的幽灵·两个病人之间》，素描，张晓刚，1984 年

了爱和意志对死亡的抵抗，画面场景完全是一种幻象空间，制造了一种孤独、神秘的氛围，如图 3-12 所示。就如黄专所评论的："'幽灵'系列不再仅仅是他个人心理状况的描述，更不是对他生活现实的反映，它与现实无关，而与'存在'这个至关重要的现代性主题相关，对张晓刚而言，艺术的作用不再是对已知世界的客观描述和道德评价，它只能是对一切可能和未知世界的预感。在社会主义这张现实的幻象之网消弭之后，他希望在他的艺术中发现人对'存在'的巨大困惑和焦虑，就像西方人

图 3-12　《充满色彩的幽灵·初生的幽灵》，油画，张晓刚，1985 年

在诸神退去之后的境遇一样。"① 因此，这种风格与"伤痕美术""乡土写实主义"等现实主义的审美趣味格格不入，也与形式主义的视觉语言游戏相当不同，它所表达的是对人的生命状态，对人的"存在"的追问。

对于以张晓刚为代表的"新具象"艺术家，在展览初期，个人化的艺术语言、独特的艺术表现形式并不是完全能被社会和受众所接受的，但新的艺术语言、艺术形式毕竟给整个艺术界，乃至整个社会带来了冲击，使人们不得不正视这种变化，也逐渐引导着整个社会审美习惯发生改变。贾方舟的评论颇有见地，在他看来，随着"85 新潮美术运动"造成人的自我意识的觉醒，"随之而来的审美情趣的个性主义，八五新潮首先是一个历史的延续，正是它将这一被中断、被遗忘了三十多年的艺术血脉重新连接起来，并把它推向新的阶段，使 20 世纪的中国美术开始具有一种现代格局，开始具备一种能够与世界艺术对话的可能。"②

"85 新潮美术运动"之所以在改变人们的审美习惯上具有革命性意义，是因为整个"新潮美术运动"期间，艺术观念、艺术语言以及创作技法的革命性变化，用鲁枢元的术语来说，就是"黄土地上的视觉革命"。他说："新时期的美术运动正在叩响中国人民审美新世纪的大门，可以说这才是一场真正的文化革命，一场发生在古老深厚的黄土地层中的艺术革命。"③ "85 新潮美术运动"打破了现实主义绘画一统天下的局面，颠覆了绘画传统中的民族主义、国家主义的宏大叙事手法，更新了绘画观念，并通过对西方现代主义艺术的借鉴、模仿，革新了艺术语言。

从叙事题材和手法来看，"85 新潮美术运动"期间，艺术家们摆脱了对艺术的工具主义认识，艺术不再是政治的工具，而有其自己的使命。当然，对艺术的工具主义认识，是中国传统儒家思想重要的特点，他们强调"文以载道""成教化，助人伦"等。按照吕澎等人的看法，"文以载道"之所以被批判，是因为家庭制度、宗法制度、官僚制度以及相应

---

① 黄专：《记忆的迷宫》，《诗书画》2016 年第 2 期。

② 贾方舟：《多元与选择》，江苏美术出版社 1996 年版，第 77 页。

③ 鲁枢元：《黄土地上的视觉革命——我国新时期美术运动的随想》，《美术》1986 年第 7 期。

的伦理体系构成的礼治秩序已经将"道"的内在含义固定了下来，因此，在"道"受到批判的同时，"文以载道"的规律一并遭到否定。但事实上，"文"与"道"是不能彼此剥离的，"文化大革命"对于艺术的破坏，是因为"道"没有建立在"人道"的基础上。20世纪80年代的艺术运动之所以具有建设性意义，"就在于他再一次确立了'道'的方向，确立了人的解放这个基点。正是在这个基点上，艺术家开始了对艺术与社会、艺术与宗教、艺术与哲学的全方位的重新审视。这是对传统真正意义上的整体性批判……就艺术而言，人的解放是通过摆脱传统样式、风格、手法、材料以创造出丰富的艺术语言体现出来的"①。也就是说，艺术家们开始重新以艺术的眼光看待自然、生命、社会，重新思考人的意义和价值，这里的"人"也不再是抽象的人，而是活生生的、有血有肉、有情有理的人。所以艺术家们凭借自己的直觉和经验来感受自然、他人、社会、自我、生命，在艺术创作中充分敞开心扉，挖掘深层意识，表达梦境与幻想，陈述或隐喻自己的观念，思索自己和周遭环境的关系等，而不再被限定于歌颂伟大领袖、歌颂工农群众、书写革命历史等宏大题材。艺术家们终于可以理直气壮地在作品中最大限度地表达自己想表达的一切观念，所以我们更能够看到新写实主义、抽象主义、浪漫表现主义、超现实主义、装置艺术、行为艺术、波普艺术等种种艺术样式与风格。

"85新潮美术运动"的审美革命意义还在于，艺术创新的观念融入了艺术家的思想中去，不断创新艺术语言的表达形式。在艺术语言表达上，即使是那些受过正规学院派训练的艺术家，也是不断地学习、模仿，甚至是重复西方现代主义的艺术语言，这一点也是新潮艺术家们最为当时的人，乃至后人所诟病之处。对西方的模仿、借鉴也确实是事实，就像杨卫所说的："在短短几年内，就将印象派、立体派、野兽派、未来

---

① 吕澎、易英：《1979年以来的中国艺术史》，中国青年出版社2011年版，第5页。

派、达达派,以及波普艺术等西方一个多世纪的风格史重新操演了一遍。"① 浪漫主义刚刚走红,印象派又大受欢迎,接着立体派的毕加索、野兽派的马蒂斯、超现实主义的达利、波普艺术的劳申伯格,等等,都是艺术家们竞相模仿的对象。从总体上说,"新潮美术运动"的艺术家们所创造的作品,溢出了人们对于艺术的期待,它们不再以对称、和谐等形式出现在观众面前,相反是以一种刺激性的方式使人震撼。前述张晓刚的作品就是很好的证明,"幽灵"系列中夸张、变形、扭曲的形象,"黑白灰"的色彩,画面旋转、流动,呈现出不稳定且无序的效果,给观者以强烈的视觉刺激和心理冲击。

更为重要的是,"85 新潮美术运动"给了艺术家们摆脱束缚的机会,让他们有机会去选择不同的艺术语言,可以是抽象派的,也可以是超现实主义的,甚至是波普的。因而,艺术家们在使用艺术语言时,不是固定不变的,而是不断有所突破和创新。张晓刚"幽灵"系列之后的《遗梦集》中,无论是视觉语言还是内在语义,都倾向于用表现性的语言来表达神秘、压抑、幻觉、骚动等情绪。即使在"85 新潮美术运动"落幕之后,张晓刚还是在不断探索艺术语言如何创新的问题。比如创作于1990—1991 年间的《重复的空间》系列,张晓刚多次尝试将表现主义的笔触、抽象的色块以及拼贴技法的肌理效果相混合,来创新艺术的语言。以《重复的空间 10 号》为例,在一个白色的屋子内,一条黑色线条简单地将室内空间一分为二,画面中央摆放了一张方桌,增加了画面的仪式感。透过封闭的、被撕破的纸张,一位冥想者映入眼帘。人物两边红色和白色的布条拼贴,似纪念碑,又似重重围墙,整个画面凝重、模糊、焦灼。就在苦苦等待黎明来临的时候,就在快要放弃的边缘,顺着桌面上手指方向,我们看到了蜡烛的幽幽微光。此时方桌宛如祭坛,艺术家神圣地奉上分割的肢体,雪白的蜡烛,向上苍宣告誓为理想而活的决绝,凭吊即将为理想而做的牺牲,如图 3-13 所示。在这幅作品中,艺术语言

---

① 杨卫、李迪:《八十年代:一个艺术与理想交融的时代》,湖南美术出版社 2015 年版,第 2 页。

较之此前作品的语言有非常大的差异，他用不平整的拼贴，粗糙的笔触和肌理感，呼应了大时代的动荡以及艺术家期盼已久的对未来的向往与渴望。张晓刚这种对艺术语言不断创新的意识，显然也是"85 新潮美术运动"所带来的遗产，因为对新的艺术观念和新的艺术语言形式的倡导，贯穿在整个运动之中。

图 3-13　《重复的空间 10 号》，油彩，张晓刚，1990 年

　　从张晓刚对艺术语言不断创新、探索的努力上看，中国艺术的现代化之路其实未必就像某些评论者认为的那样，是对西方艺术语言原封不动的照搬、模仿。实际上可以看到，"85 新潮美术运动"带有非常强烈的中国印迹，艺术家们尽管套用了西方艺术的形式、材料，但他们从其个人经验出发重构了西方的艺术语言。因为这些艺术家们的个人经验及所面对的问题与西方现代主义艺术家是完全不同的。在新潮艺术家们这里，既面临着中国现代化变革的焦虑，也面临着对中西文化二元框架结构的焦虑，同时还面临着"告别革命"之后，对中国未来道路不确定性的焦虑。历史与现实、中国与西方、传统与现代等张力的存在，构成了

艺术家们艺术言说的语境。所以我们看到在"85 新潮美术运动"盛期，以张晓刚为代表的艺术家们不再执着于对"文化大革命"主题的反思，也没有刻意思考如何超越个人痛苦之类的"伤痕美术"时期的问题，而是以西方的艺术形式、手法、艺术语言来思考艺术的本质性问题，并借此思考有关人类的普遍性问题。①

"85 新潮美术运动"不仅仅是改变审美习惯，更新艺术观念和艺术语言的"视觉方式"的革命，事实上，"视觉方式"的变革只是精神变革的一种符号表达方式，而"这种精神变革，不论它以哪种态度，从哪个契机，遵循哪种逻辑来发生发展，总是与中国的社会、文化诸因素紧密相关"②。因此，"85 新潮美术运动"的审美革命意义还在于它是当时中国社会、文化实践的一个重要组成部分，就像高名潞所说："它所思考、关注与批判的问题已远远超出了以往的所谓艺术问题，而是全部的文化社会问题。'85 运动不是关注如何建立和完善某个艺术流派和风格的问题，而是如何使艺术活动与全部的社会、文化共同进步的问题。因此，它对艺术的批判是同全部文化系统的批判连在一起的。"③ 确切来说，其审美革命意义就在于，在特定的语境之下，在公共领域内，基于原有价值立场而形成的大一统的艺术观走向终结，多元价值的艺术生态格局渐趋明朗，创建自律的、自主的艺术场域有了可能。

哈贝马斯曾专门探讨"公共领域"，在他看来，所谓"公共领域"，"首先意指我们的社会生活的一个领域，在这个领域中，像公共意见这样的事物能够形成。公共领域原则上向所有公民开放。公共领域的一部分由各种对话构成，在这些对话中，作为私人的人们来到一起，形成了公众，那时，他们既不是作为从事业务的或职业的人来处理私人行为，也不是作为合法联合体隶属于国家官僚机构的法律规章并有责任去服从。当他们在不从属于强制的情况下处理普遍利益问题时，公民们作为一个

---

① 关于"新潮"艺术家们的探索是否具有独特性的问题，可参见刘天舒《'85 新潮的精神实质与当代中国艺术》，《艺术评论》2007 年第 12 期。

② 吕澎、易丹：《1979 年以来的中国艺术史》，中国青年出版社 2011 年版，第 3 页。

③ 高名潞：《中国前卫艺术》，江苏美术出版社 1977 年版，第 206 页。

群体来行动。因此，这种行动具有这样的保障，即他们可以自由地集合和组合，可以自由地表达和公开他们的意见。当这个公众的规模较大时，这种交往需要一定的传播和影响手段。今天，报纸和期刊，广播和电视就是这种公共领域的媒介"①。由哈贝马斯的定义来看，"公共领域"至少包含这样几个要素。个体公民的集合；以公开的舆论如报纸、期刊等作为主要运作用具；介于私人领域与公共权力之间的地带；所有公众都可以在这个空间中自由表达，即公开他们的意见等。随着改革开放进程的逐步深入，此前总体性全能国家对社会的控制力量相对缩小了，而且国家将一定的权力让渡给社会，使得"公共领域"的存在具有了某种程度的合法性。

在艺术领域，一个疏离于国家权力的公共空间在"85 新潮美术运动"期间逐渐形成。"文化大革命"结束后的"无名画会""星星画会"通过各种自发组织的、游离于官方体制之外的展览，初步形成了艺术公共领域。到了 20 世纪 80 年代中期，在全国各地形成了中国的群体，如"北方艺术群体""红色·旅""池社""西南艺术研究群体""新野性主义""厦门达达""部落·部落"等众多群体。不仅仅是组建群体，他们还发表宣言，策划展览，组织群体讨论，在报纸杂志上撰写论文阐述艺术观念，通过留言簿与观众交流，等等。通过这一系列机制，"新潮"艺术家们与艺术一元化的体制形成了某种对抗，从而扩展了艺术公共领域。这一点，"红色·旅"成员管策有着很好的诠释，他说："中国在那个时期形成的团体现象，不管它打出什么样的宣言，它形成的背景是和体制有关的，可以说是一种无奈。因为，当时的前卫艺术在中国不可能被认同，所以艺术家们在潜意识当中有一个目标，他们嘴上不讲，其实他们是针对身处的这种体制而言的，这个体制包括当时的教育体制、国家体制等。这个时候，每一个宣言出来，实际上都有目标，这个目标就是艺

---

① ［德］尤尔根·哈贝马斯：《公共领域》，汪晖译，《天涯》1997 年第 3 期。

术的动力,在潜意识里就是要和体制形成某种对抗。"① 除了艺术家们自发的努力之外,体制内的各种报纸、杂志也进入这个空间内,为"新潮"艺术家们的努力呐喊助威。比如《美术》杂志,它虽然是全国美术家协会的机关刊物,但在"85 新潮美术运动"期间,对很多重要问题,比如形式美、现实主义、抽象派等进行了广泛深入的讨论,而且对当时的重大艺术事件和重要艺术作品,如"星星美术作品展览"、连环画《枫》《父亲》等进行了大力推介。除此之外,还有很多新兴的报纸杂志应运而生,比如《江苏画刊》《美术思潮》等,它们后来与《中国美术报》一起被称为"两刊一报"。这些杂志能够及时而大胆地推介新兴艺术现象、青年艺术家及其作品,而且能够接受读者来信,与读者进行互动,共同探讨"新潮美术"的得失,从而形成了有别于国家体制的公共领域。

对于展览、报刊、座谈会等所形成的公共领域,王志亮评论道:"展览占据一个实体空间,将该空间转换为公共空间,公众在此就艺术家引发的话题展开讨论,该讨论在研讨会、报刊中继续深化。研讨会是不同话语交锋的实体空间,它的话题由展览或其他艺术现象发展而来。"② 因此,"85 新潮美术运动"并不仅仅是由一些群体根据自己的趣味随心所欲构建起来的实践的堆积,而是有一条主线贯穿其中,那就是与官方体制形成对抗,从而建立起自己的公共空间的努力。在此过程中,充满了艺术家与权力体系、艺术家与艺术家、艺术家与批评家以及艺术家与自己的冲突、对抗、妥协。在这个过程中,各方涉事者就如何创作艺术,如何展示艺术,如何为自己在这个公共领域中争得话语权展开博弈,这些细节才真正构成了"85 新潮美术运动"的切实语境。

建构起一个艺术的公共领域固然重要,但更重要的是要完成这种公共领域的自主化,即形成一个独属于艺术自身的自主性场域。当然,这种自主场的建成,并不是像布尔迪厄所说的那样,"实际地并合法地变革

---

① 罗玛:《"红色·旅"成员管策访谈录》,2007 年 12 月 19 日,https://news.artron.net/20071219_n39493_3.html,2018 年 12 月 30 日。

② 王志亮:《话语与运动:20 世纪 80 年代美术史的两个关键词》,上海书画出版社 2018 年版,第 29 页。

一个排斥他们的艺术世界，才能令这个位置得以存在。因此他们应该反对法定位置及其占据者，并创造确定这个独特位置的东西，而且首先应该是前所未有的社会人，这个前所未有的人是现代作家或艺术家，是专业人士，他彻底地、专门地投入他的工作之中，对政治的需要和道德的禁令漠不关心，不承认其艺术的特定规范之外其他任何形式的裁判"①。对于"新潮"艺术家们来说，要建立起自主性的场域，一方面要与传统一元的艺术体制决裂，同时还要与同时期的其他团体，如"乡土写实主义""伤痕美术"等决裂。这一点在"北方艺术群体""厦门达达"的艺术主张中看的非常清楚。比如舒群虽然在《"北方艺术群体"的精神》中坦承："我们的绘画并不是'艺术'！他仅仅是传达我们思想的一种手段，它必须也只能是我们思想的一个局部"，"我们坚决反对那种所谓纯洁绘画的语言，使其按自律性发挥材料特性的陈词滥调"②。但他还是要维护艺术的自主、自律性，所以当1986年的珠海会议，围绕"85美术运动"到底是思想解放运动还是艺术自主性的运动展开争论的时候，舒群毫不迟疑地站在了"艺术自律性"一边，他说："'85美术运动最主要在于它是按照艺术自律性发展的文化运动。假如我们在思想上、价值观上的觉醒是用艺术这一行为来实现的，那么这一艺术本身就有着高度的艺术价值，那种认为'85美术运动仅仅是一种思想解放运动，并认为它只在这一意义上多少有些社会学方面的价值判断是不能令人信服的。"并以达·芬奇、米开朗基罗、拉斐尔在文艺复兴时期的成就为例来说明这一观点。③当然，这不是舒群的矛盾之处，而是在面临抉择之时，捍卫艺术自主性场域的努力。同样捍卫艺术自主性的还有"池社""厦门达达"等艺术群体，比如"池社"对艺术的发问："艺术是有利可图的吗?""艺术是赏心悦目的吗?"在他们看来，艺术是非功利的活动，但"无功

---

① ［法］皮埃尔·布尔迪厄：《艺术的法则——文学场的生成与结构》，刘晖译，中央编译出版社2011年版，第33页。

② 舒群：《"北方艺术群体"的精神》，《中国美术报》1985年第18期。

③ 高名潞等：《'85美术运动：资料汇编》，广西师范大学出版社2008年版，第75—76页。

利的艺术活动是充满活力的"①。"厦门达达"更是通过"焚烧作品""袭击艺术馆"的行为等反艺术的方式来拓展艺术疆界，寻求艺术的自主性。

虽然，由于国家一元论的意识形态权力远大于艺术领域构建公共空间的可能性，以至报纸杂志在1989年"现代艺术大展"之后纷纷停刊或改版，艺术群体逐渐分解、重组，退回个体的私人领域，乃至很多艺术家远走海外。尽管如此，经过"新潮美术运动"，寻求艺术观念和实践自主性的努力已经深入人心，即使偶有回缩，也阻挡不了艺术寻求自主的努力。

综合来看，"85新潮美术运动"是在中国和西方、传统与现代二元对立的现代性语境中发生、开展起来的，其现代性话语也构造并完成了一整套包含形象、神话、观念和概念的体系。尽管借鉴了相当多的西方现代主义的艺术语言，但是所提出的问题是具有建设性的，比如对于多元创作形态的肯定，对各种批评态度的鼓励，对一元论的创作规范、概念化的艺术形象的颠覆，等等。这也就是王林的定位，在他看来，"八五新潮美术运动"，"以打破传统的集体系统为前提，整体改变，局部汲取，造成文化传统与艺术传统的突变。这也正是'八五新潮美术'反传统的方式。艺术家的价值在于分解传统艺术语言的形式系统，以个人创造来探索艺术创作种种新的可能性。其拓展之功大于积累，但并非不存在和传统的联系，只是更加重视现代人对传统文化的选择性和个人的自由表达而已"②。

---

① 高名潞等：《'85美术运动：资料汇编》，广西师范大学出版社2008年版，第198—199页。

② 王林：《个人性、反传统与重建文化民间——对"八五新潮美术"的再思考》，《文艺研究》2015年第10期。

第四章　作为叙事革命的
"85 新潮美术运动"

按照马克斯·韦伯的观点："艺术承担了一种世俗救赎功能，它提供了一种从日常生活的千篇一律中解脱出来的救赎，尤其是从理论的和实践的理性主义那不断增长的压力中解救出来的救赎。"[1] 艺术所承担的救赎、救世的功能，古今中外都有着相通的言说。儒家的"志于道，据于德，依于仁，游于艺"与西方从柏拉图时代开始的对艺术与真理的论争，都显示出艺术与"善"之间的强大关联，而"善"又是现代国家实现自由的必经之路。审美现代性因重视感性、想象、创造、独特性、天才等特点而作为现代性的补充，从而对现代性进行矫正和超越。由此，艺术所彰显的审美现代性成为超越政治暴力手段而完成自我救赎的有效途径。

审美现代性在 20 世纪 80 年代的中国具有重要地位，审美现代性或者称之为艺术现代性看似"无用之用"，但它完全指向了文化现代性的核心。在王一川看来，审美现代性是现代中国人对世界与自身的感性体验及其艺术表现，同时能直接彰显现代中国人的生存方式。他认为审美现代性包括以下三个方面。第一，审美意识的变化，即由古典转向了现代；第二，体验方式的变化，即用现代的艺术手段或者审美手段来呈现现代人的独特体验；第三，根据西方已经确立起来的现代美学体制，建立能

---

[1]　Gerth H. H, Mills C. Wright, eds, *From Max Weber: Essays in Sociology*, New York: Oxford University Press, 1946, p. 342.

够解释中国人的审美观念的现代美学学科。① 显然，审美现代性所呈现的现代中国人的生存体验及现代艺术所呈现的现代审美意识是关注的重点。发生在 20 世纪 80 年代中国语境中的"85 新潮美术运动"，作为审美现代性运动，成功地通过艺术的革命来疏导现代单一集权国家内部的各种矛盾与冲突，有效地化解了"文化大革命"的剩余激情，使得国家机器能够正常运转。这场以艺术之名进行的文化革命，通过"叙事革命"与"视觉革命"两部马车完成了自身的使命。这种与传统（"文革美术"）对立的"新"艺术，随着对"人""人性""主体性"问题的讨论，最终冲破"红光亮""高大全""三突出"的"文革美术"模式，个体审美经验开始出场，艺术家个体借由"人"的复归而实现了造型和色彩的自主表达，艺术作品的叙事方式从明显的政治比喻转向了暗喻"人"以及"人类"生存本质的叙事模式。

第一节　个体审美经验的出场

个体审美经验的本质可以理解为"人"的本质，以具体的生活实践为基础的"人性"的展示。中国和西方都同样经历了一个曲折的过程才实现艺术创作由"神"到"人"的转变。西方艺术从"文艺复兴"开始回归人性，中国艺术从"新时期"开始脱离"文革美术"的个人领袖神而走向普通人。然而这种看似简单的变化却并非一朝一夕之事，而是一场犹如蝉蛹破茧般历经萌芽、发展、高潮再到常态化的曲折革命之路。

"文化大革命"期间，由于政治权力斗争的需要而曲解马克思对"人性"的理解，将人理解为"阶级关系的总和"。对"人性、人权、人本主义和人道主义的批判，对所谓资产阶级关于人的学说的批判，往往采取一种简单化倾向和轻率否定的态度，无视马克思主义对人性和人权极

---

① 王一川：《汉语形象美学引论》，广东人民出版社 1999 年版，第 20 页。

其关注的事实,而统统将其视为资产阶级的专利而加以否定"①。其结果就是只有集体,没有个人,每个人都是国家机器上的一颗螺丝钉,个人的权利、个体的自由可以被随意剥夺。建基于这样思想基础上的艺术创作,显然也不会刻画个人的自由、自主以及自决,对个体的审美经验也是排斥的。虽然我们不否认"文化大革命"时期也有少数艺术家,如吴大羽、黄秋园、石鲁、沙耆等,进行"为艺术而艺术"的创作,也有一些"聊以自娱"的美术作品问世。"文革美术"的创作宗旨却是造神和政治宣传。② 作为政治舆论的工具而存在的艺术创作,这种美术形态"十分概念化和程式化,画家的一切个性和艺术风格基本被淹没,形成了'三突出''红光亮''高大全'的艺术特点与时代风格"③。之所以会出现上述的三种艺术特点与"文化大革命"所倡导的全民革命密不可分,"文化大革命"的全民性、大众性也在一定程度上导致了艺术家个性的缺失,进而形成了"文革美术"创作的普遍规律——"高大全""红光亮""假大空"。陈履生的这种评价也代表了学界的一种共识。基于"文革美术"工具性的需要,无论是其题材的选择、造型语言的叙述、表现技法的要求还是表现方式的雷同,都因其强烈的政治目的而剥夺了艺术家个体审美经验的存在。然而这种概念化、程式化的艺术形式由于得到了中央"文化大革命"小组的大力支持与宣传,艺术家们受制于政治形势及行政命令,不得不委曲求全,按照这种程式化的方式进行创作,毫无创作个性和自由可言。

"文革美术"作为一种"非人"的表现形式的存在,无论从其作为艺术品的客体还是作为审美价值彰显的主体来说,均因其政治性而出现千人一面的状况,违背了艺术品作为审美个体差异性表现的内涵。从认识论的角度分析作为审美客体的"文革美术",无论是其题材、造型、技法还是构思,均因政治舆论宣传的需要而脱离现实语境,何谈艺术家个

---

① 张艳涛:《马克思哲学观》,社会科学文献出版社 2008 年版,第 18—19 页。
② 刘红星:《文革美术研究》,硕士学位论文,四川音乐学院,2017 年。
③ 陈履生:《中国名画 1000 幅》,广西美术出版社 2011 年版,第 514 页。

体审美经验的表达。"文革美术"的题材抉择可以用一个"红"字来概括，即歌颂毛主席个人领袖形象、英雄人物及先进的工农兵生活。可以说此时的绘画作品的故事情节是虚构的，并不具有个人生活的经验，为配合政治宣传往往出现脱离实际生活而形成"假大空"的创作主题。在政治统摄一切的年代，艺术创作除了对主题作出了明确要求外，其造型结构的叙述也同样如此。一方面，从构图上来说，根据政治宣传的需要，形成了塑造无产阶级英雄人物形象必须遵循的"三突出"原则，而这个中心人物必须是形象高大、胸怀宽广，且全心全意地为人民服务的一个完美角色，即所谓的"三突出""高大全"构图法则。另一方面，从色彩上来说，表现的主体人物必须红光满面，整体画面要求干净、鲜艳、明朗，也即"红光亮"的准则。"文革美术"的政治性不仅规训了其主题和造型，同时也对其表现技法有明确的要求。"红光亮"中的"光"不仅是作为一种色彩准则而存在，在要求色彩干净充满阳光感的同时，也是一种技法要求，即写实，逼真，光滑，工整。这里的写实并不是按照现实生活的样态去描绘，而是按照统一的政治诉求去表现理想的真实。"文革美术"作品几乎无一例外地采取了"浪漫"加"英雄"的表现方式，①"浪漫"和"英雄"这两个词都有脱离现实语境的能指，并非每个艺术家都是"文化大革命"所认定的"英雄"，其笔下的"浪漫主义"作品必然不能客观地呈现现实个体的审美经验，在这种表现方式的指导下，"文革美术"出现了两种评判模式——"题材决定论"和"形式决定论"。一言以蔽之，"文革美术"作为审美的客体，其物质形式构成因素所具有的"非人"属性普遍存在于该时期所有主流美术作品中。在这里，本章选取"文革美术"的两幅具有代表性的作品进行分析，一是描绘国家领导人的作品——《毛主席去安源》，二是讴歌先进普通人的作品——《矿场新兵》，以此作为图像文本来探究个体审美经验到底如何出场。

---

① "文革美术"中"浪漫"加"英雄"的创作方法由王人杰在其博士论文中提出。参见王人杰《新时期美术创作的审美特征研究（1976—1984）》，博士学位论文，西南大学，2014 年。

　　刘春华于 1967 年创作的《毛主席去安源》是一幅严格按照"文革美术"程式要求而制作的革命宣传油画。该作品选择了伟人崇拜这一"文革美术"的常见主题。在构图上采用仰视的手法，拉长了毛泽东的身体比例，面部刻画写实，严格执行"红光亮"的标准，浓眉大眼，表情刚毅，其紧握的拳头更凸显了伟人的气质，如图 4-1 所示。主体人物背后的山川自然景观按照"平远深"的手法进行构置，这也是为了凸显主体人物而作的主观处理。色彩的表现以面部刻画的"红光亮"为主，辅以背景的冷色调对比，但对真实自然的多种色彩与光源的混合进行了大幅度削减。这幅画作给人的整体印象类似圣经般的崇高且具有超然的革命气息。很显然，无论是主体选择还是叙事语言的运用都是艺术家个体严格按照"文化大革命"文艺方针精心制作的结果，丝毫没有任何生活气息的流露，这是一幅典型的具有领袖"神性"的作品。

图 4-1　《毛主席去安源》，油画，刘春华，1967 年

　　而杨之光创作于 1971 年的国画作品《矿山新兵》，虽然表现的是一名普通的劳动者，但同样是一幅被"四人帮"作为艺术样板而大量印制

的政治宣传画。该作品从题材的选择上来说，严格按照其"红"的指导思想，描绘了当时被捧为英雄的先进女旷工杨木英，如图4-2所示。从造型语言来看，构图显然遵循的是"高大全"的观念，画面构图形式呈井字形，这种画面结构最容易将人物置于绝对的视觉中心，并以仰视的方式来表现女矿工的高大巍峨，使观众在观看的同时不自觉地产生崇敬之情，达到宣传典型的目的，杨木英作为英雄的形象在画面上呼之欲出。色彩的选择也按照程式化的"红光亮"的原则来指导，整体弥漫着类似年画的暖色调，尤其是女英雄的脸部绯红的色彩表现。虽然背景的劳作场景及前景的芭蕉叶的处理运用了冷色调，但这种色调的运用并非营造某种主题叙事情节，而单纯为了响应其"光"的创作技巧即写实的要求形成前、中、后三个场景模式，以此突出英雄人物。画面为了取得亮丽的色彩效果，除了在人物五官上使用大量的暖色调之外，还采用逆光来强化人物的面部，再次配合了"三突出""高大全"的构图要求，将革命英雄的豪迈之气，坚定不移地展现出来。总体来看，该作品采用的是写实主义的技巧，重点刻画了女英雄的五官及其营造出来的英雄气势。从画面的构思立意上来说，仍然采取了"浪漫"加"英雄"的模式，这种"浪漫"可以从构图上窥见一斑，按照革命现实主义的写实手法，劳动英雄——杨木英，被置于画面偏右的位置，人物左边的背景利用焦点透视法描绘了几座消失于地平线的矿井塔吊及繁忙的煤炭运输劳作场景，这些井架、小火车、塔吊等意象作为"文化大革命"工业文明成果的镜像而存在，加之人物脸上洋溢的劳动喜悦及其暖色调的运用都将这种服务于革命理想主义的浪漫情怀诠释得淋漓尽致。值得一提的是，人物的脸部刻画是"文革美术"女性创作的"公式化"表现，为了配合宣扬社会解放运动而将女性男性化表达。从其面部刻画来看，浓密的粗眉、瞪圆的大眼、鼓起的腮帮、方圆的脸型以及红润的肌肤、齐耳的短发、愉快而坚定的表情，这些都是表现革命先进典型的标配。绘画内容形式一目了然，过于偏向政治意图而缺乏艺术家真情实感的流露，刻意塑造的女性肌肉使得人物的描绘更加空洞虚假。很难说画家本人是否和杨木英有过接触，但根据政治号召进行的艺术创作能最大限度地明哲保身，这在很大程度上排除了艺术创作来源于生活的本质，这类作品虽然有人的存在，但看不到真实的"人性"，更谈不上个体审美经验的表现了。

图 4-2　《矿山新兵》，油画，杨之光，1971 年

"文革美术"代表了"文化大革命"时期的典型审美价值取向，这种价值取向是"四人帮"谋权篡位的意识形态帮凶。"四人帮"为此成立了控制文艺思想舆论的写作班子——初澜。初澜曾明确指出"文化大革命"艺术的审美价值取向："文艺作品中的真实，是作者处在一定的阶级地位，用一定的世界观来认识和概括生活的产物。因此，它不是自然形态的东西，而是观念形态的东西，具有鲜明的阶级性。"[1] 从中不难看出，"文革美术"的主流不是描写个人现实生活的东西，个人是屈从于阶级的，创作依靠的是理性观念而不是生活经验。这也不难理解"四人帮"执政期间，艺术作品的写实以照片创作为主，鲜有对现实生活的描绘。刘绍荟针对"文革美术"的这种审美价值判断指出"艺术是感情的产物"，艺术家应具有"独创性和强烈的个人风格"，批判了"四人帮"不

---

① 初澜：《把生活中的矛盾和斗争典型化》，《人民日报》1974 年 7 月 14 日第 2 版。

尊重艺术家的个性，不善于发挥艺术家特长的境况，提出了"形式美"作为艺术创作的常识性问题。①

总体而言，"文革美术""三突出""高大全""红光亮"的创作定式背后的指导思想是以蔡仪为代表的反映论美学。这种美学强调对不依赖于人，不以人的意志为转移的"美的规律"的客观反映，从而将人的自觉意识和价值情感视为唯心主义而排斥在外。在这种思想指导下进行的艺术创作，强调刻画典型环境和人物，强调创作技法的客观写实，直接根据政治的需求进行创作从而抹杀了个体的审美经验。"文革美术"在蔡仪的"美是典型"的观念及王元化的"知性思维"②观念的指导下，形成了崇高豪迈、气势磅礴、虚张声势的视觉趣味。夸张的人物造型、主题先行的叙事构图、挖空心思的题材翻新、刻意营造的史诗氛围在虚妄火红的色彩与细碎平滑的笔触下将"文革美术"的媚俗与政治的狂热虚假表现得入目三分。在"政治标准第一，艺术标准第二"的评价模式下，艺术家的个体审美经验被消解在乌托邦的革命理想之中，艺术家不再有个体的情感和思想。某些种类的艺术形式因缺乏强烈的渲染力，如国画等，在"文化大革命"时期陷入了停滞不前的局面。而漫画、版画则由于适合转换为大批判的武器，在"三忠于""四无限"的活动中普及和流行，雕塑由于较大的体量易于塑造个人崇拜，剪纸和版画则因便于制作等优势，在此期也流行起来。一句话，"文革美术"在形式方面是现实的，但没有出现现实的"人"。

1976 年"四人帮"的垮台标志着"文化大革命"的结束。从"四人帮"的垮台到 1978 年十一届三中全会的召开，这一时期的美术创作经历着从毛泽东时代到"新时代"的过渡，这一时期的美术创作仍然遵循着"文革美术"创作的惯性，但部分作品开始突破"文革美术"的创作程式，逐渐回归生活，"人""人性""人道主义"等成为讨论的焦点，艺术家们也开始重新看待自己在这个世界中的位置，并重视自己与他人、

① 刘绍荟：《感情·个性·形式美》，《美术》1979 年第 1 期。
② 王元化：《文学沉思录》，上海文艺出版社 1983 年版，第 20—29 页。

自我之间的关系，个体审美经验开始登上历史舞台。1977年2月，在中国美术馆举办了一次全国性的展览——"热烈庆祝华国锋同志任中共中央主席、中央军委书记；热烈庆祝粉碎'四人帮'篡党夺权的阴谋的伟大胜利美术作品展览"。这次展览的作品仍然延续了"文化大革命"的创作模式，无论是主题还是表现手法，都是"文化大革命"式的。[1] 但是，有相当一部分作品开始摆脱"文化大革命"的创作模式，不仅在人物塑造上，而且在艺术表现手法上，努力将艺术从政治背书的语境中解放出来。比如靳尚谊、彭彬参展作品《你办事，我放心》，虽然参展的同题材作品多达上百件，但这件作品在色彩上开始突破"红光亮"的审美定式，色彩真实，毛主席的脸部开始突破原本禁锢的以土红、橘黄、朱红等色系混合而成的红彤彤的暖色调，如图4-3所示。

图4-3 《你办事，我放心》，油画，靳尚谊、彭彬，1977年

随着邓小平《解放思想，实事求是，团结一致向前看》重要讲话的发表、十一届三中全会的顺利召开，政治、思想、经济以及文化领域的拨乱反正也有条不紊地开展起来。艺术作为时代精神的先行者，也开始在思想解放的基础上思考人的解放问题。首当其冲的便是对"文革美术"

---

① 参见刘纲纪《努力塑造无产阶级的英雄形象》，《美术》1977年第4期。

造神运动的批判及其发展方向的调整。《中国共产党第十一届中央委员会第三次全体会议公报》（以下简称《公报》）中提出："全国报刊宣传和文艺作品要多歌颂工农兵群众，多歌颂党和老一辈革命家，少宣传个人。"① 在《公报》精神的指导下，毛泽东主题性绘画慢慢被周恩来、朱德、邓小平等替代，先进典型的工农兵也逐渐被人民群众替换，现实生活的"人"逐渐凸显出来。1978 年年底，在无锡召开了"华东六省一市三十周年美术展览草图观摩会"，会上讨论了《公报》关于艺术创作的相关精神，并确立了美术创作为新时期现代化服务的新课题。紧接着，艺术界将表现"真实生活"的现实主义创作手法作为对"文革美术"批判的参考坐标。"现实主义最深刻的本质就是不加掩饰地表现真实生活，并从中揭示现实主义与人生的意义。"② 随着艺术界对"文化大革命"批判的深入，这些对个体审美经验展示的真实生活流露出"伤痕"的倾向，这批写实的作品主要以表现"四五事件"和张志新事件为主题，来揭露批判"文化大革命"历史。这里的审美情感其实质仍然是一种政治态度，不同的是，艺术家们继"文化大革命"以来，第一次作为独立的个体能自由表达自己的审美判断。在这种现实主义创作风气的引领下，诞生了如《真理的道路》等讲述"五四运动"的作品，反映张志新事迹的如《大地的女儿》等作品。《美术》杂志在 1979 年第 9 期更是通过发表版画作品《无题》以及对作品的评论文章，明确肯定了艺术家个体的审美自由，在版画《无题》中配有文字解说："平生善捞稻草，害人大有功劳，而今摇身一变，自称生前友好，试问真面目，只有天知道。"如图 4-4 所示。《无题》表面上是对张志新的纪念，实际上将批判的矛头指向了现实生活——那些虚伪善变的当权者。栗宪庭在文章《必须揭露"他"！——从版画〈无题〉想到的》中指出："《无题》打开了一个新的禁区……许多年来在我们的国家，专制代替了政治，强权代替了真理。你不去暴露

---

① 《十一届三中全会公报提要》，《人民日报》1978 年 12 月 24 日第 1 版。
② 易英：《从英雄颂歌到平凡世界——中国现代美术思潮》，中国人民大学出版社 2004 年版，第 55 页。

和鞭挞它，真理和谬误就划不清界限。"① 《无题》表现了艺术家个体直面现实，勇于揭露现实的强烈情感，这种对个体真实审美经验及情感的表现在此之前是不可想象的。

图4-4　《无题》，版画，郭常信，1979 年

　　1979 年《美术》杂志第 8 期发表的连环画《枫》也是一幅控诉"文化大革命"的现实主义作品。从其题材内容来说非常普通，讲述了"文化大革命"期间一对政治立场相对的恋人，相爱相杀的爱情悲剧。该作品之所以引起广泛关注，其核心原因在于作品探讨了一个非常重要的问题，即艺术创作是否能以客观写实的方式而不是丑化的方式来表现反派人物。《枫》的作者以客观写实的方法还原了"四人帮"的真实面目，这种描绘方式使得人们不得不重新审视"文革美术"的创作定式。

　　与此同时，在"伤痕美术"中有一股转向原始淳朴生活，描绘与自

---

　　① 栗宪庭：《必须揭露"他"！——从版画〈无题〉想到的》，《美术》1979 年第 9 期。

己生活环境相去甚远的偏远山乡的潮流，吕澎在《1979 年以来的中国艺术史》中将之称为"生活流"，高名潞在《'85 美术运动》中则将之称为"乡土艺术"。随着真理标准问题讨论而出现的"乡土"美术，艺术家不再刻意地宣泄自己的"文化大革命"经历，而更加注重对"人"的真实生活的表达，表现的对象由中心人物转向了平凡人物。画家的个体审美经验表现为对生活画面带有自己真实感受和思考的截取，发现生活断面所表现的内在美。艺术家在遵从自我的状态下，捕捉到能作为生活本身的偶然性艺术形象，从这个角度来说，真正实现了个体审美经验表达的自由。以罗中立、陈丹青、周春芽包括张晓刚在内的艺术家为代表，在这一时期都创作了大量的"乡土"艺术作品。罗中立创作于 1980 年的《父亲》以超级写实主义的手法，还原了艺术本身的真实。包着属于劳动阶级特有的白头巾的"父亲"手端破瓷碗，黑枯布满皱纹的脸上长着一颗"苦命痣"，左耳上夹着一个属于新时代象征的圆珠笔，"父亲"形象凸显的苦难与"圆珠笔"隐喻的幸福文明构成了强烈的视觉张力，如图 4-5 所示。这个"父亲"的形象如此的真实，展现了对当时的观众来说心照不宣的现实，与在此之前展出的成千上万同题材的"父亲"相去甚远。罗中立在画面中着力表现的苦难、老实、驯良是人道主义情感的延续与发挥，是某种程度上情感的返家，表现的不再是生活在虚构状态下的幸福，按照当权者的逻辑，《父亲》在"新时期"应该是具有崇高理想的生活在天堂里的农民，尽管现实可能仍旧食不果腹，但他有理由相信他们的生活一天更比一天好。因为"父亲"干的"苦差"在新旧社会里有着本质的区别："农民在旧社会的苦，没完没了，在新社会吃苦是为了未来的幸福。"① 陈丹青创作的《西藏组画》（包括《母与子》《进城》之一、之二，《康巴汉子》《朝圣》《牧羊人》《洗发女》七幅）无疑是这个潮流的一个突出代表。《西藏组画》的创作源自画家在西藏生活了半年的个体审美经验，在这七幅画中陈丹青试图表现一种不同于都市中被

---

① 张方震：《要注重形式探索——从油画〈父亲〉的艺术成就看形式探索的重要性》，《美术》1981 年第 9 期。

文明弱化的渺小生命，呈现出一种强悍、原始、质朴的"人"的魅力。这组作品之所以受到关注，其核心在于与"文革美术"以及过渡期美术（1976—1978 年）的叙事性主题不同，完全抛弃了典型的情节刻画及戏剧性主题表达而转向真实普通生活的描绘，仅仅只是把"人""生命"客观地呈现出来。这种对人、对生活、对生命本身的赞颂是建基在艺术家个体生活经验基础之上的对主体审美情感的自由表达，无论《父亲》还是《朝圣》都表达了艺术界对真实性的追求。这种真实不仅包括现实生活的真实，还包括艺术家主体精神的真实。"真实性"还原到艺术作品本身体现在由构图和色彩所呈现的视觉实体中，《父亲》采用了超写实的艺术手法，这种手法甚至呈现了脸部毛孔，《朝圣》的构图类似眼睛不加取舍的一瞥，这种自然客观的构图在一定程度上造成了画面的琐碎，也正是这种琐碎消解了"文革美术"叙事化的"典型"性，如图 4-6 所示。色彩的运用上在反叛"红光亮"的道路上继续前行，开始利用环境色彩来呈现视觉的真实，如《父亲》手捧的碗里泛出的阳光色正是黄色背景的印证，这一点无论是"文革美术"还是"过渡期"美术都未曾使用过。笔触的运用上更加随心所欲，稳健而质朴。总体上看，从"伤痕艺术"开始，艺术家们尝试打破艺术的工具论倾向，开始对"文革美术"的创作模式进行废黜，取而代之的是对真实的描绘，这种真实既不是政治所要求的"真实"，也不是对外在自然真实事物的精准呈现，而是遵循艺术家自己的内在真实，倾听自己内心真实的声音，寻找相应的艺术表现形式，使中国艺术在僵化死板的废墟里透出人的气息。

无论是"伤痕美术"还是"乡土美术"，他们对"人"及"人性"的追求都是建立在对"文化大革命"

图 4-5 《父亲》，油画，罗中立，1980 年

图 4-6　《朝圣者》，油画，陈丹青，1981 年

这段荒谬历史的批判基础之上的。然而，当时的艺术家并未意识到这种在情感上对"文化大革命"的批判实际上是一场在极大程度上对"文化大革命"反思的开端。1979 年成为这场反思的标志性开端，这一年美术家协会恢复了工作且组织了两次大型展览，艺术界出现了对连环画《枫》以及首都机场壁画的大讨论，一些具有叛逆精神的民间艺术团体开始出现，最为重要的标志性事件是"星星美术作品展览"及其代表的现代主义艺术的集体登场。此前的思想破冰已经为艺术创作的自由化准备了有利条件，但艺术的运行机制却丝毫没有改变，艺术的话语权依然掌握在代表党和政府利益的美协当权者手里，对于那些想彻底按照自己的想法来自由创作的艺术家来说，还有相当的困难。可能有人会质疑，"伤痕美术"或者"乡土美术"不是已经达到了主体创作的自由了吗？其实不然，这些在艺术界享有广泛盛誉的作品正是在美协控制的展览机制中经舆论推广而出的。美协之所以推广这些艺术形式，一方面与该时期党和政府面临的迫切任务——对自己在"文化大革命"时期所犯的错误进行检讨与反思相一致，另一方面也与这种艺术形式创作的宗旨——对"文化大革命"的揭露而非现实矛盾的展示，不谋而合。而"星星美术作品展览"的出现却首次质疑了这种维护既得利益者的艺术机制，无论是展出方式

的离奇还是作品本身的惊叹，"星星美术作品展览"及其引发的系列事件，无论从艺术本体的叙事语言上还是从展览体制的民主性上都为从"文化大革命"专制黑暗中走来的中国人提供了范本，人们第一次呼吸到了艺术自主的空气。

纵观"星星美术作品展览"的两次展览宣言（1979年和1980年），我们可以看到这个基于西方现代派绘画语言的艺术展览介入现实生活，表现个体审美，是一场从客观真实生活经验到主观精神自由的解放之旅。参与"星星美术作品展览"的艺术家们，将自己的所见所闻当作创作的基础，而这些用画笔和雕刀构成的形式语言也反过来参与了社会建构。在第二次展览中"星星画家们"进一步指出，"现实生活有无尽的题材。一场场深刻的革命，把我们投入其中……当我们把解放的灵魂同创作灵感结合起来时，艺术给予生活以极大刺激"①，"星星画家们"倡导的参与世界，不仅仅是表达眼睛所看之物，而且要将这种现实生活的呈现与艺术家个体所承担的解放灵魂的使命结合起来。同时指出了具体艺术语言的运用："我们要用新的、更加成熟的语言和世界对话"，"那些惧怕形式的人，只是惧怕除自己之外的任何存在"②。这里说的新的艺术语言指的是现代派的叙事方法，而且指出了这种艺术形式的威慑性，因其与传统写实技法的迥异而呈现出令人不安的效果，也正是这种在艺术本体逻辑上展开的革命拉开了审美现代性革命的大幕。展出的作品涵盖雕塑、油画、木刻等诸多领域，以王克平的雕塑为代表。其作品《呼吸》《沉默》《万岁》《偶像》等均来自木头本身的形态而略加雕琢，这在某种程度上显示了作者按照自己内心的想法来自由表达的自主性，如图4-7、4-8所示。王克平的这组雕塑所彰显的主体性主要体现在现代派创作手法的运用上，比如在作品《沉默》中，王克平将一块树疤处理成一个被木头塞住的嘴巴，将面部雕成用纱布遮蔽左眼、右眼无珠的视觉形式。这一视觉效果在一定程度上直观地表现了作者彼时的真实处境。为了加强

① 汉雅轩：《星星十年》，香港：汉雅轩出版社1989年版，第18—20页。
② 汉雅轩：《星星十年》，香港：汉雅轩出版社1989年版，第18—20页。

创作者的个体审美情感，王克平采用了对比夸张的创作手法，将人物脸部比例拉长，右眼无珠化处理，塞嘴巴木头的坚硬与人脸的松弛形成肌理的对比，这种对比还体现在纱布质感与皮肤纹理的对比中，所有这些处理手法使得整个脸部充满了紧张窒息的气氛，作者个体的审美经验在情感的表达上得到充分的宣泄。

图 4-7 《沉默》，木雕，王克平，1979 年　　图 4-8 《偶像》，木雕，王克平，1979 年

艺术家个体审美经验的彰显，从 "文革美术" 屏蔽现实生活中的 "人" 及 "人性" 开始到 "过渡期美术"（1976 年—1979 年）有限的主体创作技法的真实性回归，再到 "星星画展" 及其系列事件所呈现的艺术家个体情感与叙事语言的自由表达，似乎已经演绎得完美无缺，但实际上我们忽略了 "星星画派" 在创作语言运用上的稚嫩而导致的艺术家个体审美情感表达的局限，这在某种程度显示了艺术家个体审美经验表达的 "不自由"，直到 "85 新潮艺术家" 在继承 "星星遗产" 的道路上，将现代派的叙事语言运用得炉火纯青的时候，艺术家才能不受约束地自由运用艺术语言来准确表达个体的审美情感，从这个角度上来说，艺术家个体的审美经验获得了自由而准确的表达，"人" 终于成为自我的主体。

在20世纪80年代的艺术主题中，人以及人道的问题成为艺术家关注的焦点。汪晖认为80年代的典型论题包括三点，即"实践是检验真理的唯一标准""价值规律与商品经济""人道主义与异化问题"①。这三点就其实质而言都分享着人的主题，实践是人的实践，指出了历史创作的主体性。"人道主义与异化问题"其实质是一个基于认识论基础上的人的问题，人是主体而非工具。人的历史主体性只有在现实的历史语境中才能作为人本身而存在。这里明显指出80年代和"文化大革命"时期的区别在于实践以及对人的本质问题的强调，因此个体审美经验成为这一时期艺术表现的重点。80年代由"星星美术作品展览"引发的关于"自我表现"问题的讨论使得对西方现代派艺术的引介从萌芽状态进入发展的高潮阶段并出现了"85新潮美术运动"。理论界的"自我表现"讨论为"新潮艺术家"个体审美的自由提供了合法性论证。这场讨论以千禾发表的一篇题为《"自我表现"不应该视为绘画的本质》②的文章作为开端，作者对"星星美术作品展览"中呈现出的"自我表现"倾向进行批驳，认为艺术家只有"主观内心世界正确地反映客观现实本质的时候"，他的作品"才具有帮助观者认识生活的意义，才可能推动观者去改造现实，发挥艺术作品积极的能动作用"。紧接着，1981年第2期《美术》刊登了"星星画派"艺术家钟鸣、冯国栋的作品及其为自己辩护的文章——《从画萨特说起——谈绘画中的自我表现》《一个扫地工的梦——自在者》③。钟鸣谈到自己的创作初衷时表示："从画萨特说到绘画中的自我表现，我要说的是萨特在他的理论中坚定地指出，人的本质、存在的意义、存在价值要由人自己的行动来证明、决定。对于绘画这一学科，同样存在这样一个现实，每一个艺术家在他的创作动源与行动中说明他自己。"④钟鸣在这里不自觉地迎合了80年代艺术创作的主题，即对人本质

---

① 汪晖：《去政治化的政治：短20世纪的终结与90年代》，生活·读书·新知三联书店2008年版，第1页。

② 千禾：《"自我表现"不应该视为绘画的本质》，《美术》1980年第8期。

③ 冯国栋：《一个扫地工的梦——〈自在者〉》，《美术》1981年第2期。

④ 钟鸣：《从画萨特说起——谈绘画中的自我表现》，《美术》1981年第2期。

的展示，而且这种展示是以艺术家个体的审美自由、艺术的自我表现而彰显出来的。同年第 3 期《美术》杂志上刊登了一则北京市美协和北京油画研究会的一次会议摘要。其中因首都机场壁画《泼水节——生命的赞歌》而出名的袁运生的发言——《艺术个性与自我表现》再一次充分肯定了艺术家个体作为人本身的个性表达，认为"艺术的发展要求艺术家充分地表现艺术个性和自我"。同年第 5 期《美术》杂志发表了题为《艺术不能离开人民的土壤——寄言冯国栋同志》① 的文章，这篇文章对冯国栋作品中表现出来的"自我表现"进行了尖锐的批判。同年 6 月关于"自我表现"的讨论持续升温，千禾再次发表文章《绘画本质与自我表现》② 重申其唯物反映论的观点而否认艺术"自我表现"的属性。该期杂志同时刊登了与千禾持相反观点的文章《也谈"自我表现"》，作者在文中梳理了"自我表现"及现代派艺术在 80 年代被中国采纳的现实原因："当新的一代一旦从噩梦中惊醒过来，回顾自己用心灵和血泪所经受的磨难历程，不能不陷入痛苦的沉思，不能不考虑自己生活的意义、行为的价值，而抛弃那部分不自觉地被'异化'的自身，不能不提出自己作为独立自我存在的权力，而发现尊重个性、自我表现的呐喊。这种思潮反映了整整一代新人的思想特征，当然在我们的艺术中也一定要表现出来。这是毫不奇怪的，也是非常合理的。"③ 同年《美术》杂志第 11 期发表了《"自我表现"不是我们的旗帜》④ 的文章，作者从存在主义哲学的角度批判"自我表现"的艺术形式。在这一场持续数年的理论争鸣中呈现出学者们不同的观点，有支持，有反对，也有中庸，就其争鸣的实质来说，艺术家们对"自我表现"的主张，实际上是对艺术创作个体自由的呼喊。有了理论界对艺术家主体性创作自由的铺垫，那么大规模的现代派艺术运动——"85新潮美术运动"，登上历史舞台也就不足为奇了。

---

① 杜哲森：《艺术不能离开人民的土壤——寄言冯国东同志》，《美术》1981 年第 5 期。
② 千禾：《绘画本质与自我表现》，《美术》1981 年第 6 期。
③ 朱旭初：《也谈"自我表现"》，《美术》1981 年第 6 期。
④ 叶朗：《"自我表现"不是我们的旗帜》，《美术》1981 年第 11 期。

　　"85 新潮美术运动"以 1985 年 5 月举办的"前进中的中国青年美术作品展览"作为开端，本次展览上呈现的作品仍以写实性绘画居多，但这种写实较之"伤痕美术"和"乡土美术"而言，艺术家们普遍受到西方现代哲学思潮的影响，如存在主义、超现实主义等，作品中流露出对现代社会"人"的精神的关注。艺术家个体审美经验的彰显在这一时期主要有两个层面的表现。一是对"人"本质问题的思考；二是艺术家个体自由运用各种技法准确传达其主观思考。这两个层面也可以概括为观念和技法的一体两面，或者可以进一步理解为以艺术家个体主体性为核心的观念和技法的展示。如本次展览中的代表性作品《在新时代——亚当夏娃的启示》（以下简称《在新时代》）《春天来了》《104 画室》等，这些作品所反映出来的形式问题背后实际上是思想观念的转变问题。《在新时代》作为"85 新潮美术运动"的开篇之作，张群、孟禄丁指出其创作的指导思想"是从精神素材中创造出来的，它完全以一种理念和主观性为其思索的主线"①，艺术家的主观性来源于对现实的反思，进一步指出"一切定论对于青年来说都是有疑问的。进步的压力迫使我们对以往进行反思"②。其反思是基于改革开放和现代化建设基础上的反思，是现代性的审美反思。虽然"文化大革命"提倡写实主义的技法，这里的"实"仅仅局限在可视的逻辑范围内，真实被指认为视觉表象的真实，因此在这个认识论范畴内进行的艺术创作"假大空"。而 80 年代以来的艺术经过思想解放运动、艺术"自我表现"论探讨、形式与抽象问题讨论等一系列理论话语启蒙，逐渐认识到艺术家个体审美自由的实现，最为核心的问题在于思维的真实与自由，艺术家可以遵循内心的体验去表现现实社会的所思所想。

　　《在新时代》这幅作品无论是从画面构成还是表现手法上来说，都是艺术家主观理念的显现。从画面构成来看《在新时代》，该画面可以分为前、中、后三个场景。画面的主体是居于中景位置的一正一反手持"苹

---

①　张群、孟禄丁：《新时代的启示——〈在新时代〉创作谈》，《美术》1985 年第 7 期。

②　张群、孟禄丁：《新时代的启示——〈在新时代〉创作谈》，《美术》1985 年第 7 期。

果"的裸体男女，也即亚当
和夏娃。画面的后景是一位
右手侧举、左手端果盘的女
青年神情默然地从层层叠叠
以焦点透视构成的画框中走
来，这些画框的层叠构成了
连接过去和现在的通道，处
于通道前端的画框已然断
裂，呈现出玻璃破碎的肌
理。画面的前景则是一位侧
身坐在桌前双手微举的男
士，桌子上的八卦餐盘已经
破碎，脚下是正在建设的现
代化工业城市。左边夏娃脚
踩山脉，山下是古代石窟，
远山是长城，如图 4-9 所

图 4-9　　《在新时代——亚当夏娃的启示》，油画，
张群、孟禄丁，1985 年

示。总而言之，映入观者眼帘的这幅作品乍一眼看颇为费解，但这种图
像呈现正是作者根据其主观创作意图，精心组织的结果。从表现手法上
来看，《在新时代》采用了超时空、多焦点、隐喻的叙事语言，超现实主
义的表现手法和艺术家追求主体内心自由的精神是不谋而合的，所以邵
大箴说："超现实主义的使命是挖掘新的、未被探讨过的那部分心灵世
界，以扩大和开辟艺术表现领域。"[1] 艺术家的主体内心的表现正是通过
画面中弥漫的黄蓝色调、低矮的视平线、充满隐喻意味的时钟、佛像、
苹果等而彰显出来的，具有明显的达利味道。这种隐喻性在画面中无处
不在，远景中手持果盘的女青年，隐喻着启迪民智的女神，环绕女神周
身的破碎画框隐喻着传统的束缚，手持苹果的亚当和夏娃暗示着人性的
解放，在天际中打开的大门，破碎的状态可以理解为封建势力的土崩瓦

---

① 邵大箴：《西方现代美术流派简介》（续），《世界美术》1979 年第 2 期。

解。总体而言，艺术家"画这张画的用意在'破'字，就是想通过作品向人们提出一些问题"①。

自"前进中的中国青年美术作品展"之后，一股势不可挡的现代艺术之风一夜之间吹遍了整个中国，1986 年出现了现代艺术创作的高潮。全国各地都出现了青年艺术家群体，如"北方艺术群体""池社"，"湖北艺术群体""西南艺术群体"等，尽管这些群体的宣言各具特性，表现手法五花八门，但他们在宣扬人的解放和个性的树立上却是一致的，这也是艺术家个体审美经验的终极旨归。无论是以"北方艺术群体"为代表的理性绘画还是以"西南艺术群体"为代表的表现绘画，都分享着人的主题。

以"北方艺术群体"为例，前文已经述及，该群体宣称"绘画只是传达思想的手段"。在这种明确的理念指导下，"北方艺术群体"将理论探讨提高到与艺术创作同等重要的地位。为此，他们撰写了大量关于"人"的文章，如《一个新文明的诞生》《关于北方文明的思考》《"寒代—后"文化的初步形成》《试论新文明的权重意义》《北方文化对绘画的要求》《中国北部的画家们》《艺术作为人类的一种行为》《人性的三种形态》《艺术中的理性》《画家是怎样的人》等。这些文章以"人"及与"人"相关的问题为中心，弘扬了北方文化精神，为其艺术实践提供了指导。以王广义的《凝固的北方极地》系列为例，这个系列的绘画一共有二十多幅，作者在创作手法上，也是逐渐从可以识别的人物变为抽象的体块。王广义指出他的创作宗旨为："表现出一种崇高的理念之美，它包含着人本的永恒的协调和健康的情感"②，从画面形式来看，一些类似于几何形态的体块圆角化处理，如果不是前面几幅同主题作品的启示，恐怕很难感知到这些质感轻空的几何体是"人"的所指。但这些"人物"是无性别无年龄的普泛意义上的"人"，他们在沉思凝固于寒冷极地万物中的永恒原则。在这里艺术家极力摒弃人们生活经验中可感的因素，排

---

① 张群、孟禄丁：《新时代的启示——〈在新时代〉创作谈》，《美术》1985 年第 7 期。
② 王广义：《我们这个时代需要什么样的绘画》，《江苏画刊》1986 年第 4 期。

斥感觉和情绪中的非理智的偶然性，以抽象的形式和精神表现其创作宗旨。"创造者和被创作者所感受到的是静穆与庄严，而绝非一般意义的赏心悦目"。① 从画面色彩来看，以冷灰色调为主，能很好的表达"寒冷"的感觉，与画面物象造型吻合，使画面效果呈现出"凝固感"。

高名潞认为"在 1985 年、1986 年的新潮美术中，崇尚直觉、表现生命意志的群体和人最多。'理性之潮'基本是在东北和沿海的中心城市，而崇尚直觉的'生命之流'则遍布西北、西南、中原、两湖等地"②。前面谈到了以王广义、舒群为代表的"理性主义绘画"，这种绘画排斥任何感官具象的形式表达，冷漠、肃穆、摒弃情感的宣泄，通过对人类与自然原初状态的思索而建立新的人本文化。而以"西南艺术群体"为代表的"表现主义绘画"，则与"北方艺术群体"的创作理念背道而驰，其造型和色彩更是反映艺术家个体自由的审美创造，呈现出生命力的旺盛和张扬。"西南艺术群体"在"新具象"画展的展览前言中写道："首要的是震撼人的灵魂，而不是愉悦人的眼睛。"③ "西南艺术群体"的这种创作思想与北方艺术群体对泛文化观念的热衷形成了对比。不过对灵魂和生命的强调并没有导致他们彻底放弃可辨的人物形象而采用抽象表现的技法，重要的不是选取何种叙述语言的问题，问题的关键在于要表现出一种永恒的人类精神。"'新具象'第三届幻灯·图片·学术论文展"册页的前言进一步解释了人类精神的永恒性，写道"永恒是靠人类来完成的，而不是靠某一个个体，世界总要有些人来复归它的本来面目。……当艺术从我们生命中外化出来时，生命得到了最高层次的延续，同时忘记了生命本身"④。这种人类精神的永恒性，也即人之所以为人的本性。熊家荣在其硕士论文中对"西南艺术群体"所追求的人的本

① 王广义：《我们这个时代需要什么样的绘画》，《江苏画刊》1986 年第 4 期。
② 高名潞：《'85 美术运动 80 年代的人文前卫》，广西师范大学出版社 2007 年版，第 252 页。
③ 高名潞 等：《'85 美术运动历史资料汇编》，广西师范大学出版社 2007 年版，第 310 页。
④ 高名潞 等：《'85 美术运动历史资料汇编》，广西师范大学出版社 2007 年版，第 316 页。

性进行了充分的阐释,他认为"西南艺术群体"作品中展现出的生命本性是艺术家对人性渴求的表现,对生命意识的表达是艺术家对生存的渴求,追求人性欲望是艺术家对生命的体验。①

以毛旭辉的作品为例,来分析叙事语言与个体审美之间的自由关系。在毛旭辉的作品中,艺术家个体的审美经验自由不仅体现在对创作题材及叙事语言的选择上,还体现在创作理念上。总体而言,毛旭辉将性压抑作为创作的源泉,充分展示人的欲望及思想自由。其早期作品表现出明显的艺术家个体参与生活的主动性,也可以理解为生存的需求,如《圭山组画》系列作品,中期的作品主要表现了人作为人的本质的种种欲望,这些欲望也是人性的基本内涵之一。正是这些欲望消解了人的主体性,人的灵魂濒临死亡,只剩下活着的肉身,言说着民众在现代化进程中遭遇的现代性危机,如《红色体积》《红色人体》系列。《圭山组画》系列是毛旭辉最具生命情怀的作品之一,也是其叙事语言的起点。艺术家在这里深入现实生活中,将个体的审美经验展示出来。在毛旭辉的笔下,圭山像高更笔下的塔希提岛一般原始质朴。在造型和色彩上,他借用了塞尚的处理手法。将丰富的大自然归纳概括为具有普适性的几何形体,从一般中看出永恒。这些景观内敛,坚固而深邃。造型稳健浑厚,色彩晦暗深沉。牢固的造型、灰暗的色调正好印证了圭山的原始深邃,将艺术家个体的审美观照表征充分地展现出来。类似于塞尚的叙事手法实际上在一个更高的层次上言说着艺术家个体的审美情怀,这种色调能准确地表达艺术家个体对生命的思考。在《圭山组画》里有一个更具思考性的绘画——《红土之母》,如图4-10所示。从造型上来看,这是《圭山组画》人物造型的延续,之前牧羊人浑圆敦厚的造型经过提纯变为团状而稳定的结构,跳过了肉身实体而直接进入了对生命的思考。从色彩上来看,圭山热烈的红土充满了整个画面,借用隐喻的手法将土地和母亲的孕育联结起来,红色被赋予了生命之源的象征。而从《红色体积》

---

① 熊家荣:《论"西南群体"艺术家作品中生命意识的体现》,硕士学位论文,云南师范大学,2015年。

《红色人体》开始，其构图不再具有稳定内敛的特性，开始强烈地扭动起来，呈现出画中人的无奈挣扎，爱欲的燃烧，如图 4-11 所示。其笔触和色彩呈现出强烈的偶发性和急促性，正如梵·高所说"自如而随意地使用色彩是为了表现自我"。作者在一种强烈的情绪驱使下快速书写，以至色彩浓烈、形体模糊。这种情绪是一种对思想禁锢的反叛，更是一种对物质异化的抗争。作者采取的叙事语言完美地传达了这一创作理念。随后的作品《私人空间·水泥房间里的人体》也是这一情绪的表达，从对人体姿态的描绘中，表现出对生命自由的渴望。综合来看，以毛旭辉为代表的西南群体艺术家基于 80 年代相同的文化记忆，独特的地域体验，使得艺术家个体更能透过生活的表层而触摸到生命的本质。这些作品中既有私密化的个人生存体验，也有现代人共同的精神困惑；既有社会异化带来的精神焦虑，也有建基于现代性现象的乐观。他们承续了"85 新潮美术"中关于自由、人性解放的主题，艺术家审美个体在借鉴西方现代派表现手法的基础上达到了随心所欲的程度，类似于《红色人体》中艺术家一气呵成的潦草造型和狂野的色彩，艺术家个体审美经验在此得到了高度自由的展示。

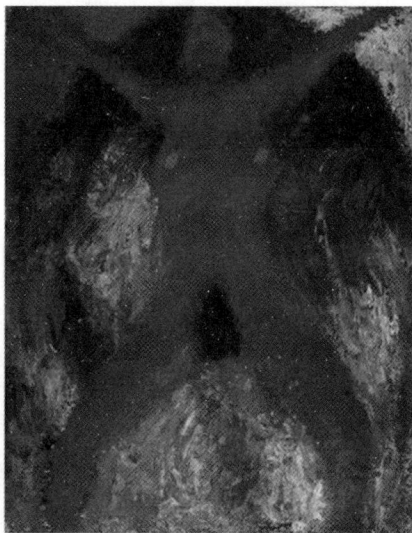

图4-10 《红土之母》，油画，毛旭辉，1986 年 **图4-11** 《红色人体》，油画，毛旭辉，1984 年

如火如荼的"85新潮美术运动"随着"中国现代艺术展"上肖鲁的两声枪响而匆匆谢幕。按照本次展览的总设计师栗宪庭的说法，本次展览其实质是一个回顾展，除了一楼展厅极具视觉冲击力的行为艺术外，二楼展厅的大多数作品均此前完成并展出过，从展览的性质上也可以看作"85美术运动"的总结。本次展览充分展示了"新潮美术"多元新奇的叙事语言，五花八门的创作形式，除了传统艺术形态外，本次展览重点展示了行为艺术、装置艺术、拼贴艺术等，这些作品均依据艺术家个体的审美自由而呈现出至高无上的批判力量。本次展览中最具冲击力的作品集中放置在第一展厅中，以波普、装置、行为等为主。这些极具揶揄色彩的艺术形态充分彰显了艺术家个体审美经验的自由。如吴山专的《大生意》、张念的《孵》、李山的《洗脚》、肖鲁的《对话》等。吴山专将现实生活中对美术馆及艺术理论家权威性的颠覆化作美术馆的对虾买卖而加以嘲讽。张念的《孵》和李山的《洗脚》在观念上与《大生意》没有什么不同，均具有诙谐和嘲讽的意味。而最具代表性的则是肖鲁对她于1988年制作的装置作品《对话》所发射的两颗子弹。以上这些艺术作品均以艺术家的荒唐来凸显存在的荒唐，艺术家个体将人性的自由表现得淋漓尽致，呈现出一种强烈的情绪发泄，利用荒唐诙谐来展示现代性危机，不过作为一种文化批判策略也未尝不可。

综上所述，艺术家个体的审美经验从"文化大革命"无"人"的"神话"中历经"过渡期"造型色彩的有限度的自由展示，再到"伤痕美术""乡土美术"中艺术家审美情感的自由流露，历经"星星画展"及其事件的审美革命洗礼，艺术家个体审美经验开始登上历史舞台，直至"85新潮美术运动"的到来，这种借鉴西方现代派的蹩脚叙事语言逐步纯熟，绘画语言终于能随意"自由"地言说"人"及"人性"了。

第二节　造型与色彩的自主性

在上面的章节中，我们讨论了艺术家个体审美经验出场的曲折历程，

而 "85 新潮美术运动" 作为一场文化领域的审美革命是通过其叙事语言的特殊性而识别自身的，这种可识别的艺术语言区别于传统艺术（这里特指 "文革美术"）的核心在于艺术家个体审美经验的彰显也即 "人" 及 "人性" 的表达，而如何通过叙事语言来表达 "人" 的问题则成为 "85 新潮美术运动" 实践的关键。为此，在这个章节中我们将重点探讨以造型和色彩的自主性为表征的 "新潮美术" 叙事语言何以出现，以及如何自主的问题。

首先，我们要回答何谓自主性，造型和色彩的自主性是什么。所谓 "自主性"（Autonomy），在古希腊是作为一个国家概念而出现的，指依附于大国的小城邦管理自己城邦内部事务的权力。然而，作为艺术概念的 "自主性"，则是伴随着现代性语境而出现的一个特殊概念，有其独特的内涵。艺术自主性又称之为 "艺术自律"，可以从美学和社会学两个维度来理解。

从美学的角度来看，现代艺术体系在 18 世纪的启蒙运动中建立起来，并出现了 "艺术自律" 的原型。1750 年德国学者鲍姆嘉通提出 "美学" 这一概念并将美区别于古希腊的理性崇高，定义为美是感性认识的完善。此后，法国美学家夏尔·巴托，通过区分不同种类的艺术，以及将艺术定义为模仿自然，从而与生活世界拉开了距离，其特殊性暗示了艺术界的超越性，"艺术自律" 的思想蕴含其中。哈金斯则明确指出："审美经验，或艺术，或两者都具有一种摆脱了其他人类事物而属于它们自己的生命，而其他人类事物则包括一些道德、社会、政治、心理学和生物学上所要求的目标和过程。这个命题反映了自主性的一般意义，亦即'自治'或'自身合法性'。"[①] 哈金斯的艺术自律的观点和夏尔·巴托的模仿说的观点都指向了艺术作为一个自为领域的自治。浪漫主义艺术家波德莱尔、王尔德等人都提出了与夏尔·巴托及哈金斯相似的观点。波德莱尔认为，艺术中的 "每一次花开都是自发的、个体的"，艺术家

---

① 周宪：《艺术的自主性：一个审美现代性问题》，《外国文学评论》2004 年第 2 期。

"是他自己的国王、他自己的牧师、他自己的上帝"①。王尔德则认为，"艺术除了自己以外从不表达任何东西。它过着一种独立的生活，正如思想那样，纯正地沿着自己的谱系持续"②。艺术自律的封闭性、排他性导致了其造型语言的自足性，即不依赖于社会实践而独立的纯粹审美，也即王尔德所说的"为艺术而艺术"。

从社会学的角度来看，艺术往往具有"审美救世"的功能。马歇尔·伯曼认为："现代主义就是对纯粹的、自指的艺术对象的追求。总而言之，现代艺术与现代社会生活的正当关系就是根本没有关系。"③ 也就是说，现代艺术是一种自娱自乐的远离现实生活的艺术形式，正因与现实生活的距离感使其具有了社会批判的属性，这也是审美自律无法调和的内在矛盾。齐美尔表示："艺术是生活的另一种东西，它是生活的解脱，通过生活的对立面，生活得到了解脱。在这一对立面中，事物的纯形式为事物主观的朋友也好，敌人也好，均无所谓，它拒绝被我们的现实所触动。但是，当艺术内容和幻象进入远距离的时候，艺术形式反而离我们近了，比它在现实形式中离我们的距离更近。"④ 齐美尔显然提供了一种个体"审美救赎"的途径，即个体通过艺术形式超越物化的生活，从而得到解脱。在齐美尔思想的影响下，"法兰克福学派"高扬艺术自主性的批判之维。阿多诺主张通过自律性的现代艺术来抵御文化工业对人的控制，马尔库塞则将艺术作为"新感性"的理想形式来对抗单向度的社会发展，本雅明借助弥赛亚的降临来实现自我救赎……。艺术自主性在此具有了审美革命救世⑤的属性，这也正是"85 新潮美术运动"的理

---

① ［美］马歇尔·伯曼：《一切坚固的东西都将烟消云散了——现代性体验》，徐大建等译，商务印书馆 2003 年版，第 178 页。

② ［英］奥斯卡·王尔德：《谎言的衰落：王尔德艺术批评文选》，萧易译，江苏教育出版社 2004 年版，第 50—51 页。

③ ［美］马歇尔·伯曼：《一切坚固的东西都将烟消云散了——现代性体验》，徐大建等译，商务印书馆 2003 年版，第 35—36 页。

④ ［德］格奥尔格·齐美尔：《桥与门》，涯鸿等译，上海三联书店 1991 年版，第 141—142 页。

⑤ 参见王元化《文学沉思录》，上海文艺出版社 1983 年版，第 20—29 页。

论资源之所在。"85 新潮美术运动" 叙事革命的自主性是通过造型和色彩的自由彰显出来的，而在造型和色彩自由的背后却是人的主体性诉求。

其次，我们要回答为什么会出现 "85 新潮美术运动" 的造型和色彩的自主性。这个问题可以换一种理解方式，作为彰显人的主体性的叙事语言的表征——造型和色彩的自主，为何出现在 20 世纪 80 年代的中国？ "文化大革命" 时期 "四人帮" 为了言说其统治的合法性，仍然将马克思理论作为其意识形态的基础，并在此基础上加上自然科学的物质主义理论的修饰，使其最终形成了自然科学的客观 "反映论" 意识形态。这种思维模式以自然科学的物质本体论为基本依据，认为社会的一切现象均像自然科学的对象一样，是客观的，不以人的意志为转移。在美学领域，以蔡仪的 "美是客观的" 命题为主导思想，他认为美的现象及观念均来自客观物象，如自然界的物质一样是客观的，不以人的意志为转移。这是一种基于认识论基础上的割裂历史的客观唯物主义，将物作为历史的主体，容易导致见物不见人的局面。在艺术领域表现为革命现实主义的写实技法，造型和色彩以对物象的忠实刻画为宗旨，不允许出现艺术家个体的审美经验，这在一定程度上否定了艺术家创作的自主性，艺术成了生活的摹本。蔡仪美学的关注点是与客观反映论高度相关的问题，是一种自然科学 "知性思维" 的无限扩张，如 "美的本质" "美的规律" 和 "典型性" 等问题。他认为美学与自然科学一样，其目的是发现客观对象中的普遍规律，这种规律也是美的规律。这种观点显现出强大的理性思维逻辑，这种理性是为政治强权服务的奴性思维。美学中的 "美是典型" 的观念运用于艺术实践领域便形成了 "三突出" "高大全" "红光亮" 的创作定式。总体而言，这种高度僵化的认识论反映美学窒息了个人 "主体性" 的价值诉求，成为 "文化大革命" 正统意识形态压制个人感性诉求、剥夺个体权力自由、实行专制暴政的合法性存在。

随着 1976 年 "四人帮" 的垮台、真理标准问题大讨论的展开，正统意识形态的正确性开始遭到质疑，这种质疑主要是从美学的角度切入的。由于意识形态的惯性，言论自由尚未完全放开，使得关于政治学、伦理学的讨论成为禁区，而借由美学、艺术的"去政治化"特点来"修身，治国，平天下"成为既可批判社会又可明哲保身的知识分子的首选。"文化大革命"时期"四人帮"为了言说其统治的合法性，培养奴性思维的民众，他们将马克思主义的"主体性"狭隘地理解为改造自然的工具技术性，而忽视其平等交换劳动价值的道德性和自我实现的审美性，80年代的"美学大讨论"正是基于"主体性"的后两重含义而展开的。张婷认为："20世纪80年代中国当代美学的思想逻辑可以以'主体性'的兴起与沉落为线索，理出一条清晰的脉络，即实践论美学与认识论美学之间的争论，其实质是"主体性"美学内部实践论美学对占正统意识形态地位的认识论美学的批判，且由此恢复了'主体性'在美学思想中的核心地位。[1]80年代的美学"主体性"是从感性个体生命的角度来言说的，马克思主义理论中曾经被归结为认识论反映主义逻辑中的"生产力"因素，如人的情感、心理、欲望、权力等，通过思想解放运动——重读马克思的《1844年经济学哲学手稿》（以下简称《手稿》）而成为"新时期"人的本质属性。马克思在《手稿》中，明确提出了"人性复归"的观点，其基本内涵是"人通过全面地占有自己的本质而达到人性的自由和解放"[2]，也即人只有作为人本身而不是其他什么的附庸时，才能达到人的自我解放，达到自由之境。[3]马克思对人的感性能力和理性能力的赞颂与肯定，对人的自由自觉的"族类本质"的高扬，成为突破反映论美学定式的基本依据。"主体性"问题随着美学领域的"积淀说""人化的自然""美是自由的形式""美是自由的象征"等命题的提出，而最终形成了"主体性实践美学"。"主体性实践"思维突破了传统唯物主义自然本体论的实证性和机械性，强调了人的自由自觉创作活动的主体性地位，为艺术家个体的审美创造自由开辟了道路。"主体性"思想的确立，使艺

---

① 张婷、赵良杰：《反思"主体性"美学——关于20世纪80年代美学演进的另一种陈述》，《当代文坛》2015年第5期。

② 沈明明：《人性理论的伟大变革——读马克思〈1844年经济学哲学手稿〉》，《厦门大学学报》（哲学社会科学版）1987年第1期。

③ 《马克思恩格斯选集》第3卷，人民出版社1995年版，第760页。

术家艺术创作的自由得到了保证,无论是造型或色彩都可以听从内心表达而不再局限于写实主义的藩篱。在这一美学思想的指导下,出现了一系列反思时代痛楚、表现个体情感的艺术作品,如 "伤痕美术" "乡土美术" "唯美主义画风" "西方现代派" 等,所有这些作品都指向一个共同的目标——人的自主性的全面复苏,即具有自我意识和自主意志的人,建构属于人的美学意识形态话语。

最后,我们尝试着回答 "新潮美术" 的叙事语言何以自主的问题。这里可以从两个方面来回答——理论和实践。从理论层面来看,20 世纪 80 年代的美学大讨论,不管是李泽厚的 "主体论美学"、高尔泰的 "自由论美学"、刘再复的 "文艺主体性",还是鲁枢元的 "文艺心理学",所有这些论述一方面强调了人的自由创造,另一方面强调了审美的主客观统一。在文艺创作中,人不再是被动机械地复制现实的机器,而是具有意志、能力的创造者。在这些美学思想的影响下,艺术领域也出现了思想解放的相关讨论,"形式美" "自我表现" "现实主义的问题" 以及美术本质和功能问题等的论争,便是思想解放后艺术家追求人性复归的表现。

此后,《毛主席给陈毅同志谈诗的一封信》的发表,为美术界公开讨论形式问题廓清了道路。紧接着,1979 年,吴冠中在《美术》杂志第 5 期上发表了一篇《绘画的形式美》的文章,认为形式即是美术的本质,形式决定内容,抽象美是形式美的核心。贾方舟指出新中国成立的三十年间,形式问题一直是艺术讨论的禁区,"谈论形式,就是搞形式主义,脱离文艺为工农兵服务的方向……我们无产阶级的艺术就是搞内容的"[1]。可见,艺术形式被赋予了超艺术的意识形态属性,及叙事语言变革的艰难性。之所以在这一时期出现形式美的理论探讨,高名潞认为和一些美术发展的动向相关。如反对单一的社会主义现实主义的技法表现,渴望向西方现代派学习以及提倡重新复兴文人画等。[2] 总之,基于现实的需求,吴冠中的文章一经发表,众多学者参与了讨论,以至形成了长达 5

---

① 贾方舟:《策展:权力批评——贾方舟访谈录》,《美苑》2006 年第 2 期。

② 高名潞:《'85 美术运动 80 年代的人文前卫》,广西师范大学出版社 2007 年版,第 71 页。

年之久的大争论。从宏观上来看，这场论争可以分为两派，即支持"形式美"的一派和反对的一派。支持派的众多参与者如贾方舟、皮道坚、彭德、栗宪庭、邓福星等，从不同的角度肯定了"抽象美"，对形式进行了不同层次的解释，论述了形式与内容的关系，在一定程度上完善了吴冠中"抽象美是形式美的核心"的命题。以杨成寅、梁江、程至等为代表的反对派，将吴冠中的"形式美"理解为哲学的"抽象"，从而造成了讨论问题视角的错位，认为抽象是反艺术，反审美的，而审美应该是具体可感的，认为"抽象美"是反唯物主义的反映论。"形式美"作为20 世纪 80 年代艺术领域影响最大的理论探讨，为艺术家个体造型语言的自由运用肃清了道路。1980 年，《美术》杂志第 8 期发表了一篇评论"星星美术作品展览"的文章——《"自我表现"不应该视为绘画的本质》，引发了大讨论。这些论争文章可以分为三派，即支持、反对和中庸。以钟鸣、冯国栋、袁运生、郎绍君等为代表的支持派承认艺术能自觉能动地反映现实，从而肯定艺术作品中的风格和气质，认为艺术创作的思维过程的原始性、非理性、潜能性，是更符合人的自然本能的东西，正如朱旭初的观点——"任何使人的本质力量受到压抑的、被异己力量所支配的、非我的、不讲自身的活动，都不可能产生美感，也谈不上真正的艺术"。他还指出"真正的劳动必须是自由的、内在的、自愿的……使人的本质力量得到最充分、最自由、最尽情而畅快的发挥和宣泄"[1]。以杨成寅、叶朗为代表的反对派，认为自我表现是一个存在主义者的口号，把"自我"的主观性作为唯一真实的存在，而否认了"自我"之外的一切事物的真实性，"那就必然把'反映现实''表现时代''歌颂人民群众的劳动和斗争'等都作为陈腐的教条而加以鄙弃，那就必然对广大人民群众的要求和愿望不屑一顾，那就必然把艺术引到一条脱离现实、脱离群众的道路上去"[2]。而以史速建、刘纲纪、孙津等为代表的中庸派只是客观描述了"自我表现"这种现象，并未有鲜明的态度流露，多数

---

[1] 朱旭初：《也谈"自我表现"》，《美术》1981 年第 6 期。
[2] 叶朗：《"自我表现"不是我们的旗帜》，《美术》1981 年第 11 期。

也是附和以上两派的言论。概言之，艺术家们对"自我表现"的论争，其实质是对一种创作自由的呼唤，依然是艺术家"主体性"的诉求使然，在一定程度上为西方现代派的大肆传播进行了舆论造势。美术理论界在"形式美"和"自我表现"大讨论的同时，围绕着具体的作品如《枫》《父亲》《西藏组画》等展开了"现实主义"创作语言的讨论，不过这次讨论与此前的讨论不同，多数讨论集中在对"现实主义"概念的阐释以及其历史地位的探讨上，如将"现实主义"与"现实主义精神"进行区分，"现实主义"创作方式和表现手法的区分以及对"现实主义"做语义学的辨析。最终多数学者达成了共识，即"现实主义"不是唯一的创作技法，而主张创作多元化。80 年代的艺术界在对艺术反映论——叙事语言的自主性即"形式美""自主性""现实主义问题"进行论证的同时，也进行艺术本体论、价值论的探讨——美术的本质和功能问题。关于美术的本质的讨论焦点在于认识与审美的争论。多数人认为艺术的本质在于审美。关于美术功能论争的焦点在于其功能的单一性还是复合性的问题，有人倾向于将艺术的审美功能作为唯一的功能，而多数人则认为艺术应同时肩负起"传道""解惑"的功能。总体而言，这一时期的美术论争触及了以往的禁区，共同指向了人的问题，强调人的主观能动性，人的自由、自主的创造性，以及人的意志、欲望的力量等。① 由此，在艺术创作中，实现了叙事语言——造型和色彩的自主性。

现代性进程在高扬主体实践性和能动性的同时，通过艺术理论的推动带来了艺术实践的革新，追求从语言到形象、从色彩到结构的叙事自由。"文化大革命"自然主义的机械反映论意识形态对艺术家话语权的规训导致出现了千篇一律的叙事语言——色彩上的"红光亮"、造型上的"三突出"，这种叙事语言几乎断送了艺术的审美品性。随着 1978 年，《关于建国以来党的若干历史问题的决议》的公布及小说《伤痕》在《文汇报》上的发表，人们开始系统反思"文化大革命"。获得解放的美术界在"形式美""自我表现"问题的论争中出现了对艺术本体的

---

① 参见刘再复《文学的反思》，人民文学出版社 1986 年版，第 54 页。

回归——对叙事语言自主性的诉求。"伤痕美术""乡土美术""唯美画风"一时间成为"新时期"的潮流。"伤痕美术"以写实再现"文化大革命"现实，以表现个体的人在"文化大革命"全能化国家控制下的心理创伤为主要特征。"伤痕美术"追求对"文化大革命"现实的真实展现，这就决定了其对"文革美术"虚假模式的批判。艺术家们认为，要彻底肃清"三突出""红光亮"对创作造成的戕害，必须要表达真情实感，而不是虚假的感情，要反映客观真实的生活，而不是制造的虚假"真实"。这也就导致了"文化大革命""神"的崩塌，以及"人"的出现，不过这一时期艺术作品的造型是以"群体人"的姿态出现的，还没有出现"个体人"的身影，尽管如此，我们依然感受到了人的尊严与力量。作为叙事语言另一个面相的色彩来说，也出现了对"文革美术""红光亮"的反叛，颜色开始趋于冷、灰，并抛弃了"文革美术"明快跳跃的理想化笔触，取而代之的是厚重凝固的笔触，甚至不惜采用照片拼贴以及堆沙子等手法来表现真实感。高小华的《为什么》作为"伤痕美术"的代表作品之一，其叙事语言的特征具有普泛意义。特定的叙事语言总是为创作者的创作理念而服务的，色彩和造型看似偶然的处理，其背后都隐藏着一个艺术家的灵魂。高小华在画面中描述了一场"文化大革命"武斗后，红卫兵战士休息的瞬间，这些战士脸上流露的茫然、沉思与困惑叙说着对历史与现实的怀疑，如图 4-12 所示。围绕着这一创作宗旨，作者在造型与色彩的运用上出现了有限度的自主。从造型上来说，作者采取了完全俯视的构图，视觉上造成了巨大的压迫感，画面中描绘了依左右角对角线而排列的四个或躺或坐的红卫兵战士，为了取得视觉的协调，作者采用了疏密对比的方式，左上角是一个躺着的战士，右下角布置着三个团坐一起的神态动作各异的红卫兵。概言之，这种造型相对于"文革美术"来说，整个画面人物的典型性不强，四个红卫兵战士无法分清主次，人物神情的刻画也不再是喜庆、乐观的基调，而出现了现实生活中人的喜怒哀乐。

从色彩上来说，作者用极具个体情感体验的色彩——"冷灰暗"来替代积极热烈的革命幻象 "红光亮"。整个画面以铅灰色调为主, 同时将红色处理成退到灰调子中的暗红色系, 整个画面视觉凝重而和谐。总而言之, "伤痕美术" 以灰调子、冷色系成功突破了 "文革美术" 的 "红光亮" 色彩范式, 但并未出现色彩斑斓的视觉世界。整体来看, "伤痕美术" 在艺术创作上尊重历史真实的态度以及客观真实的表现手法都对 "文革美术" 创作理念造成了极大的冲击, 最为重要的是, "伤痕美术" 通过对历史的反思与批判, 提出了人的主体性和如何对待人的问题, 其叙事语言的有机选择实则预示着人的觉醒。

图 4-12 《为什么》, 油画, 高小华, 1978 年

随着对 "文化大革命" 批判的进一步深入, 艺术界对人性、人道主义及主体性的呼唤逐渐融入了现实生活, 这就使得人们的视野从历史转向了现实。"文化大革命" 知青返城后的落寞与理想主义的破灭, 使他们完全放弃了 "文化大革命" 中表现理想主义的宏大叙事, 而将下放生活的宁静与质朴作为理想毁灭后的精神 "原乡", 据此, "伤痕美术" 逐渐被一种展示知青生活的 "乡土美术" 所取代。这类美术作品, 以描绘知青生活为主, 主要侧重于表现少数民族和乡村生活。"伤痕美术" 中 "集体的人" 在这里被知青 "个体" 的人所取代, 小人物、小情节成为人们关注的重点, 生活的真实性在这里不经意地流露出来, 这种真实也体现在艺术家个体审美情感的表达上——"伤痕美术" 中的愤怒逐渐被 "乡土美术" 中的平静所

取代,王亥的《春》可以看作这一时期较为典型的作品。

这幅作品从造型上来说非常简单,采用了非对称的模式,将主体人物放在画面偏右的位置,勾勒了一个站在简陋屋门口的质朴女青年,她手里拿着一把梳子,头发披向一侧,左边的空间内画了一顶在墙上的草帽、两只飞舞的燕子以及一盆开花的仙人掌,如图 4-13 所示。如果按照"文革美术"惯常的逻辑来审核该作品,则一定不合格,因为找不到与它对应的图解内容,作者仅仅是把自己对生活的感受不加修饰地表现在了画面上,观者可以隐约感受到类似于安德鲁·怀斯的《克利斯蒂娜的世界》式的孤独与伤感。从作品的形式与情感的结合来说,艺术家获得了些许造型自由,全然突破了"文革美术"的"三突出"造型模式。从色彩上来看,大面积的灰调子,辅以仙人掌开放的朱红小花,此外别无它色。画面将红色以一种点缀的方式安排在左下角的仙人掌上,这种看似随意的安排,其实蕴含着审美观念的一个显著进步,那就是纯粹地从审美表现和审美效果出发,将极具寓意的红色系最大限度地服务于视觉本身,而不再是服务于有特定指向的审美意识形态。这种色彩运用几乎和"文革美术"的"红光亮"色彩公式形成了对立——一个是冷色系,灰调子;另一个是暖色系,红调子。春天的色彩本该姹紫嫣红,而王亥却将此表现为单一寡淡的视觉效果,尽管采用了小笔触的朱红来打破这种沉闷,但仍然挡不住画面溢出的淡淡忧伤。画家对色彩的自主选择,是对个体在"文化大革命"中受伤心灵的展示,红色的小花寓意着希望,尽管伟大领袖毛主席逝世了,但他们仍需要把他当作生活下去的支撑,当这种真实的

图4-13 《春》,油画,王亥,1979 年

生活感从画面中游离出来时，就需要大面积的灰调子来叙说了。同时，这幅作品在 "文化大革命" 之后的首届全国美术作品展览——"庆祝中华人民共和国成立三十周年全国美术作品展览" 上的展出，本身就足以说明艺术家个体在造型和色彩上获得了有限度的自由。

对人的价值的关注除了表现为伦理意义上的人道主义表达外，如 "伤痕美术" 和 "乡土美术"，还表现为对人的基本欲望的展示，在美术中即表现为对视觉美的需求，基于这两种分野而构成了 80 年代中国美术的两股潮流——将人作为明确艺术目的的 "新潮美术" 以及学院派的 "唯美主义" 艺术。"唯美主义" 艺术随着 "形式美" 大讨论以及北京国际机场新候机楼壁画——《泼水节——生命的赞歌》的揭幕而引起了社会各界的广泛争论。这个画派认为美的对象主要是自然的造型美，形式美是其核心，强调的对象是经过视觉原型加工提取后按照美的形式规律而组织的色彩与线条，着意于色彩、形体、构图和笔触本身的美，追求纯粹的语言形式研究，袁运生的《泼水节——生命的赞歌》便是例证。袁运生创作《泼水节——生命的赞歌》的初衷并没有太多关于历史与未来的沉重，仅仅是基于 "文化大革命" 禁欲主义的逆反，虽然西方现代派艺术已经开始影响这些画家，但他们对塞尚、马蒂斯的欣赏，仅仅是从装饰性形式的角度去借鉴，而不包括现代派艺术的意识形态革命性，从这个角度来说，这是一场纯艺术、纯美的展示。这幅绘制在高三米四、长二十七米的墙上的壁画由两大部分组成，即大面积的泼水节担水、泼水及舞蹈的情境和小面积的沐浴及谈情说爱场景，如图 4-14 所示。从造型上来说，作者以仰视的视角，勾勒了少女 "S" 型曼妙的身姿，螳螂式的秀美造型。这些极具韵律感的体态美是作者提取抽象视觉原型经美感加工而形成的抒情旋律，"这是一个既丰富而又单纯的线条世界——柔和而富有弹性的线条，挺拔秀丽的线条，也有执著、缠绵、缓慢游丝一般的线条"[1]。然而让这幅画饱受争议的却是表现沐浴场景的三个不穿衣服

---

[1] 袁运生：《壁画之梦》，载袁运甫、袁运生、李化吉、侯一民《壁画问题探讨》，《美术研究》1980 年第 1 期。

的少女造型，裸体艺术第一次出现在公众的视野，引起了社会的极大关注，也使得这一作品成为一个时代转折的视觉图像象征。作者为了削减画面由裸体而产生的"性"联想，在构图上进行平面化处理，使得整个画面造型图案化，图案化意味着画面缺少生机，乏味甚至空洞，这种构图手法成功地将裸体女青年与纯洁、贞洁联系起来。这幅画的构图技巧处理一方面成功地组织了一幅极具视觉美感的诗性画面，另一方面也如作者所愿，在一定程度上规避了画作裸体内容而带来的负面批判，可以说艺术家的自主性在这里发挥到了极致。这幅画的色彩也如其造型处理一样，按照视觉美感来组织，巧妙借用了民间艺术的用色原则——高纯度、高饱和度。在大面积的绿色背景中，用红色来点缀舞蹈人物的部分造型，巧妙地运用补色，整体色彩浓艳而热烈、和谐而悦丽，整体气氛活泼欢快，很好地切入了泼水节的节日氛围。整体来说，这幅画的造型语言虽然以追求纯粹的形式美感为旨归，但它使得人们重新思考艺术的功能，为艺术回归其本体的自由开辟了道路。"唯美美术"背离"文革美术"的造神主题，追求纯粹的叙事语言革新，在当时亦被视为人性复归的一种表征。

图 4-14　《泼水节——生命的赞歌》，油画，袁运生，1979 年

"人"以及"人的问题"成为 80 年代艺术的主题,这是一个不争的事实,"星星画展"及其事件延续了伦理学意义上对人的价值的关注,同时在视觉语言上承续了"唯美主义"对西方现代派艺术造型与色彩的挪用,不同的是"星星画家"不仅借用了西方现代派的形式属性,而且还复制了它的革命内涵,将审美的感性力量转换为一种政治斗争的革命力量,正如马尔库塞所认知的那样,"今天,在反抗'消费社会'的斗争中,感性极力成为一种'实践'的感性,即成为激进地重建新生活方式的工具,它已经成为政治解放斗争的一种力量。而且这意味着,可以把个体感官的解放看作普遍解放的开端,甚至普遍解放的基础。自由的社会必须在这种崭新的本能欲求中获得根基"①。"星星画派"在践行审美革命的道路上,首先对造型语言发难,全方位地进行造型与色彩的革新,只是这种借用西方现代派的叙事形式在刚刚经历了文化艺术专制的中国大陆来说还显得力量微弱,语言稚嫩,在形式上显得与传统对立,但它终究迈出了审美革命的第一步。"星星美术作品展览"的叙事语言主要来自西方的印象派、野兽派、抽象表现主义等现代流派,当然"唯美主义"也强调对西方现代派形式语言的借用,但两者有根本区别,"唯美主义"是从古典审美观的角度对现代派的形式构成要素,点、线、面及色彩进行借用,扬弃了现代派艺术反叛现实的精神内核,但"星星美术作品展览"则是全方位的,以西方现代派为师。鉴于"星星画家"的业余身份,这些介入现实生活,批判社会的作品并不具有太多的艺术性。如邵飞的《变形》借用了印象派技法,造型粗糙,笔触细碎,色彩鲜艳,有明显的阳光感,但和印象派的经典作品比起来还有很大的距离。严力的《游荡》也是一幅具有粗糙模仿痕迹的作品,只是师从了野兽派和抽象表现主义。"星星美术作品展览"对形式的探索还处于初始阶段,但这对于陈旧不变的美术界来说是猛地一击。对于"星星画派"而言,相较于其对现代艺术的叙事语言探索的贡献来说,更重要的是其承续的现代艺术介入生活,

---

① [美]赫伯特·马尔库塞:《反革命和造反》,载任立编译《工业社会和新左派》,商务印书馆 1982 年版,第 129 页。

批判社会的革命属性，从这一点上来说，艺术家个体可以自由地探索符合自己审美理想的叙事语言，艺术家个体的主体性诉求得到了满足，只是这种叙事语言还显得较为稚拙。"85新潮美术运动"作为对"星星画展"及其事件的全方位模仿与放大，它无论是在画家群体的数量上，还是吸收西方现代派的范围上，抑或是批判社会的深度上都大大超过了"星星画派"。无论是"85新潮美术运动"还是"星星画展"及其事件，两者都将对社会的不满集中到了反对社会对人性欲望的禁锢而呈现的单一固定样式上，其革命的依据是人的主体性诉求——个性解放，尽管两者都表现出了审美理想与艺术语言发展的不均衡，但对艺术介入生活，化解现代性危机而言，具有强烈的现实意义。"新潮艺术家"正是在这一审美理想的指导下，进行艺术作品叙事语言的探索，在审美实践中逐步实现了造型与色彩的自主。

在造型方面，"新潮艺术家"以西方现代哲学、美学思想为指导，完全追随内心的自由，随心所欲地表达，将对艺术家主体性的彰显融入了自由创作带来的快感之中，无论是"新潮美术"中具有"冷"特征的理性绘画，还是具有"热"特征的表现性绘画，都在一定程度上实践着抽象表现主义的技法与造型。

如理性绘画的代表——"北方艺术群体"的刘彦，他是一位有着哲学背景的物理学教师，在"85新潮美术运动"期间致力分析哲学的探索，是一位彻底的理性主义绘画倡导者。他认为在"艺术中贯彻理性精神，就是要让人类的共同经验在视觉现象上得以直接显现"①。他围绕着这个宏伟的目标，来展开艺术实践，这些实践的主题涵盖对个体生命存在之有限与人类精神实体之无限的思考、对抽象情绪的把握以及风景写生这三个方面。从造型语言的运用上来说，这三种类型的绘画都采用了西方现代派的叙事语言，在形式构成上呈现出抽象与半抽象的特征。第一个主题的造型语言主要采用了超现实主义的表现手法，如《祭坛》中展示的球体、正方体、不规则多面体等抽象造型，以及具有达利意味的

---

① 刘彦：《艺术中的理性》，《美术》1987年第9期。

随着台面弯曲的时钟、低矮辽阔的地平线等，都塑造着一个非现实的空间，如图 4-15 所示。这类作品是其哲学悖论思考的视觉呈现，艺术家个体根据自己的审美经验积累随即地创作个体形象来比附这样一种思维过程。第二个主题的造型语言完全采用了抽象表现主义，如在《抽象构图：弦乐四重奏·星座》里，作者借用了 "光效应艺术" 的手法，用抽象而错综复杂的色块结构来表达音乐的节奏和旋律，这种极具理性的探索有时候是单纯的结构性展示，如《抽象构图：方块的赋格》。作为理性绘画的代表性人物，刘彦也创作了一些生活化的风景作品，这类作品模仿印象派的梵·高的画法，但是按照他自己的说法，他模仿的不是梵·高的扭曲躁动的造型和高纯度大色彩的笔触，而是梵·高对生命本质超乎寻常的把握。

图 4-15　《祭坛》，油画，刘彦，1987 年

"西南艺术群体" 的潘德海是与 "北方艺术群体" 的刘彦在创作理念上背道而驰的一位艺术家，他是表现性绘画的代表之一。作为 "85 新潮美术运动" 的两种主要的创作理念，这种创作手法的对立却并不妨碍其在叙事语言上的一致，他们都表现出对抽象造型的偏爱。潘德海早期的作品如《肖像》《生命》《狂想》《梦幻》四个系列的油画模仿了梵·高的笔触和色彩，从 "土林" 系列油画开始将一种生命的体验融入理性的造型中，以一种抽象的形式表现出来，这种抽象形式的构成不仅仅体现在他的绘画中，同样体现在他同期的拼贴和泥塑造型中，但综合来看，这四种类型的作品均表现出了生命的暴力与无序。从 1987 年开始，这股涌动的生命意识开始进入"苞米"系列，玉米的颗粒便成了艺术家造型的基本元素，这些谷粒像细胞一样分裂，密密麻麻。艺术家根据自我的审美意识随意地进行排列组合，形成各种造型，如人物、鸟兽、自然界等，如图4-16所示。对于这些无限排列的玉米颗粒吕澎是这样理解的，他"揭示人的存在背后的关于刺激和振动的那个包罗万象的形式。通过奇异符号列、重复丰富的颜料、形式的完满整合，肢体、器官的分解，表现生命体的多重侧面，使内在真实上升为表意的符号，成为贫乏、畸形、片面的表象最生动、最重要的一部分，构成相互交织、浸透、多面的完整体。生命的本质是无形、无定性。变幻莫测就是它的真实面孔"①。潘德海通过抽象造型，如肢体、器官的分解，形式的整合以及符号化，来表现其审美理念——生命的无定性和变幻莫测。

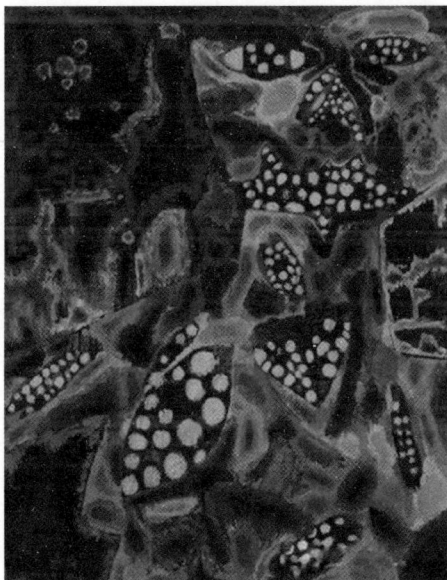

图4-16　《掰开的苞米一个女人》，油画，潘德海

在色彩的运用方面，"伤痕美术"中的冷色系、灰调子曾作为对"文革美术""红光亮"虚假色彩的反叛，而具有了人的温度，直到"新潮

① 吕澎：《20世纪中国艺术史》，北京大学出版社2007年版，第816页。

美术"阶段,这种对色彩叙事的独立性探索才开始出现。理性作为"85
新潮美术运动"的关键词语之一,被许多艺术家作为创作的指导思想,
在理性的张扬中开始出现了与之相对应的色彩关系——黑白灰,"北方艺
术群体"的王广义、舒群,浙江"池社"的张培力、耿建翌等都是探索
这种色彩独立叙事的前卫艺术家。无论是王广义的《凝固的北方极地》
系列或者是《后古典》系列,还是张培力的《×?》系列抑或是耿建翌的
《第二状态》系列,都表现出一种刻意消除感官审美愉悦而极力营造一种
庄严、肃穆、冷漠甚至具有悲剧意味的图像,而在色彩上做出的努力。
黑白灰从视觉心理学上来说,给人以理性、崇高、距离感等印象,这也
在一定程度上表现出与西方启蒙理性的相关性,张培力将这种理性演绎
到了冷漠的极致,在他的作品中从《休止音符》到《今晚没有爵士乐》
再到《×?》可以看到由清晰的冷漠到死亡的威胁,如图 4-17、4-18、4-
19 所示。尽管表现冷漠、崇高、悲剧意识并非黑白灰的色彩专利,但是有
一点可以肯定,那就是从"85 新潮美术运动"开始出现了独立的色彩叙
事,这种色彩不是自然界的原色,而是艺术家主体性审美情感的外在呈现。

图 4-17　《休止音符》,油画,张培力,1986 年

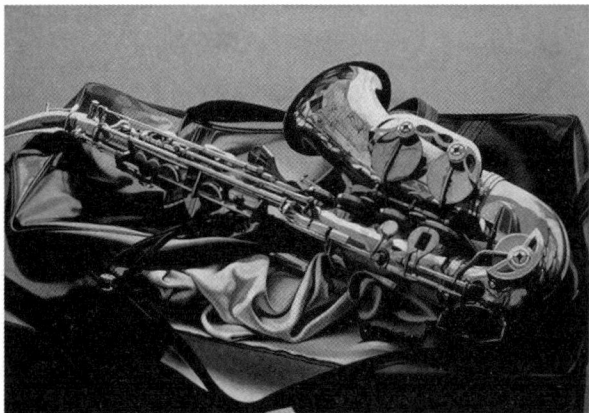

图 4-18　《今晚没有爵士乐》，油画，张培力，1987 年

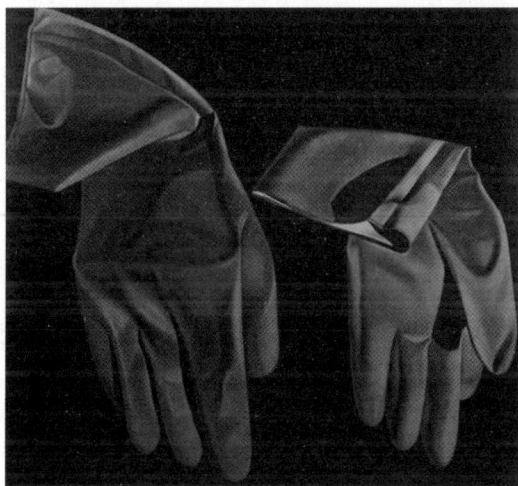

图 4-19　《×?》之 11，油画，张培力，1987 年

如果说王广义、舒群、张培力、耿建翌是从中性色彩也即无色系的角度来探讨现实世界的理性与无奈的话，那么作为湖北美术群体代表者的尚扬，则是在斑斓的色彩世界里探索单色系造型语言的典范。他于 1984—1985 年间创作了一批以暖黄色作为基调的歌颂黄河及黄土高原的油画作品，随后的创作中，他进一步使用了这种黄色调，使得一些评论家将这种温暖而沉稳的土黄和褐黄间相使用的色调称之为"尚扬黄"，色彩成为艺术家作品叙事的核心。在《黄土高原母亲》这幅作品中，只有黄色一种调子，为

了塑造视觉中心的圣母子形象，画家对土黄的色彩基底进行了适度的调和，而呈现出橘黄、赭石统一而丰富的黄色调，在亮部的处理上为了平和视觉，加入了补色——蓝色系。客观来说，这幅画是一幅用黄色调来进行的单色素描，用色彩来造型的典范，作者将单调荒芜的黄土高原进行了诗意化的渲染，使得破旧的石拱门、贫瘠的土地、荒凉的山坡被统一的暖黄色调叙述成了温馨浪漫的家园，如图 4-20 所示。大块的黄色成了画面的主角，黄色在这里不仅仅是一种色彩，一种造型，还是一种情感和文化。尚扬对色彩的追求几乎达到一种痴迷的程度，作者在后期的作品中开始逐步摆脱地域色彩的限制，而走向了一种更加主观的发挥，这种发挥的基础依然是主体性的彰显，正如他自己所言："生命之物中，只有人才能做这种与生命环境的心灵交流，做这种生命意义的追问。艺术因这种本质意义的追问而存在，而显示它的力量和光华。"① 概言之，从 "新潮美术运动" 开始，无论是物象的造型还是色彩的运用都达到了高度的自律，造型可以脱离视觉物象自由地表达精神意志以及人类的命运，色彩可以独立地叙说艺术家个体的心灵故事，至此，造型和色彩在主体和客体两个层面上都实现了自主。

图 4-20　《黄土高原母亲》，油画，尚扬，1983 年

① 吕澎、易丹：《1979 年以来的中国艺术史》，中国青年出版社 2011 年版，第 146 页。

第三节 从明喻到隐喻

明喻和隐喻是两种对立的修辞学形式，明喻指的是明显地用另外的事物来比拟某事物，以此来表示两者之间的相似关系，隐喻则与之相反。从视觉呈现上来看，无论是明喻还是隐喻其本体和喻体都同时出现，但在形式上却不相同，明喻在形式上是相类的关系，即甲（本体）像（喻词）乙（喻体），而隐喻在形式上是相合的关系，即甲（本体）是（喻词）乙（喻体）。明喻和隐喻同时也是一种文学批评的术语，它是出于语用目的的一种语言修辞技巧，在文学理论中隐喻指用指代某事物的词语的字面意义去指代另一个截然不同的事物，明喻则是与之相对的表达形式。① 语言学上也有类似的看法，索绪尔认为语言符号是心理的联结着概念和音响的形象，在这个包含概念和音响形象的心理实体中，音响形象等事物的具体形式是"能指"，由"能指"构成的概念是"所指"，"能指"和"所指"构成了语言符号的一体两面，不可分割。② 索绪尔在这里描述的"能指"和"所指"的概念可以放置在修辞学或者文学批评的视野中来审视，"能指"和"所指"的关系构成了明喻和隐喻两种言说方式，"能指"也即修辞学中的本体，"所指"则是意义表述的喻体。同时，明喻和隐喻也是艺术中的一种重要叙事语言，以其特殊的方式来反映特定时代中人的意识形态和审美理想，这种特殊的方式是由画面的"能指"和"所指"或者说本体和喻体所构成的丰富的形象世界。我们在理解艺术作品的比喻修辞手法时，有一个非常重要的因素不可忽视——特定语境，因为艺术品是经由艺术家在特定环境中为表达特定审

---

① 参见［美］梅约·霍华德·艾布拉姆斯（Abrams M. H.）、［美］杰弗里·高尔特·哈珀姆（Harpham G. G.）《文学术语汇编：第9版》（*A Glossary of Literary Terms: 9th Edition*），外语教学与研究出版社2010年版，第119页、第189—192页。

② 参见［瑞士］费尔迪南·德·索绪尔《普通语言学教程》，沙·巴利等编，高名凯译，商务印书馆1980年版，第101—102页。

美情感而创作的，环境不同艺术家的审美也不同，在这里虽然艺术家——"人"是作为创作主体的内因而存在的，但外因——特定环境，也影响着"人"的审美表达。因此，在解读这类作品的比喻意义时，必须首先了解画面的意义指向，及其在特定语境中的"能指"和"所指"。

美术作品中的"能指"指的是构成画面的形式语言即造型、色彩、肌理、材料等元素，它是艺术家为表达特定审美理想及意识形态而采用的一些能启迪、引导观者产生共鸣的视觉载体，同时艺术家也采用了一些约定俗成的，能代表一定意味的形象符号。这些特定的形象在"所指"上加深了"能指"的深度和广度，理解画面意蕴的关键就在于对"能指"的破译，具体表现为对画面形式语言包括人物形象、神态、表情、动作、道具、场景、光影等在内的一切可视因素。"所指"指的是对画面视觉因素构成的"能指"的意义的解读。在解读艺术作品中的"所指"时，并非简单的一一对应关系，艺术作品的"能指"与"所指"并不一定都像"鸽子"一样象征"和平"。按照修辞学的观点来解释，"鸽子"作为本体来说与作为喻体的"和平"是相类的关系，这也是通常所说的"明喻"的叙事语言，所有具有社会共识的人一眼就能看明白"能指"的意义归属。事实上，艺术家常常根据自己的生活经验和独特的审美体验来选择叙事语言，这种叙事语言表述的视觉形式并不具有广泛的社会共识，只有进入这个语境中的人，才能找到"能指"与"所指"的对应关系。理解这类作品时，需要观者通过联想来体验独特的视觉形式中所暗含的艺术家个体的审美理想，之所以要运用联想来协助理性理解"所指"，是因为艺术家采用了"隐喻"的叙事语言。"隐喻"的修辞方式通过去除那些一目了然、为人熟知的视觉形象，而突出强调艺术家个体的情感意蕴。具有这类叙事语言特征的作品都不约而同地展示了艺术家个体"人"的主体性，这些作品彰显了艺术家独特的个人气质、生活经验、审美理想以及意识形态。艺术家根据各自不同的生活感悟以及对艺术的不同理解，选取、提炼生活中的客观物象予以强化表达，以此来实现他对现实的独特认知与情感体验，从而使艺术品产生强烈的感染力。

比喻修辞手法在艺术领域的运用可以追溯到原始社会的洞穴壁画和山石岩画，"文革美术"是一次对比喻视觉语言运用的大爆发期。"文革美术"作为全能化国家舆论宣传的政治工具，由于其意识形态的工具属性，决定了这种美术呈现出程式化、统一化、简单化的叙事语言。与此同时，构成"文革美术"作品的形式因素出现了不断的重复，如毛泽东图像、工农兵形象、红旗、五角星、太阳、红宝书等，这些形式因子通过不同的排列组合呈现出差异化的"能指"，而对这些"能指"的解读最后都指向了同一的"所指"——为了共产主义的集体理想通过社会主义革命实践而进行的意识形态宣传。由于"文化大革命"是一场无产阶级文化大革命，这就决定了它是一场群众广泛参与的革命，群众性和广泛性是其基本属性。鉴于此，"文革美术"的叙事语言必须一目了然，这样才能准确传达"革命"指示，基于这种功能，"文革美术"的修辞手法必须是明显的，画面中的本体或者说"能指"与喻体或者说"所指"出现清晰的对应关系，也即明喻的视觉修辞手法。"文革美术"作品中反复出现的毛泽东图像、工农兵形象、红旗、红太阳等视觉形象是被公共集体所认可的社会约定俗成的符号表征，能自然地调动观者对"文化大革命"的回忆。在这里明喻修辞的本体传递的意义是固定的，是具有相同经验的民众不经思索就可以感知到，如太阳象征着领袖，五角星、红旗象征着中国共产党及国家主权，红宝书是红卫兵的精神载体，拳头和笔象征着打击和批判……"文革美术"中大量反复出现的毛主席图像所意指的喻体也是耳熟能详、老少皆知的。

《毛主席去安源》作为"文革样板画"奠定了其在"文革美术"中的核心地位，众多的以毛主席图像为题材的作品都分享着该作品所表征的领袖视觉及喻体所指。《毛主席去安源》是一幅毛主席的单人特写，他左臂夹伞，右臂自然弯曲而紧握拳头，长袍迎风扬起，正从远处翻滚的惊雷声中走来，营造了强烈的"山雨欲来风满楼"的氛围。从画面的叙事语言中我们可以看到毛主席这个不言而喻的视觉本体，为了凸显其作为救世主，作为神的身份识别，作者在构图上采用了低视平线处理远山和云彩，同时拉长了天空和远山的空间，采用了仰视的视角来刻画毛泽东，以及充满紧张感、力量感的动势表现，所有这些造型因素均为凸显"能指"的崇高神圣。在色彩的处理上，将毛泽东脚下的杂草处理成黑色，将他头上的云朵描绘成金黄色，大跨度的色相表现使得视觉本体形象饱满，轮廓清晰，进一步配合了毛泽东作为救世主的喻体所指。这幅画中值得注意的是作者对氛围的刻画，山雨欲来的阴霾，人物上扬的长袍、紧握的拳头，这些特征让人清晰地感受到了革命的气息，及主人翁崇高的历史使命感。这种明喻的视觉修辞在"文革美术"中得到了广泛的运用。"文化大革命"时期，很多歌颂毛主席的绘画，在形式上与西方宗教绘画有很大相似性，画面内容上，只有毛主席的头像居于画面中央，头像周围散发着耀眼的光芒。这种作画方式，明喻的视觉修辞非常明显。毛主席的头像象征着照耀万物的太阳，光芒象征了毛泽东思想和方针，整个画面描绘了作为救世主的毛泽东带领全国人民进入理想社会主义的场景。如宣传画的代表作《五个里程碑》就是这一类作品，这幅画也是毛泽东的单幅速写，相较于《毛主席去安源》来说，表现了丰富的场景内容，对于具有基本史实知识的观众来说，可以识别出从左至右的场景。画面中依次描绘了上海会议地址、井冈山革命根据地、遵义会议、延安、天安门等革命圣地。毛泽东身穿绿军装，双手背后的伟岸形象被安排在视觉的绝对中心位置，与身后大面积的红旗形成强烈的对比，红旗上党徽与红旗四周辐射出的橙黄色放射线条将整个画面烘托的熠熠生辉。在这个图像所构成的能指世界里，按照"文革美术"的惯常知识，我们可以找到"能指"的解析。整个画面利用大量高纯度、高饱和度的色彩营造出金碧辉煌的效果，背景中的大片红色象征着祖国的大好河山，这种明艳刺眼的色彩方式同时也起到了令人振奋的效果，让人过目难忘，这些色彩语言将毛泽东作为救世主的形象烘托得高大伟岸、意气风发，而环绕在毛泽东周身的橙黄辐射线象征着毛泽东是降落在人间的红太阳，也暗示着毛泽东与日月同寿。画面底端配有"大海航行靠舵手，干革命靠毛泽东思想"的大字标语，将整个画面的"所指"凸显出来。这幅作品基本涵盖了"文化大革命"时期绘画的各种一目了然的象征性表达方式，被评为当时"红光亮""高大全"的艺术范本。对毛泽东的图像创作除了革命与歌颂两个明显的主题外，还有一些表现手法更加隐秘，如《给毛主席写信》《向毛主席汇报》等作品，画面中没有出现毛泽东这个本体，观者可以通过画作的命名来进行联想体验，以求得共同的审美情感。在绘画类的毛主席创作题材中，毛泽东作为本体具有同一性，所有作品均以红色作为基底色彩，主席的脸部肌肤偏红，还有红旗、云彩、鲜花等红色元素的陪衬，以此来传达毛泽东普照世界的光辉形象。除了绘画类题材的毛主席形象表现运用了明喻修辞语言外，雕塑中的毛主席像的象征性更是赤裸裸。例如 1969 年建造于成都市中心的毛主席挥手像就是典型例子。无论是雕像的体制尺寸、动态还是造型都诉说着毛泽东作为神的存在。这尊雕塑高达 12.26 米，象征着毛泽东的生辰；基座高 7.1 米象征着七一建党日；基座下的三级台阶象征着马列主义毛泽东思想。这尊雕塑的"挥手"动作是当时固定的动态，左手背后，右手挥舞，象征着毛主席引领我们向前进。在雕像的塑造上，根据政治的需要在写实的基础上进行了深度加工，采取了仰视的视角，拉长了身材比例，缩小了头部，营造了毛泽东神一般的高大伟岸，给观者造成了视觉压迫，在增加雕塑威严感的同时带来了一种崇高的审美效果。在人物衣着处理上，进行了大块面的概括，舍弃了衣纹细节，营造了雕像的宽厚饱满。雕像的头部采用了写实刻画的方式，但缺乏情感表现，使得雕塑威严但不平易近人，呈现出类似希腊英雄般的伟大，极具神的意味。概言之，"文革美术"作为特殊历史阶段政治意识形态的宣传工具，决定了其叙事语言的修辞选择以明喻为主，这些构成画面视觉主体的形式因素都是在特定的历史环境中约定俗成的象征意义，只要看到美术作品中的这些象征性符号，作品的政治文化意义就跃然纸上。

"文化大革命"结束到"改革开放"这一段时间，美术创作较之"文革美术"，并没有根本上的突破，创作模式还是固有的"三突出"

"红光亮",题材依然是决定绘画的根本要素,题材决定形式。只不过由于政治语境的变化,根据政治的需要,一些作品没有那么强烈的宗教感,显示出某种程度的生活化、真实化的审美特征,个体审美情感开始有限度地得到释放,但远未形成根本意义上的新的审美范式。随着艺术界对"文化大革命"批判的深入,"伤痕美术"应运而生,这些作品虽然题材仍然是政治题材,但叙事语言的修辞已不再同"文革美术"般大量反复使用统一的视觉本体,而是开始被具有艺术家个性的物象描绘所取代,《雨》就是这类作品的代表。《雨》本是一幅悼念周恩来逝世的画作,但画面中并没有出现明显表现丧葬场景的遗照、灵柩、花圈等指向物,相反表现的是一帧日常公交出行的场景,但透过画面中被雨水淋湿的车窗可以看到乘客悲伤的面部表情及胸前佩戴的白花。在这里,白花和哀伤的神情都可以明显地提示悼念这一活动主题,作者在这里运用的叙事手法相对"文革美术"主流美术作品叙事的一目了然来说,有了隐喻的倾向。尽管"文化大革命"中也有类似于这样的视觉修辞,如表现毛泽东的主题绘画但并未出现毛泽东本人,但这些作品在主题上依然遵循着统一的政治叙事,和"伤痕美术"中个体叙事选择的有限度自由还有很大区别,但从修辞学的角度来讲,这两种美术形态采用的都是明喻的方式。随着对"文化大革命"批判的进一步深入,艺术界将视角由宏大的历史反思转入了对微观个体真实生活的描绘,出现了"乡土美术"这一流派。在这类作品的叙事中,小人物,微生活,开始成为主题,罗中立的《父亲》便是这类作品的代表。由于"伤痕美术"对人及人的生活的关注,这一时期画面"所指"的内涵开始丰富起来,要想捕捉画作的张力,就需要回到"喻体"层级系统的基底,即"乡土美术"的表意系统,来理解视觉修辞对意义的生产。在这一时期,艺术作品的叙事语言开始出现了从明喻向隐喻的修辞转向。罗中立的《父亲》可以作为这一转向的代表。《父亲》采用和毛主席像相同的尺寸,将一个苦难的守粪工进行照相写实主义的刻画,这个干裂缺牙,布满皱纹,手持破碗的农民的左耳上却夹着一支和其形象大相径庭的圆珠笔,不免引起观者好奇,这里的圆珠笔到底寓意着什么？圆珠笔作为特定的符号能表明人物的知识属性，这个神情茫然的老农从其外观不能看出这个意象，喻体和本体不能一目了然地建立关联，因此必须借助观者更广阔的生活经历以及文化阅历来进行阐释，具有一定知识储备的观众便能破解本体的寓指，"所指"在这里由于和人及其生活发生了联系，因此变得多意起来。由于"文化大革命"惯性使然，艺术展览机制仍然实行意识形态的审查制度，这个苦难的农民和政府描述的"新社会"格格不入，在这个社会中生活的农民应该是衣着得体、幸福满面的，而这个"穷""小""苦"的"父亲"俨然是旧社会的表征，为了获得展览通行证，这支代表"新社会"农民知识属性的圆珠笔功不可没。"圆珠笔"在这里不仅是展览的通行证，同时还暗示了中国社会的经济文化变革之深广，连挑粪工农民也变得有文化了。随着"乡土绘画"对人及其价值问题的关注，现实社会体制问题成为讨论的重点，"星星画家"首发其难，主张以艺术的方式干预生活，由于其强烈的社会责任感和新颖的视觉形式而引起了广泛关注。"星星画派"的创作仅仅围绕着其宗旨进行——"柯勒惠支是我们的旗帜，毕加索是我们的先驱"[1]。他们的作品呈现出强烈的西方现代派气息，即作品形式上的夸张变形，内容上的激进个性，基于这两个属性，这类作品相较于"乡土绘画"对个人生活的表现而言，立足点更高，从对"人道主义"的关注上升到了"人本主义"的高度，本体和喻体之间的分离进一步加剧，但这种分离的程度却又受制于"星星画派"对西方现代派表现技法的稚嫩模仿，但这种隐喻倾向，相较于"乡土绘画"来说，又向前迈了一步。按照吴甲丰的说法，他认为"星星画派"采用当时西方艺术家普遍采用的一种称之为"没有一个故事的故事画"的造型语言，这种造型语言比较含蓄，表达了比较复杂的思想感情——在流露"十年浩劫"劫后余恨的同时，也闪烁着希望的光芒，流露着年轻人特有的生命力[2]，这也是理解"星星作品""所指"的根本所在。如严力的《游荡》，从画面

---

① 栗宪庭：《重要的不是艺术》，江苏美术出版社 2000 年版，第 198 页。

② 吴甲丰：《看"星星美术作品展览"，漫谈艺术形式》，《读书》1980 年第 11 期。

呈现来看,左下角集中出现了一些高
纯度的蓝绿小色块叠加,右上角在黑
灰色基底上也出现了与左下角对应的
小色块,可以感知到一定的空间表现。
路灯下一个似鱼似人的抽象变体在飘
荡,呈现出幽静不安的氛围,如
图4-21所示。仅从画面本体的表现来
看,很难找到统一的"喻体""所
指",要想阐释"本体"的"寓意"
必须要有相关的背景知识——由于
"星星画家"的业余特质,使得他们
游离在主流艺术界之外,并没有受到
学院派艺术体制过多的约束,因此在

图4-21 《游荡》,油画,严力,1979 年

他们的作品中总能看到一些新的形式——《游荡》就借鉴了抽象主义的
表现技法,描绘的事物也不再按照"像"与"不像"来做审美判断。
"星星画展"对艺术体制及其教条化艺术形式的批判作用大大超过其艺术
性,如果有了这么一个认知,那么就不难理解《游荡》了。

　　随着"星星画展"及其事件影响的深入,"新潮艺术家"无论是在
借鉴西方现代派的形式技法运用上,还是在艺术批判生活的深度上都大
大超过了"星星画派"。他们将个人主体性的创作情怀全面释放到了艺术
实践中,实现了叙事语言的全面突破,在色彩与造型的运用上表现出了
艰涩难懂的"所指"。艺术作品运用了明显的隐喻修辞,画面"能指"
甚至出现了与"所指"的分离。弗里德曼认为这是现代性的必然结果:
"现代性意味着象征与它所指的东西的分离。符码、范式、语义学这些文
化观念正是现代认同的产物。"① 伴随着分离出现的,还有"所指"的多
意性,因为"能指"所传达的意义并不是固定不变的,它受到观者生活

---

　　① [美]乔纳森·弗里德曼:《文化认同与全球性过程》,郭建如译,商务印书馆2003 年
版,第217 页。

经验、教育程度、审美天赋等的制约，"所指"作为一个文本自主性的自我指涉的整体结构而与历史、社会、文化等外部境遇相联系。作品中呈现的"能指"与作品意义阐释的"所指"不是简单的合作关系，而是与历史、社会、文化思潮相互交融，"能指"作为一种资源被艺术家占用，并产生新的话语力量，这也是"85 新潮美术运动"审美革命的目的所在。要想将"所指"的多意性控制在可知的范围内，不得不再次提及"新潮美术运动"的历史使命感——对人及与人的相关问题的探讨始终是一个亟待解决的问题，那就是如何对"文化大革命"意识形态禁锢进行重构。从现实语境出发，人们已经清晰意识到武力革命的无望，进而转向了感官本能，因为人的感官欲求、本能需要仍是最具颠覆性的革命理想，以审美革命来代替政治暴力成为自我救赎的可能，在这种精英主义责任感的驱使下，进行了艺术的叙事革命与视觉革命，这一时期所有的"新潮艺术"实践都围绕这一使命而展开，这也是我们理解"85 新潮美术运动"的基本知识框架，只有在这个框架内进行阐释才能把握住"所指"。

如"85 新潮美术运动"的开端之作——《在新时代——亚当与夏娃的启示》就是一幅取材于《圣经》以超现实主义手法描绘的具有多重隐喻的作品。关于作品的造型与色彩我们已做专节讨论，此处不再复述。这是一幅深受达利影响的作品，辽阔虚幻的空间中塞满了各种历史寓意。破碎的玻璃，断裂的相框，卷起的桌角，亚当和大卫的合体，夏娃和维纳斯的混合，佛手与夏娃之手的重叠，裸体和原罪的同一……，可以说整个画面就是一个寓言式的集合。寓言在这里正如美籍学者舒衡哲所认知的，是把历史作为批判现实的镜子，是为了教育当代的记忆重建。① 这种重建工作首先从画面的裸体主角说起，亚当和夏娃本是伊甸园里无忧无虑的宠儿，因偷吃禁果知善恶而接受惩罚，作者在这里选取了这一耳熟能详的宗教故事，描绘了亚当和夏娃被逐出天国的场景，从画框中走

---

① 参见［美］舒衡哲（Vera Schwarcz）《中国启蒙运动——知识分子与五四遗产》，刘京建译，新星出版社 2007 年版，第 277—287 页。

来的神态超然的女青年手里端着的苹果便是智慧的象征，裸体的亚当和夏娃，在这里也预示着一个新时代的到来，这一新时代不同于以往禁言禁行的专制暴政时代，而是一个自由开放的艺术春天。同时也可以从生命存在、感官肉欲的角度来理解亚当、夏娃的裸体，他们处于一种强烈生命冲动的压抑状态，以上这些认识也奠定了这幅画的 "所指" 的基调。画面中破碎的玻璃和裂开的相框象征着人们冲破重重社会阻力、追求自由的信心与力量，哪怕是吞下智慧果而接受上帝的审判。画面中敞开的大门既可以理解为中国的 "改革开放"，也可以理解为艺术家开放包容的创作态度，画作底端的山洞则可以理解为性隐喻。这幅作品出现了隐喻的多样性，"能指" 与 "所指" 分离，"所指" 呈现出开放的态势。对此，不同的学者有不同的解释，王志亮认为这幅作品表现了中国青年打破封建桎梏，走向现代的美好图景，同时显示了作者面对传统与现代的两难抉择。① 而按照吕澎的说法，"它象征着从此之后，艺术家不相信 '原有的秩序' 及其主流意识形态的艺术思想，他们宁可像亚当与夏娃那样吃下危险的果子而体验人间的苦难，也不愿被上帝所左右而享受没有光明的天堂的幸福。正如画中象征的那样，冲破天国的清规戒律的束缚势，我们必须去正视未来。这个未来究竟怎样并不重要，重要的是必须打破一个不堪忍受的原有秩序"②。不管学者们对这幅画的隐喻意义作何解释，其解释的基点仍然在人及人的相关问题上展开。概言之，《在新时代——亚当与夏娃的启示》意味着艺术的叙事语言已经来到了一个多重隐喻的新时代，正如画作的名字一般，既然是某种启示就决定了这种修辞所带来的寓意不会一目了然，需要结合特定的语境进行阐释，如果离开相关的知识背景，构成隐喻的视觉本体就只是一些无关紧要的表面意义。

如果说作为 "85 新潮美术运动" 的开山之作的《在新时代——亚当

---

① 王志亮：《一个被塑造的神话——重构〈在新时代——亚当·夏娃的启示〉的生产与接受过程》，《文艺研究》2011 年第 7 期。

② 吕澎、易丹：《1979 年以来的中国艺术史》，中国青年出版社 2011 年版，第 77 页。

和夏娃的启示》的叙事语言依然是写实的话,那么随后吴山专、王广义、李山等的表现就彻底溢出了架上绘画的范围,深受达达、博伊斯及波普艺术的影响,颠覆了造型与色彩的制约,将绘画扩展至装置、行为等新媒介艺术的范围。这些非架上绘画作品的叙事语言运用了明显的隐喻修辞,构成作品视觉本体的各组成部分均为生活常见之物,但生活之物得以进入艺术本体之后,"能指"和"所指"发生了分离,原本一一对应的关系遭到了质疑,"所指"具有了开放性意义或者"所指"的意义消失,"能指"成为"能指"本身而作为一种文化资源被艺术家利用,在特定的语境中被解构,以期建立新的话语霸权,吴山专的"红色幽默"系列第一组《长篇小说赤字第二章若干自然段》便是一个较好的例子。"红色幽默"是1986年吴山专在杭州创作的一个装置作品,这个作品是将红、黑、白三种"文化大革命"色彩(红黑白象征着革命派、反动派和中间派)组成的类似于"文革大字报"的报纸、文稿、条幅贴满了整个房间,文字内容均为20世纪80年代中期中国报纸常用的字句、广告用语以及街头巷尾的世俗化语言,如"供应""修理""出售""伍元""欲购从速""彩电12寸""看录像在此""老王我先回家了""白菜三分钱一斤"等,这些词语彼此交错,杂乱地排列在一起,显得荒诞虚无,同时作者又刻意营造了一种与虚无相冲突的庄严,将这些字句处理成黑体字,放置在大红色的底子上,如图4-22所示。整体上来看,密闭的空间,醒目的色彩,混乱的字词,随意的书写,充斥着满目的荒诞压抑,俨然是对"文化大革命"的滑稽模仿。在这个作品中,构成视觉形象的素材均是一些日常生活常见之物——"文化大革命"的大字报和80年代的生活用语的合体,按照惯常的思维逻辑,这里似乎没有用到隐喻修辞,因为视觉本体和喻体的联系是一目了然的,其实不然,视觉本体在这里隐喻更为宽广的意识形态,作者用极具政治意味的"文化大革命"色彩和大字报来书写最为通俗易懂的群众用语,来解构"文化大革命"话语霸权,进而质疑了"文化大革命"意识形态不容质疑的绝对主义,为个体自我话语的建构提供了某种可能。类似于吴山专对文字本体视觉意义的虚无处理,在"85新潮美术运动"期间借用相同的修辞手法来解构社会意识形态的作者并不在少数,隐喻作为一种修辞方式,间接地参与了艺术家个体的审美价值判断①,如谷文达自1984年开始创作的"伪字"系列作品——《图腾与禁忌的时代》(1985年)、《"静""则""生""灵"》(1986年)、《观众作为妻子的悬挂棋盘的游戏》(1987年)等,徐冰于1987—1991年间创作的《天书》系列作品,黄永砯于1987年将《中国绘画史》和《西方绘画史》放进洗衣机搅拌两分钟的行为表演以及1988年邱志杰抄写《兰亭序》1000遍直至字迹模糊不清的行为等,这些艺术家都采用了耳熟能详的视觉本体,让观众心领神会,但他们同时抽取了视觉本体惯常存在的社会土壤,"能指"和"所指"剥离后,"能指"变得荒诞、虚无,新的"所指"则由于这种隐喻反讽的修辞而变得多意、不确定,进而获得了更为深广的寓意。

图4-22 "红色幽默"系列第一组《长篇小说赤字第二章若干自然段》,
装置,吴山专,1987年

"85新潮美术运动"叙事语言所选用的修辞手法,除了上文提到的"能指"与"所指"错位、多意、广意的现象外,也有部分作品的修辞手

---

① 纪玉华、陈燕:《批评话语分析的新方法:批评隐喻分析》,《厦门大学学报》(哲学社会科学版)2007年第6期。

法比较直接，没有上升到个体意识形态识别的高度，本体与喻体之间能实现简单的对应。比如"北京青年画会"的吴少湘在1986—1987年间创作的雕塑作品。吴少湘的雕塑多与性有直接关联，对于当时中国的思想界而言，性器官及性展示仍是一个巨大的社会禁忌，为此，吴少湘的作品多以隐晦的造型来加以表现。其装置作品《杂物系列——鞋》中出现了一系列关于性的隐喻，如整个装置作品由两部分不规则形体组成，上部分是一个类似乳房状的凸起物，连接着一个三只木棍支撑的木鞋状物体。类似于乳房状的凸起部位伸出了一个下垂的小棒，小棒穿过镂空的木鞋，而让人联想到某种色情意味。红色将乳房、乳房上象征性器官的两个凸起、小木棒、小木鞋的中部空洞以及空洞下的台面都涂上了象征性器官的红色，如图4-23所示。这幅作品看起来颇具超现实的意味，但画面充斥着无处不在的性暗示：棒状、骨骼状的萎缩造型、乳房的丰腴形态，红色木棒与木鞋孔洞的互动装置，这些都增加了欣赏过程中的悬念和神秘感，性器官在变形造型与强烈色彩的辅助下具有强烈的色情倾向。

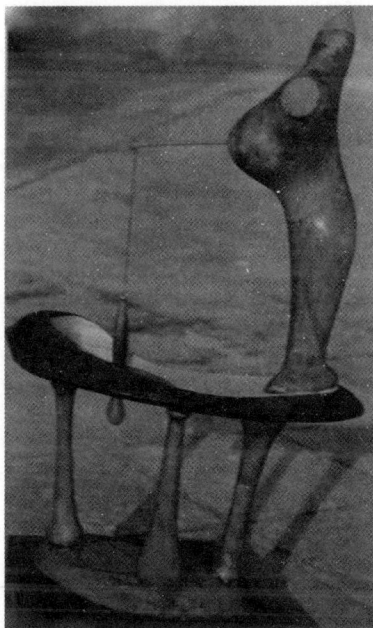

图4-23 《杂物系列——鞋》，装置，吴少湘，1987年

　　总体而言，"新潮美术运动"的审美革命是从其叙事语言的革命开始的，以对"文革美术"的创作定式的反叛为基点，历经"伤痕美术""乡土美术""星星美术作品展览"以及"85 新潮美术运动"的洗礼，"文化大革命"中的"神"终于改造为社会中的人，艺术家个体的审美经验开始登上历史舞台，人的主体性得到肯定，在张扬主体性的叙事语言中逐步实现了色彩与造型的自主，同时这种叙事方式也从一目了然的平铺直叙转向了人本的自由隐喻。

第五章　作为视觉革命的
"85 新潮美术运动"

　　"85 新潮美术运动"所彰显的审美现代性主要体现在两个方面。一是从认识论的角度而言，从法兰克福学派继承而来的"审美救世"属性；二是从主体论角度而言，艺术自身封闭、自足的发展而呈现的自律形态。在第三章中，我们讨论了"85 新潮美术运动"之审美革命的"救世"伦理，从第四章开始讨论的是"新潮美术"本身的问题，而"新潮美术"的本体性问题又是从两个层面展开分析的，一是叙事语言，二是视觉形态。"85 新潮美术运动"之所以"新潮"，根本原因正在于它与传统艺术形式（这里主要指"文革美术"）的决裂，这种决裂不仅体现在叙事语言的造型与色彩的自主、修辞手法的运用及艺术家个体经验的表露上，还体现在由这种叙事手法所带来的形式语言的呈现，这种形式表现出明显区别于传统艺术（"文革美术"）的形态。"85 新潮美术运动"中涌现的模仿西方现代派艺术的潮流也是通过形式革命而彰显的。正是通过对艺术形式的革命、对艺术创作技法的创新，"85 美术运动"呈现出了迥异于传统的"新潮性"与"前卫性"。在本章中，我们将论述作为审美革命另一个基点的形式革命的问题，具体分析"85 新潮美术"对西方现代主义艺术的移植模仿、对物象变形的抽象处理而展开的形式游戏。最后，着重强调"85 新潮美术运动"的形式革命，所秉承的是基于"艺术自律"观念之上的对传统艺术（"文革美术"）的否定与反叛，是一种人本主义的先验感性与个体实践的双重自由之实践。

第一节　形式游戏的展开

　　"85 新潮美术运动"不仅借鉴了西方现代派的叛逆内核，将其放大为"审美救世"的普世伦理，而且在技法表现上也模仿西方现代派绘画，试图在二维平面上展现自身的形式美感。西方现代派艺术的形式变革从19 世纪后半叶印象派对色彩、光影的真实性实验开始，历经点彩派对轮廓线的消解、野兽派对色彩的暴力把玩、结构主义绘画的体块探索、立体主义绘画的几何分析，表现主义绘画的心灵指涉，到至上主义、低限度绘画的无物象存在，绘画作为审美自律的学科场域实现了自身的游戏化存在。"85 新潮美术运动"在视觉上出现了明显的形式化特征，这种形式化随着艺术家个体先验感性之自由的实践而展开，创作主体的审美逐步具有了游戏的特征，"85 新潮美术运动"的形式游戏由此而开展。

　　所谓"形式游戏"，可以将其理解为以形式把玩为主要特征的游戏活动，当然这里谈论的"形式游戏"是基于艺术场域而言的。在"形式游戏"这个批评范畴中涉及两个关键词，即"形式"和"游戏"。在进入对形式游戏问题的探讨之前，对作为历史观念的"形式游戏"进行一番考察，是非常有必要的。"形式"是古希腊哲学中的重要概念，在柏拉图的哲学世界里，可感的形式是不真实的，形式只有被理式所赋予才具有真理性。这里的"形式"是一种内形式，是一种理性思维，而不是可视的物质形态。亚里士多德继承了柏拉图的观点，他在《形而上学》中指出，一个特定事物的实体来自形式和质料两者的结合，这里的形式指的是陈述本质的定义，是理式的投射，而质料指的则是事物本身。亚里士多德认为"形式"是其"实体论"的一部分，形式和质料互为同一，共同构成了一个实体。因此，形式既具有物自身的特点，同时也具有理式的特点。亚里士多德建构了一个内容与形式二分的等级秩序，在这个世界里形式是服从于质料的，呈现出先验、理性、抽象、表现等属性。关于"形式"问题的思考经由中世纪哲学家奥古斯丁和托马斯·阿奎那的进一步发挥，直到康德的《判断力批判》赋予审美以先验理性的自由，形式作为先验理性被投射到物自体上，原来无形式的物理世界或者说形式服从于质料的二元等级秩序开始瓦解，形式由于得到理式的授权开始独立。换言之，从康德有关物自体的讨论开始，形式与内容分离，形式不再是二元等级秩序的低一级存在，形式不可或缺。

形式作为美学的重要范畴，随着康德哲学的全面铺开而得到极大关注。19世纪后半期到20世纪初，大批艺术理论家追随康德美学的脚步，纷纷探讨形式问题。沃林格、康定斯基等都发表了探讨艺术形式问题的著作，如《抽象与移情》《艺术中的精神》等，特别是克莱夫·贝尔的《艺术》一书的出版，将形式主义美学推向了一个高峰。刘海认为，贝尔捕捉到了现代艺术与传统艺术观念的决裂，现代艺术注重自身的审美形式，呼吁艺术的形式自觉与艺术品的文本本体论观念。[1] 现代艺术的形式自觉正是在这些形式美学的探讨中找到了合法性论证，艺术理论和艺术实践相互裹挟着不断向前。经由印象派对形的消解到立体主义的纯粹造型，这一阶段可以看作艺术实践回归到自身的形式的本体论阶段。在这一阶段，形式因其先验理性的属性而获得了极大的自由，形式不再局限于对物象的视觉再现，而具有了游戏的特征，其原因在于物象可以变形。而从表现主义绘画开始，尤其是波洛克开创的行动派绘画的无物象特征，经由至上主义、低限度绘画再到波普艺术、行为艺术，形式在这一阶段显示出强烈的游戏特征。形式可以创造物，形式自我指涉且放弃了先验理性所赋予的自由而回到了物本身，这在某种程度上也可以理解为现代性发展到极致后的一种自反性。

与此相应的"游戏"一词，也是西方重要的哲学范畴，以柏拉图、康德、席勒、斯宾塞、古鲁斯、伽达默尔等为代表的哲学家都先后提出了基于各自哲学立场的"游戏"说。"游戏"不仅涉及作为人类学命题的艺术起源的问题，而且在哲学语境中更多的作为人及人性本体的范畴

---

[1]　参见刘海《20世纪现代绘画艺术的自律性实践》，《艺术学界》2015年第2期。

而存在。对 "游戏" 问题的讨论可以追溯至古希腊时期的柏拉图，他在克利尼亚与雅典人的谈话中提出了快乐的判断标准，认为 "一种表演既不能给我们提供有用性，又不是真理，又不具有相同的性质，当然，它也一定不能给我们带来什么坏处，而仅仅是一种完全着眼于其伴随性的魅力而实施的活动……当它既无害又无益，不值得加以严肃考虑的时候，我对它也使用 '游戏' 这个名字" ①。所以，柏拉图的 "游戏" 是一种既无用也无害的快乐活动。不过柏拉图并没有将 "游戏" 纳入审美的范畴，但其对 "游戏" 的论述不自觉地影响了后世的诸多学者。

康德是第一个把游戏活动和审美活动联系在一起的人，他通过对艺术和一般性劳动的区分来阐释游戏的属性。康德认为艺术和手工艺有着本质的区别："前者唤作自由的，后者也能唤作雇用的艺术。前者人看做好像只是游戏，这就是一种工作，它是对自身愉快的，能够合目的地成功。后者作为劳动，即作为对于自己是困苦而不愉快的，只是由于它的结果（例如工资）吸引着，因而能够是被逼迫负担的。" ② 在这里，康德所说的 "游戏" 是一种艺术的自由状态，是自身愉悦的合目的性，康德不仅认为艺术和游戏有相似性，而且认为艺术本身就是一种游戏，是 "想象力按照形式而与知性法则相一致的游戏" ③。在康德的《判断力批判》中，他赋予审美判断以游戏的特性，即所谓的 "无目的的合目的性"，一种纯形式的无利害的愉悦。

洪琼将西方哲学史上对游戏的探讨按照主题进行了归类，④ 认为康德以及其追随者席勒都是在人性的范畴内探讨 "游戏"。席勒指出，"游戏" 是调和 "理性冲动" 和 "感性冲动" 的桥梁，而且，席勒进一步将 "游

---

① ［古希腊］柏拉图：《柏拉图全集》第三卷，王晓朝译，人民出版社 2003 年版，第418 页。

② ［德］伊曼努尔·康德：《审美判断力的批判》，宗白华译，商务印书馆 1996 年版，第149 页。

③ ［德］伊曼努尔·康德：《审美判断力的批判》，宗白华译，商务印书馆 1996 年版，第173 页。

④ 有关西方游戏说的演变历史，可参见洪琼《西方 "游戏说" 的演变历程》，《江海学刊》2009 年第 4 期。

戏"分为"自然的游戏"和"审美的游戏"。他认为"自然的游戏"是一种摆脱了某种外在需要的剩余生命的自由,是一种不完全的自由的生命活动。而"审美的游戏"则不同,它从动物性的游戏中脱离出来,并逐步摆脱了生存需要的限制,实现了人的自由。① 正是这种摆脱一切外在束缚的游戏状态,最终实现了人性的完满,也就是席勒自己所说的:"只有当人是完全意义上的人,他才游戏;只有当人游戏时,他才完全是人。"②

现代的游戏说以维特根斯坦、伽达默尔为代表,其思想的主题是存在,关注的是人所生活的世界。比如伽达默尔在《真理与方法》中提出,如果从游戏与艺术经验的关系来讨论的话,"那么游戏并不指态度,甚而不指创造活动或鉴赏活动的情绪状态,更不是指在游戏活动中所实现的某种主体性自由,而是指艺术作品本身的存在方式"③。显然,伽达默尔抛弃了康德、席勒"游戏"论所阐释的主观态度、情绪状态以及审美自由,而认为游戏就是艺术品本身的存在方式。后现代的游戏说以福柯、德里达为代表,其思想主题是语言,致力对整体性、同质性、同一性以及中心意义的消解,而宣扬多元性、特殊性、不可预见性,从而具有了反本质主义、反基础主义以及反哲学本体论的特征。总而言之,"游戏"的内涵是随着时代的变迁而不断变化的,其本质迎合了时代的主题。

在西方的思想世界里,既然游戏占据着这么重要的地位,那么"游戏"和艺术在实践层面有着怎样的关联?卡西尔曾指出:"事物的坚硬原料熔化在他的想象力的熔炉中,而这种过程的结果就是发现了一个诗的、音乐的或造型的形式的新世界。"④ 卡西尔的观点可以理解为,艺术家将"游戏"的想象性及自由性灌注到艺术实践中,以此来建构一个新的形式世界。而艺术要想具有游戏的品性,其必要条件是艺术的独立自主的身份,也即"艺术自律"。对于我们的论题来说,可以将"85 新潮美术运

---

① 黄宗权:《康德、席勒与伽达默尔"游戏说"的核心思想与哲学立场》,《贵州大学学报》(艺术版)2018 年第 5 期。

② 参见毛崇杰《席勒的人本主义美学》,湖南人民出版社 1987 年版,第 124 页。

③ [德]汉斯-格奥尔格·加达默尔:《真理与方法》,洪汉鼎译,上海译文出版社 2004 年版,第 149 页。

④ [德]恩斯特·卡西尔:《人论》,甘阳译,上海译文出版社 2003 年版,第 259—260 页。

动"的"形式游戏"理解为彰显人的自由本质的"艺术自律"。

与此相关的另一个问题是,为何在20世纪80年代的中国,会出现以"艺术自律"为核心的"形式游戏"?要回答这个问题,有几个层面的问题需要考虑。

首先,不得不从本体论上来谈艺术的形式自律。在西方美学史的演进中,形式自律的问题可以追溯至古希腊哲学家毕达哥拉斯、亚里士多德等人对形式的界定,历经康德、席勒等人的发展,在形式主义文论思潮中形成了自律的观念。尤其是俄国形式主义诗学、英美新批评文论以及结构主义诗学等倡导的语言转向、内部研究以及文本细读等理念,这些理论与20世纪涌现的西方现代派艺术思潮有着相通性。在这种自律化的形式理论的指导下,大批艺术家进行了大胆实践,使得艺术表现最终走向了内部结构的形式化探索。这一系列在文学、艺术领域的实验与探索,不仅培育了其学科自觉的意识,同时也确立了自身的形式法则,也就是布尔迪厄所谓的"独立于被表现物体的规律"①。这个"规律"就是艺术的形式自律,对这一规律的强调实际上意味着强化了其形式化的自律审美诉求,使得现代派绘画走向了形式自足、结构封闭的形式革命。现代绘画的形式变革主要体现在绘画的二维平面构形方面,并极力拓展色彩及线条的表现力。它对绘画介质的极度关注,造成了一种极端风格化的形式自律,这种形式自律在秉承形式美学的同时,又极有可能沦落为一种形式化游戏。② 这种形式化的游戏呈现出画面符号的自我指涉以及审美的虚无化,形成了现代派艺术的形式主义本质观。冯黎明认为,艺术之所以出现这种形式主义的本质观,其根源在于艺术自律,同时他指出了形式游戏出现的两个原因。一是"被市民社会提出并以之作为寻求文化领导权的依据"的艺术自律,其实质可以看作艺术家对创作自由的言说;二是基于"现代性工程在'分解式理性'作用下,各个社会实践

---

① [法]皮埃尔·布尔迪厄:《艺术的法则》,刘晖译,中央编译出版社2011年版,第168页。

② 参见刘海《20世纪现代绘画艺术的自律性实践》,《艺术学界》2015年第2期。

场域建构自主性存在的诉求"①。艺术作为一种社会实践，也需要建构自身的独特性场域，从而完成"自律""自主"。

现代艺术对于自律性的强调，一方面是建构区分于其他社会实践场域的需要，另一方面也源自现代主义艺术革命中的审美暴力。比如毕加索认为，一幅绘画"可以毁灭一切"，德朗声称"颜色对我们是炮弹炸药。它们应喷射出光来，我们直接用色彩。在新鲜的色彩里，观念是惊奇的，以至于人们可以把一切推升到现实之上去"②。肇始于野兽派的审美暴力，在达达主义和超现实主义那里得到了整体性爆发。野兽派也好，达达主义和超现实主义也罢，其革命性正是在现代性的发展进程中，伴随着现代性的断裂，而逐渐升级为文化反叛的暴动，随着精英知识分子的话语建构而获得了崇高的"救赎"使命。

综上所述，艺术自律完整地展示了形式游戏的发展历程，这一过程也可以理解为审美现代性对启蒙现代性的反叛之旅。艺术的形式化游戏诠释着"艺术自律"既张扬现代性又反叛现代性的内在张力，它们共同构成了形式游戏的双重指向。一是以逃亡诗学坚守的形式自律；二是以形式反叛宣扬的艺术精神的独立自由。换言之，形式游戏的双重指向也即"艺术自律"的形式主义和审美伦理的二位一体的两个面相。无论是现代艺术的形式特征，还是蕴藏在这些突兀、怪诞的形式之下的审美救世的伦理情怀，都深度契合了 80 年代中国艺术精英的现代化想象。基于此，以模仿西方现代派艺术为蓝本的"85 新潮美术运动"，一面高歌形式革命，一面低吟"审美救赎"，掀起了轰轰烈烈的审美革命。

其次，形式游戏的展开也和 80 年代中国的艺术语境有关。要讨论 80 年代中国的艺术问题，其起点"文革美术"不得不提。前文已经述及"文革美术"的核心内涵，即基于政治意识形态而形成的创作宗旨，以及在这一宗旨的规约下形成了"红光亮"与"高大全"的创作模式，这种

_____

① 参见冯黎明《艺术自律：一个现代性概念的理论旅行》，《文艺研究》2013 年第 9 期。

② ［德］瓦尔特·赫斯：《欧洲现代画派画论》，宗白华译，广西师范大学出版社 2002 年版，第 68 页。

创作模式与政治的狂热情怀结合在一起，造就了千篇一律、虚妄空洞的同质化视觉趣味。"文革美术"的同质化可以从创作主题的模式化与视觉形式的程式化这两个方面加以理解。

关于创作主题的模式，严格按照江青于 1967 年 11 月改编的五个现代题材的京剧——《奇袭白虎团》《智取威虎山》《沙家浜》《红灯记》《海港》为样板。李冠燕将这种模式化的主题细分为三种模式。一是"领袖模式"，包括"亲切关怀"型和"权威指导"型，前者如陕西省美术创作组的《在毛主席身边成长》、秦文美的《幸福渠》，后者如《唤起工农千百万》《毛主席和安源工人在一起》等；二是"敌我模式"，包括控诉模式和斗争模式，前者如王式廓的《血衣》，后者如《千万不要忘记阶级斗争》《接过战笔战斗到底》等；三是"人民模式"，在这一模式中以体现工、农、兵的身份地位以及它们与领袖人物、中心人物的相互关系为主，如《秋收起义》和《知心话》等。① 值得注意的是，这一时期以领袖为题材的创作受到追捧，仅以 1968 年 1 月在上海举行的"红太阳画展"来说，就展出了三百多幅歌颂毛泽东的革命历史画。"文革美术"主题创作的雷同，在一定程度上印证了其作为政策宣传和政治图解的功能，艺术家甚至丧失了主题的选择权，而仅仅是接受文艺机构下达的政治任务，接受特定的主题。李冠燕同时也指出了"文革美术"的创作程式，艺术家们往往遵循四个步骤来进行创作。首先，根据政治需要提练创作素材，并根据民众的审美能力将素材转化为明确易懂的画面。其次，在处理画面构图时，严格按照"三突出"的原则。常用的手法有用近焦特写的方式塑造英雄人物高大的形象；用低视线或仰视角度表现无产阶级英雄人物顶天立地的气魄；用夸张的近大远小的透视原理突出主要人物；将主要英雄人物安排在最显著的位置等。再次，根据"比现实更高大、更完美"的原则塑造工农兵英雄人物，对人物造型作理想化、战斗式的

---

① 李冠燕：《论"文革美术"及其图像特征》，硕士学位论文，中国艺术研究院，2010 年，第 4 页。

处理。最后，用鲜艳明亮的色调处理画面。①"文革美术"的程式化不仅体现在主题及创作程式两个方面，而且美术创作从内容到形式到叙事语言的选择均被限定在一个固定的模式下。其中，美术作品的内容和体裁大都是审定的，大多数作品主题单一、形象单一、手法单一，这些程式化的创作极大地压制了艺术家个体的先验理性的自由实践，艺术家们以履行政治责任与使命为最高目标，鲜有思考艺术本身从题材到形式的突破。②正是强烈的政治使命，使得"文革美术"在一种"他律"的环境中脱离了其作为自身场域的存在，异化为政治宣传的工具，这种工具性使得"文革美术"无论在思维观念还是在表现形式上都变得空前的整齐划一。也正是这种整齐划一埋下了艺术变革的种子，这粒种子如遇到合适的土壤，将引爆为一场视觉革命。

　　1976 年，"四人帮"垮台，两年后开始实行改革开放，单一化、全能型、总体化国家开始转型，中国美术发展也开始进入一个新的历史阶段。在思想解放的历史语境中，中国艺术界开始从内容与形式两个方面对"文革美术"的创作模式进行反思。这种反思首先是从创作的主题上进行的，如以"伤痕"和"乡土"绘画为代表的写实主义绘画，它们通过弘扬人道主义精神来反思"文化大革命"。这一时期，以中央美术学院油画系教师为主要力量的艺术家，极力倡导纯化艺术语言的学院派绘画，从形式方面对"文革美术"的"红光亮""三突出"构成了反叛。事实上，"伤痕"和"乡土"绘画所追寻的内容创新与纯化艺术语言的形式主张，所展示的是两种不尽相同的重返艺术场域的方式，这也是"艺术自律"觉醒与回归的表征。沿着"伤痕"和"乡土"绘画所规约的对"人"及"人道"主义的诉求，"艺术自律"中关于先验理性自由的实践，通过 1979 年的"星星美术作品展览"及其事件，直至 1985—1986 年的"新潮美术运动"达到高峰。这种对先验理性的自由实践，使得

---

① 李冠燕：《论"文革美术"及其图像特征》，硕士学位论文，中国艺术研究院，2010 年，第 4 页。

② 参见张少侠、李小山《中国现代绘画史》，江苏美术出版社 1986 年版，第 296 页。

"新潮艺术家们"不再沉迷叙述性、思想性或寓意性的故事内容，放弃绘画的叙事功能，这也就意味着放弃言说故事的"革命现实主义"表现技法。这种技法也可以称为有中国特色的写实技法，它起始于20世纪30年代的"左翼"美术运动，历经抗战美术与解放战争美术，结合徐悲鸿倡导的写实主义美术，同时吸收了苏联的现实主义美术，在全民洋溢着朴素的革命理想主义和乐观主义精神的社会背景下形成。在特定的时代有其选择的必然性，但正是这种必然性造成了艺术创作的单一性。加之这种技法不仅要求再现客观物象，更要求艺术家将这种客观物象的处理典型化、完美化，以此来鼓舞人心、教育大众。这样一来，革命现实主义的写实技法和功能主义的教化属性合二为一。在这种技法的推广下，艺术逐渐丧失了自身的独立性而沦为政治的附庸。

"新潮美术"正是对这种"革命现实主义"的单一性、工具性的反叛。祝斌认为："美术新潮在本质上是语言的拯救，而语言既不同于权力也不同于战争……因为艺术语言的命运决定着艺术家的命运——艺术品是因为艺术品的因素而存在，艺术家是因艺术品的存在而存在。在这个意义上产生了'美术新潮'，它期望在更深层的意义上去获得奠定文化基础的价值。它是以创造新的语言去呈现它在整个文化（语境）中的本质意义。"[①] 作者敏锐地意识到"新潮美术"与传统美术（"文革美术"）的语言区别。这种语言包含叙事语言和视觉语言两个方面，"新潮美术"的"新"正是通过这二者的革命性变革而彰显的。关于"新潮美术"的叙事语言我们已经在第四章做了专题讨论，本章主要探讨的是其视觉形式的语言。

"85新潮美术运动"的视觉语言革命是以西方现代派艺术为模板的，在短短的数年之内，"新潮美术运动"完成了西方从现代主义到后现代主义的诸种技法实验——从印象派、结构主义到立体派、表现主义再到超现实等不一而足，并呈现出陌生化的视觉语言效果。如超现实主义就是一种被大量运用的技法，从"星星美术作品展览"中严力在《游荡》中

---

① 祝斌：《对新潮美术的两点答疑》，载张力等编《当代中国美术家画语类编》，吉林美术出版社1989年版，第260页。

勾勒的似人似鱼的幽灵造型，到"北京油画会"中钟鸣的《自在者》中米罗和达利式的形体的聚集，再到"前进中的中国青年美术作品展览"中张群、孟禄丁的《在新时代——亚当与夏娃的启示》中传统与现在、保守与开放的并置，直到"85 美术运动"中"北方艺术群体"对非现实空间以及庄严肃穆气氛的追求，如王广义的《凝固的北方极地》系列、《红色理性》系列、《后古典》系列，舒群的《同一性语态·宗教话语秩序》系列、任戬的《天地冥》系列等。在这一技法的表现下，物象被剥离了习见的视觉土壤，而呈现出怪诞、变形的视觉形式。这一深受弗洛伊德潜意识理论影响的绘画流派，将不受理性支配的下意识的梦幻表白，不依赖任何美学和道德评判的本能想象，运用纯粹的精神自动主义，以一种游戏的态度彰显出来。这种游戏的特征同样体现在谷文达、徐冰以及吴山专等对汉字的戏谑性把玩上。他们把汉字的结构打乱，进行重组，打破了汉字固有的文化藩篱。如徐冰的《析世鉴》、谷文达的《沉默的门神》《疯狂的门神》《正反的字》《图腾与禁忌的时代》《错位的字》、吴山专的《红色幽默》系列等。在这些作品中，艺术家游戏式的对汉字进行解构，使其丧失了作为中国文化最重要的载体的功能。艺术家们对汉语言文字的游戏态度产生了两种可能性。其一，革新了传统艺术语言，在此基础上形成新的艺术形式，也即基于"艺术自律"的纯形式游戏；其二，形成一种对文字所支撑的文化体制的颠覆，这就是游戏所具有的无目的的合目的性。艺术家在这里所要探讨的不是艺术的本质的问题，而是艺术能否成为其自身，而不是其他什么的附庸，是否有足够的精神游戏空间的问题，这也即基于"艺术自律"的游戏问题。

　　"85 新潮美术运动"中，基于艺术家个体先验理性的自由实践而展开的形式游戏，甚至溢出了架上绘画的范围，艺术家个体进行的形式化探索或者尝试性实验甚至发展为一种反艺术的"闹剧"。艺术在面对自身或者反叛自身的过程中，以一种游戏的态度介入现实，从而呈现出行为表演的自娱性、自动性，甚至无政府主义。"厦门达达"群体的创作便是一个例子，他们以混乱、无序、偶发性、反传统、藐视成规，给当时的艺术界造成极大的冲击。如中国最早的行为艺术——《鞭炮裤子》，黄永砯身着一条用鞭炮改装过的长裤，裤子上密布细孔，鞭炮的引线由内引到裤外，他用烟头逐一将鞭炮点燃，遂完成了一场"无意义""无指涉性"的行为实施。整个过程是一个艺术家的无目的的合目的性游戏，行为的过程并不重要，重要的是艺术家追逐自由的心态以及由此而呈现的游戏式偶发行为，这种游戏的心态也同样体现在其他行为表演中，如焚烧"厦门达达"展览的作品等。艺术家通过行为游戏来解构传统绘画，从而为自己和该群体缔造了一个"另类"的身份与立场。

如果我们借用栗宪庭的观点的话，那么"85 新潮美术运动"的形式革命可以分为三大类。① 一是以丁方、王广义为代表的"宗教感"绘画；二是以吴山专、张培力、黄永砯以及谷文达为代表的"荒诞感"绘画；三是以"西南艺术群体"，湖北、湖南艺术群体为代表的"生命力体验"绘画。以这种划分方式来看"85 新潮美术运动"的形式语言，西南、湖北和湖南艺术群体以其强烈的笔触营造着类似马蒂斯的视觉图示，这一群体的艺术表现可以看作绘画语言"形式自律"的典型代表。而丁方、王广义的绘画，在西方现代绘画的形式构成和基督教艺术精神的启迪下，出现了物象的抽象与变形。张培力的"灰色幽默"系列，在画面形式语言上刻意营造的某种超现实的冷漠氛围，则暗示了现代绘画语言在形式游戏成熟发展背后的自反性倾向，这一自反性在黄永砯的"达达主义"系列中进一步发展，画面形式出现了无物象的表征。

"85 新潮美术运动"中艺术家主体对先验理性自由的追求，正是通过对西方现代派绘画形式语言的借鉴而得以实现的，中国绘画界出现了迥异于"革命现实主义"美术的新形式。这些艺术作品见证了艺术得以摆脱工具属性而重返自身，在实现形式自律的同时，又走向了其反面，形式在这些作品中变得不再重要，甚至出现了无物象绘画。从这种意义上来讲，"85 新潮美术运动"是一场视觉的形式游戏，只不过这种游戏

---

① 栗宪庭：《我们最需要对"民族文化价值体系"的自我反省和批判》，载栗宪庭《重要的不是艺术》，江苏美术出版社 2000 年版，第 229 页。

是在特定的历史时期，将西方走过了百年的现代主义和后现代主义艺术在同一时空内错乱地并置在一起而已。

综合来看，"新潮美术家"不再关心基于写实技法的客观物象再现，进而摆脱了"伤痕""乡土"绘画对三维空间及故事情节的再现。此时的艺术已不再仅仅是社会变革的传声筒，而开始关注艺术本体的形式因素诸如色彩、造型，乃至纯粹线条的表现，将艺术的本体因素与西方现代派所追求的先验理性自由结合在一起，使得这一时期的绘画作品呈现出抽象变形、突兀怪诞的陌生化视觉语言。这种以西方现代派艺术为蓝本的形式游戏所彰显的审美自由，在一定意义上类似于阿多诺等人对于现代主义艺术的期待，即由现代主义艺术实践发展出一种以人的自由为内涵的伦理原则，人们按照这种伦理原则可以摆脱"单面化""工具理性化"的现代社会中的"奴化"生存状态，获得个体的"解放"或"救赎"，这也是上文所说的"艺术自律"的内涵之一，即以形式反叛宣扬艺术精神的独立自由。

关于纯化艺术语言的形式实践则从另一个维度践行着"艺术自律"，即以逃亡诗学坚守的形式自律。这种对艺术形式自律性的追求在 20 世纪 80 年代的中国，被许多中老年艺术家，特别是学院派艺术家奉为圭臬，并进行了一系列的艺术实践。如 80 年代初的"同代人画展""半截子美术作品展览"、首都机场壁画、"中央美院油画系教师年展""油画人体艺术大展"等，这些展览都在缓慢地推进艺术语言的纯化，也即艺术的"形式自律"。在"新潮美术运动"中，这些艺术家们致力艺术语言纯化的"本体论"倾向实践。这种艺术语言的"本体论"意识是作为抵御意识形态对艺术的工具性支配而产生的，它反对将艺术语言看作"真实世界"的传达工具，强调艺术语言独立自主的审美价值。以孟禄丁的文章《纯化语言》和水天中的文章《请看画面》为代表，当过分追求艺术语言的"本体论"效果即艺术的形式自律时，容易将语言符号当作艺术创作的终极依托，使得艺术创作蜕变为一种非思想性的制作技艺。因此，可以说纯化艺术语言的"本体论"诉求的自由实践，一方面，有力地打击了中国当代艺术中形形色色的意识形态元叙事的嚣张气焰;另一方面,在中国特殊的意识形态语境下,这种以"纯化语言""油画味""学术性"等构成的艺术形式"本体论",又造成了艺术创作精神性维度的彻底虚无。① 因而,这种"纯化"之风因没有进行以人的价值观念为核心的各种观念的反思以及相关体制的重构,因缺乏对时代精神的指引而丧失艺术的批判性,从而沦为纯粹的形式之巧,这也是"85 新潮美术运动"被人诟病的原因之一。

总体而言,"85 新潮美术运动"中对艺术形式的创新与把玩,是建立在对西方现代派绘画技法的移植与模仿的基础上的,是艺术直觉的表现。这些抽象变形的物象绘画甚或无物象绘画所彰显的视觉革命,其实质是以"形式游戏"为核心的"艺术自律"的回归。这些看似漫不经心的"形式游戏",营造了一种与传统美术样式("文革美术")迥异的视觉形态,一定程度上完成了"新潮美术"审美现代性的形式变革。这一"形式变革"在否定传统与反叛自我中确立了自身,它在反叛传统艺术体制的同时,维护了艺术自主的精神内核。进一步来说,这种形式革命直接参与了审美现代性的文化反叛,它在追求艺术品自身的形式完整性与结构自足性的同时,还试图建构一套关于审美权力的政治话语,以此来完成"审美救赎"。

第二节　物象的变形

"85 新潮美术运动"通过以物象变形为核心的形式游戏的把玩,制造了与"文革美术"迥异的形式语言,从而完成了其"审美救世"的视觉革命。众所周知,任何艺术形式的视觉呈现总是基于一定的表现技法,而不同的技法则表现出不同的物象形式,基于此,"新潮美术运动"选择

---

① 有关当代艺术"语言本体论"的问题,参见支宇《新批评:中国后现代性批评话语》,河北美术出版社 2008 年版,第 164—168 页。

了与传统艺术（"文革美术"）表现技法迥异的视觉语言，呈现出变形、诡诞甚或虚无的视觉形式。可以说，物象变形的视觉形式的实质，是试图解构"文革美术"一统化表现技法及其创作思维的努力。正是这些来自西方现代派的绘画思维与抽象因素，使得绘画语言与革命写实主义表现手法呈现出完全相悖的状态。由此，绘画语言从单一变成了多样，从一统走向了多元。也正是这样，"新潮美术"焕发出了勃勃生机。而且，"85 新潮美术运动"的形式游戏是在抽象与表现的二重奏下显露出视觉革命的语言形态。

　　要厘清"85 新潮美术运动"的视觉语言形态，以抽象为核心的物象游戏就成了要讨论的首要问题，而这其中就涉及何谓抽象、为何抽象以及如何抽象的问题。可以确定的是，现代意义上的"抽象"无论是作为一种表现技法还是一种艺术现象，它都来自西方。阿纳森在《西方现代艺术史》中写道："'抽象'这一术语，可以理解成从自然里抽象出来的什么东西，大概是因为'抽象'什么东西就蕴含着要减少或贬低的意思吧，所以这总是一件争论不休的事情。音乐和建筑总是被认为是抽象艺术的，然而在亚里士多德时期的古典传统里，文学、绘画和雕塑不是被当作视觉艺术，而是被当成模仿的艺术来看待的。至少到了 19 世纪中叶，艺术家在有意无意地倾向于这样一种绘画概念，即绘画是自身存在的一个实体，是用在那些不表现自然的艺术上的，问题就难在它随便用到所有的艺术之中，在这些艺术里，主题被当成附庸的，或者是歪曲变了形的东西，以便强化造型或表现手段。"① 在这段话中，阿纳森认为"抽象"是用来表现非自然的艺术的，是作为强化造型与表现的手段而存在的，它具有变形性、非主题性等特征。类似的看法还存在于《艺术与艺术家词典》中对"抽象艺术"的界定："既不模仿又不直接再现外在现实的艺术。"② 在西方文化语境中，"抽象艺术"又被称为"非再现艺

---

　　① ［美］H. H. 阿纳森：《西方现代艺术史》，邹德侬、巴师竹、刘珽译，天津人民美术出版社 1986 年版，第 216 页。

　　② ［英］赫伯特·里德、尼古斯·斯坦格斯：《艺术与艺术家词典》，范景中、刘礼宾译，生活·读书·新知三联书店 2010 年版，第 2 页。

术""非具象艺术""非客体艺术"等,这些具有否定性的表述,正突出了"抽象艺术"所具有的通过否定性来确证自我的特征。

西方关于"抽象"及"抽象艺术"的看法也普遍存在于中国学术界,如《中国大百科全书》美术Ⅰ说:"抽象艺术指艺术形象大幅度偏离或完全抛弃自然对象外观的艺术;具象艺术指艺术形象与自然对象基本相似或极为相似的艺术","抽象一词的本义是指人类对事物非本质因素的舍弃和对本质因素的抽取"①。《中国大百科全书》的这个词条,指出了"抽象"的实质是对本质因素的提取,也即阿纳森所说的减少或贬低非本质的因素,但无论如何定义,一定能够达成共识的就是"抽象艺术"都表现出对自然物象的偏离与抛弃。中国学者杭春晓将"抽象艺术"定位为视觉形式上的真实与纯粹以及与此相关的认知态度。②应当加以注意的是,杭春晓的定义指的是西方现代派中的抽象艺术。彭锋将这种艺术称为"现代抽象",他进一步指出,该类艺术:"是 20 世纪初在欧洲出现的一种艺术现象或者艺术运动,这种艺术不再以再现事物的形状为己任,而是转向去表现感觉、情感、想象、思维、观念、形式、气韵、形而上的实在、宇宙的奥秘等非具象的对象。"③综合来看,"抽象"是一种简化原则,剔除非本质因素的造型手段。"抽象艺术"是一种表现情感、想象、思维等内容的非具象艺术,作为现代性基本特征的否定性是其本质内涵,这种否定性也可以理解为"抽象艺术"的反思批判能力。

既然现代意义上的"抽象"及"抽象艺术"的概念来自西方,那么

---

① 中国大百科全书出版社编辑部:《中国大百科全书》美术Ⅰ,中国大百科全书出版社 1990 年版,第 131 页。

② 杭晓春指出:"作为艺术史中的'抽象',并不简单只是相对'具象'而言的简化形式。它的背后,隐含着视觉认知态度。二维平面中的'具象',在阅读中往往附加了很多'非视觉'的东西,如文学化的叙述、图像成像的方法,乃至真实世界的假设,等等。这些'非视觉'因素编码的阅读结构,实际上是干扰视觉真实的'多余'物。'抽象'运动,就是将这些'多余'不断减除,从而呈现形式上的纯粹性,并因此与'没有杂质的乌托邦真实"建立联系。"参见杭春晓《隐藏的能指——关于"抽象水墨""实验水墨"的另类思考》,载陈孝信《2013 中国美术批评家年度批评文集》,河北美术出版社 2013 年版,第 228 页。

③ 彭锋:《抽象终结之后的抽象——对中国当代抽象的哲学解读》,《艺术设计研究》2018 年第 4 期。

中国有没有"抽象艺术"呢？要回答这个问题，就有必要返回艺术史来重新追溯抽象艺术的源头。我们将反思回顾界定在西方现代派艺术的起点，即印象派上，它经构成主义、极简主义到抽象表现主义（行动派绘画）、行为艺术等，这就是"抽象"之旅的展开链条。基于此，我们所讨论的"抽象艺术"，就不再包括远古时期原始艺术中几何风格的"抽象"，也不包括中国书法中的"抽象"。虽然书法中也存在有意识的变形，讲究笔墨的趣味与审美，但其不具备现代性的反思批判能力。在中国的现代语境中谈"抽象"，林风眠是绕不过去的。在法国接受艺术教育之后，林风眠创立了一种极具个人特色的"抒情立体风"，这种风格糅合了印象派、立体派、野兽派等。回国后，林风眠于 1928 年创办了堪称中国现代艺术摇篮的"国立艺术院"（今中国美术学院）。随后，以该校的毕业生为主，于 1932 年在上海成立了中国艺术史上第一个现代艺术团体——决澜社，决澜社倡导对西方现代派无拘无束的艺术形式的追求，然而，这一艺术理想随着抗日战争的全面爆发戛然而止。

中国关于现代"抽象艺术"的探索随着抗日战争、解放战争以及"文化大革命"的到来而彻底让位于以宣传、叙事见长的"革命现实主义艺术"。虽然作为"显流"的"抽象艺术"探索不复存在了，但这粒于20 世纪之初种下的现代艺术种子，作为在野社团于 60 年代的中国社会有所承续，即北京出现的"无名画会"。这一社团直接承续了"决澜社"的艺术理想，继续采用印象派、后印象派以及野兽派的艺术语言，他们的创作不再重视再现，呈现出主观化、自由性的特征。1982 年年初，这一团体的张伟和马可鲁因不满"无名画会"那种印象主义式的写生方式，而开始探索纯粹的抽象艺术。从这个意义上来说，"决澜社"遗留的关于西方现代派实践的梦想直至 80 年代才有了实质性进展。中国关于"抽象"艺术的历史终于从印象派、后印象、结构主义、立体派开始进入抽象绘画的纯粹性表达中来。在"抽象绘画"的发展历程中，吴冠中在改革开放之初发表的关于形式美、抽象美的系列文章（前文已有讨论），对80 年代中国艺术界的形式创新起到了至关重要的作用。随后，作为现代艺术重镇的上海，伴随着 "85 新潮美术运动" 的到来，展开了大量的 "抽象艺术" 实践。如 "1983 年阶段·绘画实验展览"（1983 年 9 月）等。自 80 年代至今，抽象艺术一直作为一支重要的绘画流派活跃在中国当代艺术界。总体来说，中国历史上出现了两次大规模的 "抽象艺术" 运动，一次是发生于 30—40 年代的 "决澜社" 及其现代艺术运动，一次是 80 年代的 "85 新潮美术运动"，只是后者在实践 "抽象艺术" 的道路上比 "决澜社" 走得更远。

那么，为何 20 世纪 80 年代的中国艺术界会再次承续 "决澜社" 的艺术理想呢？换言之，也即 "抽象艺术" 为何会出现在 80 年代？在这里，可以借用卡尔对现代艺术的看法来回答这一问题："欲再造一切准则、一切规章制度，从而改变语言性质的渴求；趋于重新认识客体，从而重新建构我们的认知方式的冲动；重新组构经验，使抽象成为一切艺术的目标；最后，强调变化的原理，以创造一个以自身为目的的过程。"① 卡尔指出了现代艺术诞生的内在欲求，即以抽象为目标的形式革命，及其重构认知方式来实现以自身为目的的过程，也即个体先验理性自由与感性实践自由的双重实现。这一阐释也可以很好地诠释 "抽象" 及其艺术形态在 80 年代的中国出现的内在原因。在 80 年代初期的中国语境中，当权者因政治形式的需要而倡导对 "文革美术" 展开全方位的批判与反思，在这股反思潮流中，"文化大革命" 中沦为政治工具的美术获得了有限的自治，在题材的选择上完成了从宏大叙事向微观生活的转型，相对于题材的现代性而言，这一时期的艺术表现技法仍然停留在 "革命现实主义" 的写实技法上。

"抽象" 作为一种表现技法或者说艺术形态，在 20 世纪 80 年代的中国可以看作西方现代艺术的代名词，它体现出在一种极度封闭与落后的情境下，精英知识分子对西方文化的价值认同与模仿，它作为一种与 "文革美术" 决裂的视觉形式而出现。正如刘淳对格林伯格的 "抽象艺术

① ［美］弗雷德里克·R. 卡尔：《现代与现代主义》，陈永国、傅景川译，中国人民大学出版社 2004 年版，第 510—511 页。

是现代艺术的最高形式"这一论断所做的评析:"'抽象艺术是现代艺术的最高形式'这句话是相当精辟的,抽象艺术以其超越性和纯粹性与现实保持着极大的差异,不仅在视觉上打乱了人们传统的审美习惯,其语言结构也变得令人难以捉摸。尽管如此,抽象艺术在西方的出现,是人们逃离虚假和动荡的表象世界的最佳选择。"① 在"文化大革命"后的"新时期"出现的"抽象艺术",超越了具体的物象,表达了艺术家自主游戏的态度,作品也同样在视觉形态上打乱了人们惯常的审美习惯。

　　虽然在 20 世纪 80 年代初期的中国艺术界,出现了呼唤艺术自由、追求艺术独立的声音,也出现了吴冠中对"形式美""抽象美"的捍卫,但那个时代更为主流的声音却是将艺术创作的自由等同于资产阶级自由化。杭春晓将"抽象"能否顺利发展看作"艺术与政治的脐带"是否被剪断的关键,换言之,"抽象"可以看成 80 年代艺术自律与自治程度的有效途径与手段。"抽象"在这一时段出现正是为了反击"文革美术"中"美"与"善"的同一,而吴冠中通过对"形式美""抽象美"问题的探讨,试图将"美"与"真"联系起来。他认为"抽象""还是来自客观物象和客观生活的,不过这客观有隐有显,有近有远。即使是非常非常之遥远,也还是脱离不了作者的生活经历和生活感受的"②。在此,吴冠中构筑了一架通往生活的桥梁,他完成了"抽象"及其艺术形式的合法性言说。杭春晓认为"抽象"在 80 年代中国语境的出现并不仅仅只是一个艺术的问题,其实质包含着两个层面的诉求。一方面是艺术试图突破政治藩篱的束缚,寻求自由表达;另一方面也是个体追求自由的表现形式。与此同时,杭春晓也进一步指出了这种"抽象艺术"变得自律之后,极易沦为一种危险的形式游戏。③

　　"抽象"在 20 世纪 80 年代初是作为反对艺术工具化、彰显"自由"诉求的话语力量而出现的,在当时起到了"个体觉醒"的启蒙作用。然

① 刘淳:《中国油画史》,中国青年出版社 2005 年版,第 381 页。

② 吴冠中:《关于抽象美》,《美术》1980 年第 10 期。

③ 杭春晓:《隐藏的能指——关于"抽象水墨""实验水墨"的另类思考》,载陈孝信编《2013 中国美术批评家年度批评文集》,河北美术出版社 2013 年版,第 228 页。

而这种诉求会产生相反的力量，即容易使问题的讨论变成简单的论争，即将"抽象"变成达到个体自由、艺术自主目的的工具。也就是说，存在着从一种反叛又堕入了它所反叛的东西中的危险。① 但不管如何，"抽象"及其艺术形态的出现，是艺术家的独立和自由意志实践的结果，也是追求艺术自主、自律的非常重要的尝试。综合来看，"抽象"及其艺术形态取得了在 80 年代中国艺术界的合法性地位，并在"新潮美术运动"中发展壮大。

那么"新潮艺术家"又是如何实践其以"抽象"为基础的形式游戏的呢？要回答这一问题，首先要厘清"85 新潮美术运动"中不同的抽象类型。关于"抽象艺术"的形态问题，不同的学者有不同的看法，彭锋在《抽象终结之后的抽象——对中国当代抽象的哲学解读》一文中基于时间顺序将抽象艺术分为四个类型。第一类是 20 世纪初期，以康定斯基、马列维奇、蒙德里安等人为代表的追求纯粹性与超越性，受神智论影响，用艺术代替宗教的流派；第二类是 20 世纪中期，以波洛克为代表的追求潜意识形而下表现，受弗洛伊德潜意识理论影响的美国抽象表现主义；第三类是 20 世纪中期，以美国音乐家凯奇和法国艺术家克莱因为代表，受禅宗的"空间的空"的思想影响的激浪派；第四类是 21 世纪初，以中国艺术家谢德庆的行为艺术《一年行为表演 1980—1981》（又称为《打开》）为代表，受禅宗的"时间的空"的思想影响的中国当代"抽象"艺术。② 前三种类型的抽象均为西方的"抽象艺术"，只有第四种抽象是基于中国语境的，彭锋谈到的中国抽象，其实质是一种观念抽象。

易英对此持有不同的看法，他在《艺术思潮与抽象绘画——中国当代抽象绘画述评》一文中，将中国的抽象绘画分为三种类型。一是传统的抽象画风格，他将之称为"表现的抽象"；二是抽象绘画与材料、装置

---

① 关于"抽象"在中国的发生逻辑可参见杭春晓《隐藏的能指——关于"抽象水墨""实验水墨"的另类思考》，载陈孝信编《2013 中国美术批评家年度批评文集》，河北美术出版社 2013 年版，第 220—222 页。

② 参见彭锋《抽象终结之后的抽象——对中国当代抽象的哲学解读》，《艺术设计研究》2018 年第 4 期。

的结合,他称之为 "观念抽象";三是诸如湖南画家李路明的作品,他将之称为 "图式抽象"。① 相比于中国艺术批评家对 "抽象艺术" 的看法,美国艺术史家迈耶·皮罗虽然没有直接对抽象艺术进行分类,但他认为 "抽象艺术并不限于显而易见的几何形式。从一开始它就已经显示了一种令人惊叹的范围。它包括整个不规则形状的家族——自发的标记和色块,或泼溅开来的点子——其动势特征与冲动、感觉相吻合的种种元素,以及通过其确定的肌理和色彩作用于我们的种种元素"②。在这段论述中,迈耶·皮罗实际上指涉了两类抽象艺术,一是以显而易见的几何形式为代表的传统抽象艺术,二是包括绘画感觉与行动的抽象艺术。如果我们将迈耶·皮罗的观点继续往前推进一步,借用丹托对安迪·沃霍尔的《布里洛盒子》的探讨来分析 20 世纪 80 年代中国 "新潮艺术" 中的抽象绘画,则可以得到有效的启迪。在丹托看来,沃霍尔的《布里洛盒子》与超市里的布里洛盒子没有任何区别,决定沃霍尔的盒子是艺术品属性的并不是盒子的形状或者质量,而是关于艺术的自我意识。这种自我意识构成了环绕作品的 "理论氛围",正因为沃霍尔的盒子有这种 "理论氛围" 的环绕,因而它是艺术品,反之,超市里的则不是。③ 丹托在这里将艺术品变成了平常物,在这个意义上,原先沿着艺术自律发展的抽象艺术的形式变形终结了,有关抽象艺术的各种宏大叙事也随之终结。这个时候,有关抽象艺术本身的任何探索都将毫无意义,有意义的只是一种意识,也即意识到自己在从事抽象艺术。从这个角度来看,丹托的理论实际上暗示着两种抽象艺术,一种是在沃霍尔现成品艺术之前的传统艺术场域的抽象艺术,这也可以理解为基于艺术自律的物象的变形游戏;另一种是现成品之后所建立的新的 "艺术界",以自我意识为核心的无物象抽象的诞生,这实际上也是一种对自我的确证。借用丹托的理论可以将 "85 新潮美术运动" 的抽象绘画划分为两种类型,也就是说,"新潮

---

① 易英:《艺术思潮与抽象绘画——中国当代抽象绘画述论》,《美苑》1995 年第 5 期。

② [美] 迈耶·皮罗:《论抽象画的人性》,沈语冰译,《当代美术家》2015 年第 3 期。

③ 参见 [美] 阿瑟·丹托:《寻常物的嬗变:一种关于艺术的哲学》,陈岸瑛译,江苏人民出版社 2012 年版,第 258—259 页。

美术运动"的物象变形也可以从两个方面来展开的，一是基于传统抽象绘画的物象的变形，二是绘画从架上出走以后的无物象或者说隐匿物象的意识游戏。

那么"新潮艺术家"又是借助何种理论来指导其形式游戏的展开呢？20 世纪 80 年代，西方的哲学、美学、艺术理论等大量涌入中国，如德国古典哲学、尼采和叔本华的生命哲学、萨特的存在主义以及弗洛伊德的精神分析等学说，对"新潮美术运动"的视觉实践厥功至伟。其中西方的神智论、萨特的存在主义、尼采的生命哲学、弗洛伊德的精神分析，以及中国的禅宗思想等都为"新潮美术运动"的抽象实践提供了智力支持。按照本章第一节中对"新潮美术"形式游戏类型的划分来看，以丁方、王广义为代表的"宗教感"绘画也即"新潮美术运动"中的理性绘画流派，可以理解为物象变形游戏中的一种类型，这种类型的理论指导是西方的神智论思想。神智论来自希腊文中"神秘"和"智慧"这两个词的合体，在西方，很多艺术形式都受到这种思想的影响，其理论源自毕达哥拉斯的神秘思想。这一理论主要研究宗教、哲学与科学，探索人与宇宙、人与神之间的关系或自然法则，以此来开发潜藏在人类中的神秘精神力量，试图形成一个超越种族、宗教和社会阶级的普遍的人类兄弟情谊。而这一时期，江苏的"红色·旅"团体中的丁方的系列油画作品，以王广义为代表的"北方艺术团体"，他们的创作在追求"终极关怀"与"神圣价值"方面显示出了"神智论"影响下的某种超世俗的绘画语言。

以丁方为例，借用高名潞对丁方艺术发展历程的划分，丁方的艺术历经"乡土写实——高原文化——宗教与悲剧意识"这三个阶段。[①] 从这种划分中，我们可以清晰地看到丁方艺术发展的抽象化形式游戏之旅。丁方第一阶段的乡土写实主义绘画，是其本科阶段在考察黄土高原的基础上创作的一批作品，以《抗旱》《浇灌》《收获》等为代表。比如《浇灌》这部作品，首先，从构图上来看，采用了左右对称的方式，使画面

---

① 高名潞：《'85 美术运动：80 年代的人文前卫》，广西师范大学出版社 2008 年版，第181 页。

显得沉稳而敦厚。其次，从造型上来看，画面前景中刻画了两个左右对称全身心投入劳作的壮实男子，在两个男子的缝隙中塑造了一个在后景中浇灌的同样结实的男子，虽然采用了写实的技法，但劳动者凸起的筋肉与骨骼动势，都蕴含着塞尚式的结构思考，在体积块面的营造上使得人与山一样厚重，如图5-1所示。这种结构主义的造型方式，是艺术家对物象本质主义的思索，表现出明显的秩序感及理性主义倾向。这种倾向也预示了丁方在随后阶段的艺术创作中对理性主义的进一步发挥，以及由此带来的造型与物象的分离与抽象。最后，从色彩上来看，画面采用了厚重的泥土色系，通过层层堆砌来获得丰富而厚重的肌理效果，大量使用黄褐色调子，与主体构图呈现出来的厚重、坚毅相呼应。丁方在这一阶段的作品，在叙事语言的运用上仍然是基于传统的写实主义手法，只是在写实营造的故事性主题方面，更倾向于对物象结构与秩序的探索。这种探索与"神智论"所追求的宇宙与人的秩序关系的探索在某种程度上达成了一致。这一作品，整体上透露出一种悲悯与忍耐的精神，关于"痛"与悲悯的话题在丁方随后的作品中得到了进一步的阐释。

图5-1 《浇灌》，油画，丁方，1983年

随后，在其研究生阶段，他多次去黄土高原体验，使其产生了一种民族文化的危机感。这一时期，他创作了《城》系列作品，标志着其艺术创作的第二个阶段（高原文化）的开启。在《城》系列作品中，艺术

家表现出一种对文化的形而上的反思，这种反思使得第一阶段的具象物象中的细节被有意识地减少。如丁方于 1985 年创作的《城》这一作品，首先，从构图上来看，画面采用了对角线，将画面切分为包括城墙和固体团块的具象画面与由两条直线平行划分三角形的抽象画面构成，对角线的介入使得画面整体造型变得动荡，这种动荡感在某种程度上与艺术家反思文化的"痛"感融合在一起。其次，从造型上来看，艺术家展现出对写实与抽象技法表现的张力，在城墙与人物的塑造上虽然采用了简化、概括的手法，但仍保留了物象的可辨认性，物象在这里适度脱离了客体，显示出有限的变形。而居于对角线另一端的抽象构成，呈现出马列维奇式的简约，具体可感的物象在这里消失了，艺术家对物象的变形做了大量的删减，借用冯友兰的说法是"负的方法"，而非"正的方法"。① 从这些否定的造型中，我们感受到了一种纯粹性，即通往宇宙秩序的"神智论"探索。再次，从色彩上来看，继承了艺术家一贯的重叠厚涂法，画面整体以灰绿色的冷调子铺陈着幽灵般的超现实氛围，如图5-2所示。吕澎认为："《城》是丁方的'一种说不出的历史苦味'这一幻觉的产物，生生不息的人们和原始自然风貌被减弱到最低程度。"② 这种探索最终出现了类似结构主义的形式语言，这些长方体、正方体及各种不规则形体的语言，表现的是艺术家面对民主文化辉煌的历史与凋敝的现实的痛楚与无奈的心境，以及一种作为精英知识分子对文化布道的某种超验体验，这些依旧可以辨认出其与自然客体形象之间关系的几何形体，是主体内心超验意识最恰切的形式对应物。这些变形的物象连带城池的对角线处理，实际是以后"剑的造型"的最初端倪。

毕业留校后，他又两度去大西北，这一时期的艺术考察，他将生命的体验与理性的思考相结合，并开始从内省期进入了强烈表现力度的阶段，也即其创作的宗教与悲剧意识阶段。这一阶段以《原创精神的启示》《剑形的意志》《自我的升华》《悲剧的力量》等为代表。在这批作品中，

① 冯友兰：《三松堂全集》第五卷，河南人民出版社 1986 年版，第 173 页。

② 吕澎、易丹：《1979 年以来的中国艺术史》，中国青年出版社 2011 年版，第 122 页。

图 5-2 《城》,油画,丁方,1985 年

他将中华文化上升到人类文化历史的高度上来关注,这一时期的作品继续言说个体的文化情感之痛苦,并明确表示要将这种痛苦上升至一种理性的痛苦:"这种痛苦不能仅囿于个人经历,它必须升华到普遍永恒的、形而上的层次。这种根植于特定痛苦中的普遍永恒的、形而上的层次,这种根植于特定痛苦中的普遍痛苦,以至达到一种永恒悲剧的境界,才是我们应全力投入的方向。"① 正因为画面形式要传达个体痛苦情愫的普遍性,因此这一时期的画面语言仍以抽象为主。在《剑形的意志》《悲剧的力量》中出现了大量的金字塔式的三角形构图。这种构图显示出艺术家试图在荒芜中创造秩序的努力,这一努力与"神智派"在追寻世界秩序的指向上达成了一致。

由于艺术家个体强烈的拯救和批判意识,使得坚实的城堡中派生出面具来,这一物象的演化与变形体现在《呼唤与诞生》系列作品中,如图 5-3 所示。在这一批作品中,画面呈现出严整的结构安排,人格化了的青铜面具从大地中凸显出来,青铜面具逐渐演变为象征历史苦难的造型,并最终简化为燃焰般的剑形,这便是其《剑形的意志》的造型基础。在《剑形的意志之一》这幅作品中,值得注意的是,其造型语言的抽象化,呈现出"纯粹"的几何形体,这也体现出他受"神智论"思维的感

---

① 丁方:《给高名潞的信》,载高名潞《'85 美术运动 80 年代的人文前卫》,广西师范大学出版社 2008 年版,第 182 页。

图 5-3 《呼唤与诞生》，油画，丁方，1986 年

召在探索宇宙秩序上的进一步努力。在前两个阶段的造型中可以辨认的物象在这里彻底消失，呈现出纯粹的结构化的几何形体。如果不是画作题目的提醒，很难将画中闪烁金属质感的长方形体识别为"剑"。构成画面形体的这些线和色不再隐藏在具体物象的表述中，而是作为艺术自律的表征呈现出独立的叙事特征。城堡此刻已经完全脱离了现实的逻辑，呈现出一个巨大的精神空间，在这些连绵而坚固的"金字塔"结构中横亘着三把利剑，一把插入城堡，另外两把呈现出一种升腾的气势，剑的出现仿佛是受到了历史与文化的呼唤，呈现出一种神秘的宗教氛围，如图 5-4 所示。在色彩的表现上，丁方延续了其大量使用的灰绿色冷调子，与其塑造的宗教情感和超现实氛围相一致。整体而言，以丁方为代表的描绘"宗教感"的抽象派绘画，其造型语言历经画面物象与客体一一对应的摹写，随着"神智论"思想对宇宙、自然与人类关系以及秩序的追求而逐渐呈现出抽象化的特征。这种特征随着"形而上"思想的深入而呈现出物象与形体逐渐分离的特征，出现了纯粹形式的抽象造型，物象在经验世界里难以与画面形式进行匹配。

物象变形游戏中的另一种类型是以"西南艺术群体"，湖北、湖南艺术群体以及江苏"新野性画派""徐州现代艺术展"以及深圳"零展"为代表的"生命力体验"绘画流派。这一流派背后的理论指导是萨特的存在主义、尼采的生命哲学等感官主义哲学流派及弗洛伊德的精神分析

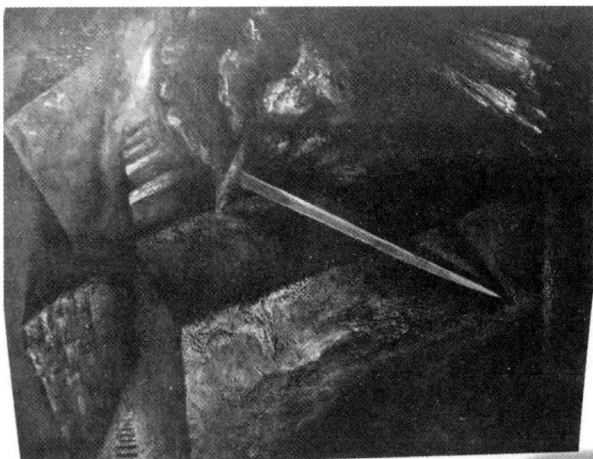

图 5-4　《剑形的意志之一》，油画，丁方，1987 年

理论。这类哲学流派被理解为个体的欲望和身体的自主，无限制的创造自由以及强烈的激情与抱负。艺术家正是借由这一哲学流派的内在意蕴来打破传统艺术的客观再现性摹写技法，而呈现出夸张变形的视觉图示。试以"新野性画派"的作品为例，来分析其形式抽象的变形游戏。作为群体主要组织者的傅泽南的作品颇具代表性，如《人》《一统》及《它、他们》等，整体上呈现出一种半抽象的色彩表现。如果将这些作品与其某些具有具象意味的作品来比较，可以看到艺术家纯熟的驾驭色彩与物象变形的能力。如《老知青》这幅作品整体而言是一幅写实主义的人像单色素描，只是局部造型为服从整体氛围的塑造而略微变形。

具体来说，从造型方面来看，画家以写实的技法塑造了一幅体块感强烈但部分结构扭曲变形的老年男人头像，其硕大而自然下坠的耳朵与狭长细小而上扬的双目、沟壑般反向刻画的人字纹皱纹、干瘪下坠的嘴角及硕大扭曲变形的鼻子构成了极不协调的视觉形态，如图 5-5 所示。艺术家将生命的流逝以及对知青生活的反思，以一种存在主义的态度通过对扭曲变形的老年头像的塑造而表现出来。从色彩上来说，作者运用厚实的笔触以叠加技法，准确扎实地再现了老年男子的头骨特征。艺术家选用了橘红色这种前进色的暖调子，加之局部夸张变形的形体，使得画面具有强烈的运动感。人物头部采用了大量白粉的冷调子来平衡橘红的暖调子，营造了一种顶光的效果。整体来说，这一作品可以说是一幅橘红的单色素描，塑造了一个丑陋狰狞、凶巴巴的刽子手形象。相较于《老知青》而言，《人》这幅作品就显得抽象得多。从造型上来说，这幅作品以及《一统》《它，他们》等，主要表现的是各种被肢解的动物躯体和动物内脏，至于具体是何种动物的肢体和内脏则不重要，重要的是一种抽象的造型及这种物象所传达的躁动、变态、恐怖的欲望本能。作品表现出强烈的反理性倾向，构成这一画面的抽象形体是潜藏在内心深处的本能欲望的发泄，本能冲动在这里表现为偶然、杂乱、跳跃，甚至颠三倒四的物象变形。从色彩上来说，使用了高明度的白色及橘红色，甚至使用纯色，色彩整体显得杂乱而跳跃。从其粗野狂放的形态与笔触上看，整个造型酣畅淋漓、一气呵成，艺术家是在一种生命直觉的冲动下，将人性本能释放为一种粗暴、疯狂、野蛮的糜烂变形的人物形象，如图 5-6 所示。正如汪民安所言："哲学家发现了身体、欲望和无意识，艺术家也借此在画布上为曲解、混乱和梦境找到合法的证明，哲学家煽动激情，艺术家却实践激情。"①

图 5-5　《老知青》，油画，傅泽南

图 5-6　《人》，油画，傅泽南，1985 年

---

①　汪民安：《八五新潮美术中的生命主题》，《读书》2015 年第 4 期。

　　总之，傅泽南的物象变形是以色彩为载体而进行的形式游戏。高名潞认为，傅泽南的作品多是用艳丽的色块在画布上绘制具有刺激性效果的半抽象色彩表现。① 刘德则进一步将傅泽南的绘画实践分为具象和非具象（抽象和表现）两类，并指出在其具象绘画中艺术家通过色彩结构、色彩形状以及笔触等色彩元素的和谐建构来塑造形象。而在其抽象性及表现性绘画中，则更侧重于艺术家的激情宣泄和表达，并用宣泄过程中的激动和行动轨迹构成画面的抽象物象。②

　　总体来说，无论是以"北方艺术群体"为代表的理性绘画，还是以"西南艺术群体"为代表的感性绘画，其形式游戏的展开均是基于艺术自律发展而来的传统形式的抽象，在这些画面中物象仍然以某种可以辨认的方式而存在。这些物象之所以以可辨认的方式而存在，是为了将现实物当作"靶子"来实现艺术家对现实的否定。但是，哪怕对现实的否定程度再高，也即物象变形的程度高，抽象性强，只要其可辨认则仍然意味着客观上的肯定，只要物象还存在于艺术形式中，艺术就必然要以物象为摹本来呈现自身，这就意味着必然对先验理性的自由造成压制，先验理性为了摆脱压制而实现自由必将摆脱对物象的再现之路而走向彻底排除物象内容的纯粹造型。

　　这种纯粹造型在"85 新潮美术运动"中表现为无物象或者说隐匿物象的形式游戏。这也是我们要讨论的关于物象变形的第二种类型，即以吴山专、张培力、黄永砯以及谷文达为代表的"荒诞感"作品。在这类艺术家的作品中，抽象已经完成了艺术自律的使命，从架上绘画出走，呈现出装置、现成品以及行为等与传统艺术概念迥异的作品形态，也即无物象的意识形态游戏。肖鹰指出之所以会出现这些无物象的形式游戏，其根源在于中国绘画所经受的双重反传统美学的夹击，即 20 世纪上半叶引进的西方古典写实主义与 20 世纪下半叶引进的西方现代、后现代主义

---

　　① 　参见高名潞《'85 美术运动 80 年代的人文前卫》，广西师范大学出版社 2008 年版，第285 页。

　　② 　参见刘德《捕捉色彩的"旋律"——傅泽南色彩分析》，2009 年 12 月 16 日，http：// www.zhuokearts.com/html/20091216/109382.html，2019 年 3 月 12 日。

对传统绘画的反叛，使得绘画展现为波普、行为等的游戏。同时他还进一步指出这种行为游戏使得艺术丧失了自身的识别品性而与"非艺术"不再有区别，这种行为游戏"即是现代性无限反叛的必然结果"，也是"艺术无限性"的必然代价。① 总体而言，指导这类形式游戏的理论是道家的思想、禅宗思想及达达的随意、无序与毁灭性等思想。

支宇在《新批评：中国后现代性批评话语》一书中，将以黄永砯为首的"厦门达达"的艺术活动归结为一种语言符号操作层面的"意识形态走出"的极端表现。② 支宇在这里谈的"意识形态走出"，实际上是艺术自律发展到高度抽象造型之后的一种逆反，是一种自反的现代性，一种基于"达达"思想的无政府主义的造反游戏。这里试以黄永砯的艺术作品为例来分析"85 新潮美术运动"中的无物象绘画。如黄永砯创作于1984 年的《非表达绘画》，实际上是一场关于"反创作"的创作，艺术家将一个类似于赌博装置的轮盘划分为若干等份，每一等份上写着绘画的动作，然后转动轮盘，再根据轮盘上的指示进行艺术制作。他希望"有可能摆脱纯形式规律有意无意的支配，有可能摆脱个人对色彩和布局的偏好……把所有的布局都当作好的布局，也就是无所谓布局之好坏，让颜色和布局都丧失意义"③。在这一创作过程中绘画的意义被消解了，基于指针随机停留而指示的绘画动作所呈现的物象就显得更无意义了。虽然此作品仍在二维平面上呈现纯粹造型，但这种造型实际上是一种无意识的制作轨迹，而不是创作主体审美意识的呈现或者说客观物象的反映。黄永砯在这一作品中，受禅宗思想的影响，力图减弱艺术家主体的创造性，排除一切人为附加的形式因素。因为画面的附加因素越多，它失去可表达的可能性就越大，正是禅宗"空"的思想导致了《非表达绘画》的诞生，也导致了画面物象的消失。相较于《非表达绘画》的二维平面呈现，黄永砯还参与了系列行为活动，如 1986 年 11 月 23 日，"厦门

---

① 肖鹰：《丁方：绘画的理想坚守》，《美术观察》2017 年第 7 期。

② 参见支宇《新批评：中国后现代性批评话语》，河北美术出版社 2008 年版，第 144—146 页。

③ 吴美纯：《黄永砯》，福建美术出版社 2003 年版，第 51 页。

达达"成员举行的"焚烧作品"活动；1986年12月16—19日，黄永砯等四名"厦门达达"成员"发生在福建省美术展览馆内的事件展览"，以及1987年11月12日，黄永砯在内的部分"厦门达达"成员参与"纠缠—捆绑活动"等。① 上述黄永砯参与的行为艺术，具有强烈的否定性、破坏性与虚无性，这也是其团体命名为"厦门达达"的原因，而达达的否定、虚无、反逻辑又在某种程度上与东方的禅宗思想相契合，黄永砯认为："禅宗是达达，达达即是禅宗"，"他们都以最坦率和最深刻著称，而且基本上不是美学意义的，而是关于真实的不可能真实，以及极端的怀疑和不信任"②。在这一论述中，黄永砯明确指出了其创作的指导思想，禅宗存在于万物之中，不分彼此，提倡感悟世界，认为要领悟禅宗，首先要放下领悟这一念头本身，因为禅宗无形无量，无处不在。如果将这一思想运用于艺术创作中，则可以这样理解。要创作艺术品，首先就要抛弃将艺术品视为主客二分的实体之存在，无论是"亲知客体"还是"描述客体"都不行，因为将艺术客体化即物象化将导致永远无法领悟艺术，这也就意味着要彻底地放弃对物象的描述，而使其走入无物象的领域。像杜尚一样为了创作艺术而放弃艺术，转而去喝茶、下棋与聊天，因为艺术与生活本是一体，不分彼此。实际上，这种对物象言说的放弃是一种"非暴力"的最大"暴力"，因为物象的存在即表现为一种意义的彰显，而"有意义即一种神圣性，当神圣性成为一种目的时，人便成为神圣的奴隶，艺术便不再成为一种自由活动。从这个意义上说，把通常所谓的艺术放弃到什么程度，意味着能够在何种程度上获得自己解放自己的能力。这即无意义的意义，在无意义中获得一种自己"③。也即为放弃画面可辨认的物象，走向无物象的艺术，它消解了传统艺术观念的权威与神圣，从根本上摧毁了现代性的意识形态工具论艺术观，从而揭

---

① 相关史实参见何飞《'85时期黄永砯艺术精神探析》，硕士学位论文，西南交通大学，2011年。

② 黄永砯：《厦门达达——一种后现代?》，2015年5月15日，http://www.artda.cn/wenxiandang-c-9638.html，2022年10月4日。

③ 栗宪庭：《蔑视、破坏艺术语言即黄永砯的艺术语言》，载栗宪庭《重要的不是艺术》，江苏美术出版社2000年版，第209页。

示了艺术活动和艺术精神的无限自由性。

综上所述，"85 新潮美术运动"时期，物象的变形即"抽象"是作为一种与传统意识形态（尤指"文化大革命"意识形态）相抗争的武器而存在的，虽然"新潮艺术家"对"抽象"语言的运用各不相同而呈现出纷乱杂芜的形式游戏与物象变形，但是这一现象却分享着同一理念即人的心灵自由的表达与客观现实物象约束之间的二元对立的辩证运动，艺术家通过物象变形来实现对现实的超越。尽管超越的方向不一致，但超越本身是一致的，它是现代性语境下，人的精神危机的表现，也是"新潮美术运动"视觉革命的基点。在这种意义上，可以说"新潮美术运动"以物象变形的形式游戏来建构其审美现代性的救赎阶梯。在半抽象的物象变形中，创作主体以与现代性理性相对立的非理性自我而存在，试图去建立有自由限度即物象变形的形式世界去对抗外在异化的客观世界。物象之所以以变形的形式出现在画面中，一方面说明创作主体对异化现实的否定，另一方面也还寄希望于废墟上重建终极理想的矛盾心理。而在纯粹抽象的无物象游戏中，主体在这里为了追求自我的绝对自由而放弃了对画面物象的言说，形式游戏经由物象变形到放弃变形而出现了艺术形式自律的自反性。正如冯黎明在《艺术自律——一个现代性概念的理论旅行》中所指出的，物象变形的形式游戏是"艺术自律"给文化现代性提供的"自由之路"的选择。一是以形式主义、纯粹造型为代表的象牙塔的或逃亡者的艺术自足理路，二是从达达派到嬉皮士运动的革命主义的或抵抗者的审美造反。① 无论是有物象的抽象变形还是无物象的形式游戏，均意味着作品从既存的现实中剥离出来，它们使得作品进入它自身的"形式王国"之中，从而"建构出全然不同的现实"②。也即是说，物象的变形所激发的不单单是关于艺术自治的问题，更是关于形式批判所导向的审美自由之境。

---

① 参见冯黎明《艺术自律：一个现代性概念的理论旅行》，《文艺研究》2013 年第 9 期。
② 参见［美］赫伯特·马尔库塞：《现代文明与人的困境——马尔库塞文集》，李小兵等译，上海三联书店 1989 年版，第 368—379 页。

第三节　对西方现代主义艺术的移植

在前面的章节中，我们介绍了"85新潮美术运动"视觉革命的造型方法，即以物象变形为基础的形式游戏的展开，而这一形式游戏展开的基础却是建立在对西方现代派艺术的移植与模仿上的。在这一节中，我们将进一步探讨为何"新潮美术运动"要对西方现代主义艺术进行移植？那么，有没有移植的可能性呢？如果有，那又是如何移植的呢？

要回答"新潮美术运动"为何选择西方现代主义艺术作为其移植与模仿的对象的问题，回顾20世纪80年代中国的艺术语境就显得颇为重要。众所周知，20世纪中国艺术的传统以写实技法为正统，在"五四"时期伴随着民主与科学的诉求而出现了艺术表现技法的多元化选择。50年代开始了社会主义现实主义的单一创作模式，这种模式经苏联的革命现实主义的改良呈现出"伪"现实的创作模式，并在"文化大革命"时代形成一统化的教条主义创作模式，艺术家至此彻底丧失艺术创作与表达的自由。随着"四人帮"的倒台与改革开放的到来，西方的哲学文化、艺术思想开始被有限度地介绍到国内，社会环境的开放，使得艺术家对西方现代派的表现语言有了更深入的了解。在此背景下，中国艺术家们开始意识到传统艺术语言（尤指"文革艺术"语言）的苍白与单一，基于此，美术界迫切需要一种全新的能与世界对话的"新"的艺术形式。而西方现代主义艺术无论是从其与传统艺术（尤指"文革美术"）迥异的造型语言、视觉形态还是表现技法来说都符合这个"新"的标准。更为重要的是，西方现代主义艺术同时还作为人的本质力量的对象化，作为创作主体先验理性自由的确证而存在，而这一主题又在某种程度上暗合了"文化大革命"以来关于"人"及"人性"的追求。正因为西方现代艺术与"人""人性"及"自由"耦合在一起，所以它当仁不让地成为这一时期精英知识分子寻求文化现代性改良的理想范式。也就是说，在当时的语境下，对西方现代主义艺术的移植与模仿也就成了中国艺术甚或中国文化走向世界的利器。而"文化"作为与"经济"同等重要的一股改变 80 年代的重要力量，它构成了当时日常生活的形态，"文化"所扮演的解疑答惑、解决人生及社会问题的角色，决定了"文化"的变革必然影响到日常生活结构及观念精神的转变。从这个意义上来说，对西方现代主义艺术的移植与模仿也就具有了更多的"文化政治"的特征，这一特征具体表现为在移植与模仿过程中所创造的新文化、新价值与新观念，这些"新"的因素势必深刻地影响旧有社会的结构，并为现代社会的运转提供化解现代性矛盾的有效范式，这也即"85 新潮美术运动"所彰显的审美现代性之价值所在。

那么，在 20 世纪 80 年代的语境中又有哪些因素造成了"新潮美术运动"对西方现代主义艺术的移植？也即对西方现代主义艺术的移植有哪些可能性？关于这个问题的探讨实际上可以从社会外围与艺术界两个层面来分析。曾经作为资产阶级自由化象征的西方现代主义艺术，能在一个中央集权的单一化全能型国家获得极大的发展，不能不说是与其政策支持与官方默许分不开的，当然也与艺术自治以及艺术家个体的主观诉求密切相关。正是这一上下联动、朝野共赴的决心使得这场对西方现代主义艺术的移植活动成为燎原之势。在这些外围因素中，无论是官方、民间还是个人都积极参与了对西方现代主义艺术的译介与推广，可以说没有这些外围因素的参与，西方现代主义艺术将难以进入 80 年代公众的视野，更何谈对这一艺术形式的移植与模仿。

在这些外围因素的贡献中，官方的力量居于绝对的主导地位，这种主导作用主要体现在两个方面。一是官方政策的默许与支持。事实上早在 1979 年，从中国美协上海分会发表的题为《艺术民主与百花齐放》的文章中谈到"艺术与民主"问题的几点建议中，就可以感知到官方对西方现代主义艺术传播的默许与支持。而作为"新潮美术运动"信号之一的"黄山会议"（1985 年）则明显流露出向西方现代主义艺术学习的热情。在这次会议上，与会者针对新时期以来的油画观念，尤其是第六届全国美术作品展览所暴露出来的问题进行了深入讨论。会议着重否定了长期以来左右我国文艺创作的"极左"文艺观,深刻批判了"文艺为政治服务"的口号,并对在这一口号指导下的艺术实践中出现的"题材决定论"及其导致的公式化、概念化、单一化的现象提出了严肃的批评。基于上述判断,与会者就艺术创作的"个性"、如何对待"西方现代派绘画""油画民族化"以及如何展开"形式探索"等问题进行了深入探讨。虽然本次会议并没有就具体问题达成一致看法,但其"观念更新"的观点经多家刊物宣传,如1985年4月以后的《美术》《江苏画刊》《美术思潮》以及《美术报》的多篇文章与作品推介以及与会专家的躬亲示范,成为广为人知的理念。① 总体而言,本次会议提出的"观念更新"及其关于"西方现代派"的探讨,为西方现代主义艺术的大肆传播与实践提供了理论指导与"合法性"庇护。

官方力量支持的第二个层面,是围绕西方现代派艺术的译介而展开的系列活动,如举办展览、杂志推文等,这些活动为"新潮艺术家"学习西方现代派绘画提供了主要途径。从展览方面而言,早在1979年,在北京的中山公园内举办了一次小规模的印象主义绘画图片展。虽然本次展览没有惊动全国,但它却充当了西方现代主义绘画来华展出的揭幕者,在随后的20世纪80年代,官方举办了数场西方现代主义绘画展。如1981年,美国波士顿博物馆来华展出馆藏名画;1982年,在民族文化宫展出的"德国表现主义作品展",涵盖了"桥社"的诺尔德,"青骑士"的康定斯基、迪克斯以及贝克曼的作品;"法国250年(1920—1870年)卢浮宫和凡尔赛宫原作展"在北京展出;同年,美国石油大王哈默展出了从文艺复兴到后印象之间的私人收藏油画作品;与此同时,1983年,在北京举行了"意大利文艺复兴绘画展""毕加索画展原作展""蒙克作品展"以及"法国当代油画作品展"等。1985年,又有劳申伯格的艺术个展在北京展出。总体而言,这些展览对长期被单一创作模式控制的中国艺术家来说,无疑是一场启蒙的春风,他们从展览画作中直接习得了

---

① 参见鲁虹《"八五新潮"的形成、发展与反思(上)》,《当代艺术》2012年第2期。

西方现代派的表现技法与形式语言，为其展开摹写与移植活动提供了最为直接的借鉴资源。

从杂志译介方面来说，"四人帮"垮台后，除了各项制度的恢复外，各媒体刊物也相应复刊或创办，这些刊物为传播西方现代主义艺术及其思想起到了推广普及的作用。在译介美术的杂志方面，1978 年，浙江美术学院创办了《国外美术资料》，1980 年更名为《美术译丛》；1979 年，中央美术学院《世界美术》创刊，其与《美术译丛》一起构成了获取外国美术信息的主要来源。在"新潮美术运动"风起云涌的 1985 年，有三份重要的前卫报刊创立——湖北的《美术思潮》（1 月创刊）、北京的《中国美术报》（6 月创刊）以及湖南的《画家》（11 月创刊），虽然他们只存续了 3~5 年，但和当时的《美术》杂志、《江苏画刊》《美术译丛》一起，对推介西方现代主义艺术的观念与方法以及风格、技巧起到了中流砥柱的作用。殷双喜认为，作为官方刊物的《美术》杂志，在 20 世纪 80 年代谨慎地参与了对西方现代主义艺术的译介工作。虽然译介的态度有所保留，但其客观造成的影响不容小觑。该杂志从 1980 年起，持续介绍了主要西方现代艺术家及其流派。如 1980 年，先后介绍了德加的雕塑、梵·高的油画、20 世纪的美国艺术、劳申伯格的装置、波洛克的抽象表现主义、德国表现主义，马蒂斯、莫迪里阿尼、纽约苏荷区的艺术以及第 40 届威尼斯双年展等。从 1982 年起，该杂志连载了法国美术史家米勒尔和爱尔加合著的《现代绘画百年》一书，尽管当时的中国艺术家并不理解这些陌生的西方艺术，但这些杂志的推介着实让他们看到了现代艺术的丰富多样。① 作为西方现代主义艺术主要推手的《世界美术》，在这一时期也介绍了大量外国美术信息，如印象派、珂勒惠支、罗丹、梵·高、蒙克等这些在"文化大革命"期间被视为资本主义腐朽产物的画派、艺术家以及其作品。总体而言，这些报刊在这一时期不遗余力地对西方现代主义艺术进行翻译、推介，民众通过这些媒介了解到了西方最新的艺术现象、艺术思潮、艺术家以及艺术的发展趋势。面对这些迅

---

① 殷双喜：《对话殷双喜艺术研究文集》，河北美术出版社 2008 年版，第 44 页。

速涌入的各种西方现代派美术思潮及其作品，中国美术界迅速做出回应，在 1985—1986 年达到移植与模仿西方现代主义艺术流派如野兽派、达达主义等的高潮。

　　此外，这一时期民间的翻译潮流与个人推介也对移植西方现代主义艺术的实践起着一定的助推作用。王晓明在《翻译的政治——从一个层面看 80 年代的翻译运动》一文中指出，20 世纪 80 年代新启蒙知识分子以"现代化"的名义聚集起来，发动了继清末民初之后最大的民间翻译运动。并指出这场翻译运动主要以三套丛书的形式出现。一个是由李泽厚主编的《美学译文丛书》，"从 1980 年开始筹备，1982 年开始出书，前后共计出版 50 余种"；一个是由金观涛、刘青峰主编的《走向未来丛书》，"从 1982 年开始计划，1984 年开始出书，所出 74 种，其中 24 种为译作，另有 10 种署名'编著'的，其中亦由多种包含翻译的成分"；再一个是由甘阳、刘小枫主编的《文化：中国与世界丛书》，"从 1985 年开始策划，1986 年开始出书，至 1995 年为止，共出版 84 种"。[1] 正是这三套丛书的翻译与出版工作，彻底将"西方"置入当代中国。正如程光炜所认为的，这三套丛书的翻译工作所构建的西方知识谱系不仅成为中国知识界用以表达自身的思想资源，而且更是一个借重构"西方"来重构80 年代"文化"的理想化镜像。[2] 这场关于 80 年代"文化"重构的翻译运动引进了大量西方哲学、美学、艺术文化资源，它们成为新一代精英知识分子思想构成的主要元素，这些元素也成为移植西方现代派艺术的理论指导。如李泽厚主编的《美学译文丛书》对西方现代美学思潮的译介与运用，主要从两个方面来进行。一是翻译介绍那些用具体美学理论来分析艺术的作品，如阿恩海姆的《艺术与视知觉》、苏珊·朗格的《艺术问题》等；二是对西方现代美学思潮以及重要流派的经典作品的翻译

---

[1]　王晓明：《翻译的政治——从一个层面看 80 年代的翻译运动》，载［日］酒井直树、花轮由纪子《印记：西方的幽灵与翻译的政治》，钱竞译，江苏教育出版社 2002 年版，第 275页。

[2]　程光炜：《一个被"重构"的西方——从"现代西方学术文库"看 80 年代的知识范式》，《当代文坛》2007 年第 4 期。

和介绍，如克罗齐的《美学的历史》等。① 无论是苏珊·朗格的"形式符号理论"还是克罗齐的"直觉说"都不约而同地指向了西方现代派艺术以抽象为特征的形式游戏。

总而言之，这些译介工作使得20世纪80年代中国的社会道路从终结"革命"走向了"现代化"诉求，也导致了对西方现代艺术的全面移植，借用作为文化现代性表征的西方现代主义艺术，以"新启蒙"的姿态来反叛"革命的社会主义实践"和"封建的传统文化"。这一时段，除了大规模的民间团体译介外，也不乏一些精英知识分子个体所发起的对西方现代主义艺术的推广与普及活动。如1985年5月，法籍华人抽象艺术家赵无极在浙江美术学院举办了为期一个月的现代绘画讲习班，来自全国八大美术学院的27名同学参加了该活动，这次讲习班对西方现代派绘画观念的传播发挥了巨大作用。②

20世纪80年代中国艺术界对西方现代主义艺术的移植除了如上所述的外围因素外，艺术界的因素也极为重要。在这一时期，艺术界不仅从理论上而且从实践上积极为移植西方现代主义艺术而做准备。

就理论准备方面而言，20世纪80年代初发生了三次理论争鸣。第一次是由吴冠中关于"形式美"的观点所引发的，历时5年的关于形式与内容、以及形式美的论争。吴冠中在《绘画的形式美》中提出，"造型艺术除了表现什么外，'如何表现'的问题实在是千千万万艺术家们苦心探索的重大课题，亦是美术史中的明确标杆"。这里关于"表现"的问题，正是西方现代主义艺术创作的一大特色。谌毅将"表现"问题看作西方造型艺术由古典转向现代的关键，也是推动20世纪至今近百年西方现代造型艺术发展的一个核心问题。③ 因此，可以说吴冠中的这篇论文涉及了西方现代派艺术造型的核心问题，对这一造型观念的科普与推介对理解西方现代派艺术的造型技法起到了重要的启蒙作用。随后，吴冠中又提

① 有关《美学译文丛书》的出版详情参见朱月《〈美学译文丛书〉的出版研究》，硕士学位论文，河北大学，2016年。

② 王端延：《走向本体——抽象艺术在中国》，《油画艺术》2018年第3期。

③ 谌毅：《西方现代造型艺术中的"表现"问题》，硕士学位论文，武汉大学，2004年。

出了 "抽象美是形式美的核心" 的观点。① 而实际上，整部西方现代艺术史就是一部艺术不断自律而走向抽象的历史，从这个角度而言，吴冠中的观点为理解西方现代主义艺术的抽象特征提供了思想指导。吴冠中循着对西方现代主义艺术的理论科普之路，进一步阐释其理论主张。于1981 年在由北京市美协和北京油画研究会发起的一次学术讨论会上做了《内容决定形式?》的发言，指出："造型艺术，是形式的科学，是运用形式这唯一的手段来为人民服务的，是专门讲形式的，要大讲特讲"，"我们的思想、内容、意境……是结合在自己形式的骨髓之中的，是随着形式的诞生而诞生的，也随着形式的破坏而消失，……内容不宜决定形式，它利用形式，要求形式"②。总体来说，吴冠中从提出 "形式美" 到 "抽象美" 再到其对 "内容决定形式" 的怀疑的理论建构，及其在艺术界激起的长达 5 年的论争，彻底摧毁了统治中国艺术界创作的理论指导准则，即 "内容决定形式"。在这一理论土崩瓦解的同时，随着 "抽象" 与 "表现" 等范畴的提出而为西方现代主义艺术的移植奠定了理论基础。

　　第二次是由艺术界关于 "形式美" 和 "抽象美" 问题的大讨论而引发的另外一个重要的话题——"现实主义" 与 "现代主义" 的问题。这场讨论的始作俑者仍然是画家吴冠中，他在题为《印象主义绘画的前前后后》的文章中指出，对印象主义，"已不是该不该，可不可以学……的问题，而是仅仅学印象主义太落后了"，因为印象主义是 "属于旧绘画范畴的，顶多也只能算一个现代绘画的揭幕人"③。吴冠中在刚刚结束 "文化大革命" 的社会语境中，不仅语出惊人地支持西方现代主义艺术，而且还进一步指出西方现代主义艺术的最新发展动态。随后《美术研究》刊登了邵大箴的《印象派的评价问题》一文，邵大箴在文中对 "印象" "音乐性绘画" "情绪" 等问题进行了肯定性分析，在文末作者问道：

---

① 吴冠中：《关于抽象美》，《美术》1980 年第 10 期。
② 吕澎、易丹：《1979 年以来的中国艺术史》，中国青年出版社 2011 年版，第 47 页。
③ 吴冠中：《印象主义绘画的前前后后》，《美术研究》1979 年第 4 期。

"印象是不是属于现实主义?"对于这个问题,作者自己做了明确的回答,他认为,印象派中的很多绘画比如风俗画、肖像画等都属于现实主义的绘画。① 邵大箴在这篇文章中一方面流露出对西方现代主义艺术的肯定与支持,另一方面却对这种艺术形式的表现方式理解错误,将现实主义与写实再现,以及马列主义联系起来。同年,吴甲丰发表了《印象派的再认识》,他在文中介绍了种种关于印象派的误会和荒谬的批判之后,也提出了关于"印象派是不是现实主义的问题",虽然他并未给出非此即彼的判断,但他实际上也流露出其价值立场,所以他写道:"印象主义也许并不是通常所说的那种'现实主义',但这并不应该成为我们否定它的根据。"②

关于"现代主义"的讨论,早在 1979 年第 2 期的《美术》杂志上,奚静之就表现出与吴冠中等不同的态度,她在《现实主义、写实主义及其他》一文中表示抽象派艺术是形式主义及自然主义,都是反现实主义的。③ 随后,胡德智发表了《任何一条通往真理的途径都不应该忽视——只有现实主义精神才是永恒的》一文,将邵大箴关于"现实主义精神"的观点向前推进了一步,并以此作为评判艺术是否合理的准则,而对西方现代派艺术加以否定。④ 胡德智的文章一经发表便引来大量讨论,如《现实主义精神与现代派艺术》《"现实主义"小议——兼评苏联有关"现实主义"的理论》等,在这些文章中,对"现实主义"的观点或支持或反对,在这些论争的背后,实际上探讨的是如何评价西方现代主义艺术的问题。事实上,不管对现代主义(印象派)抱有何种态度,这场论争都客观地普及了有关西方现代主义的知识,随着论争的不断深入与扩散,西方现代派作为一种曾经的"颓废流派""反动流派"逐渐获得了其在中国语境移植的合法性。

---

① 邵大箴:《印象派的评价问题》,《美术研究》1979 年第 4 期。
② 吴甲丰:《印象派的再认识》,《社会科学战线》1979 年第 2 期。
③ 奚静之:《现实主义、写实主义及其他》,《美术研究》1979 年第 2 期。
④ 胡德智:《任何一条通往真理的途径都不应该忽视——只有现实主义精神才是永恒的》,《美术》1980 年第 7 期。

　　第三次是由"星星美术作品展览"引发的一场关于艺术的"自我表现"的讨论。这场讨论始于千禾的《"自我表现"不应该视为绘画的本质》。[1] 在该文中，千禾对"绘画艺术的本质就是画家内心的自我表现"的论断进行驳斥，随后 1981 年第 2 期《美术》上刊载了北京油画研究会成员钟鸣和冯国东[2]的作品及其辩护文章。钟鸣刊登的是《他是自己——萨特》（油画），这是一幅以暗红色做底的超现实主义作品，画面中法国哲学家萨特居于右下方，左上方画了一只盛了水的玻璃杯，两个物象之间不发生任何联系。冯国东刊登的是《自在者》（油画），画面随心所欲地布置着抽象变形的形体，弥漫着米罗和达利式的色彩与形体，具有强烈的超现实意味。从以上画作的命名中，可以感知到西方现代主义哲学对艺术家创作的影响，从画面形式语言的运用来说，显示出明显对超现实主义表现技法的移植与模仿。钟鸣在其辩护文章《从画萨特说起——谈绘画中的自我表现》中说道："从画萨特说到绘画中的自我表现，我要说的是萨特在他的理论中坚定地指出人的本质、存在的意义、存在价值要由人自己的行动来证明、决定。对于绘画这一学科，同样存在这样一个现实。每一个艺术家在他的创作动源与行动中说明他自己。"[3] 同期杂志上还刊登了史速建对千禾的回应文章——《对〈自我表现不应视为绘画本质〉的不同看法》，文中，作者观点鲜明地支持绘画的"自我表现"。在紧随其后的第 3 期《美术》上，刊登了北京市美协和北京油画研究会的一次学术讨论会的发言摘要。其中，袁运生在他的《艺术个性与自我表现》的发言中，又一次强调了艺术的"自我表现"。[4] 千禾又在同年《美术》第 6 期上，发表了《绘画本质与自我表现》[5] 一文，再次批驳了"自我表现"论，而在同期杂志上紧邻千禾发表了朱旭初的

---

　　① 千禾：《"自我表现"不应视为绘画的本质》，《美术》1980 年第 8 期。

　　② 冯国东：《一个扫地工的梦——〈自在者〉》，《美术》1981 年第 2 期。

　　③ 钟鸣：《从画萨特说起——谈绘画中的自我表现》，《美术》1981 年第 2 期。

　　④ 参见詹建俊、陈丹青、吴冠中、靳尚谊、袁运生、闻立鹏《北京市举行油画学术讨论会》，《美术》1981 年第 3 期。

　　⑤ 千禾：《绘画本质与自我表现》，《美术》1981 年第 6 期。

相反的观点——《也谈 "自我表现"》。① 与此同时，同年《美术》第 5
期刊登了对第 2 期冯国东油画《自在者》及其文章的反对观点——《艺
术不能离开人民的土壤——寄言冯国东同志》，② 同年第 11 期《美术》
上刊登了同样对 "自我表现" 持反对观点的叶朗的文章——《"自我表
现" 不是我们的旗帜》。③ 总之，关于 "自我表现" 问题的争鸣在 1981
年的讨论中达到高潮，随后的 1982 年仍旧有关于此问题的后续讨论，如
刘纲纪的《〈"自我表现" 不是我们的旗帜〉一文读后》，孙津的《从造
型艺术的规定性谈自我表现》等。总体而言，关于 "自我表现" 问题的
讨论，符合 "新时期" 重新审视自我的需要，同时也是一种对创作自由
的呼唤，这种自我意识也是西方现代主义艺术的本质所在。纵观艺术界
这三次理论争鸣，无论是 "形式美" 与 "抽象美" 的讨论、"现实主义"
与 "现代主义" 的论争还是有关 "自我表现" 的探讨，都显示出 20 世纪
80 年代的艺术界对创作自由与权力表达的呼唤，同时也为这种自由与权
力的西方现代主义艺术的传播接受与移植模仿肃清了传播路径，培育了
受众群体。

　　从实践方面来看，按照栗宪庭的说法，20 世纪 80 年代对西方现代主
义艺术的移植可以追溯到 "乡土写实主义艺术" 流行时期。他认为 "伤
痕美术" 以及 "乡土写实主义艺术" 虽然在艺术内容上反叛了 "文革美
术" 的 "伪" 现实主义，但在语言模式上仍然没有脱离写实主义的大框
架。这一时期艺术家是以某种代言人的身份去强调更真实地再现现实，
艺术家的社会责任感大于个人感觉，从这种意义上来说，"乡土写实主
义" 其实质是校正了的 "革命现实主义"，而不是真正的艺术革命。而这
一时期，归属于 "乡土写实主义艺术" 流派的张晓刚却表现了一种类似
于 "梵·高似的" 个人感觉，如其作品《暴风雨将至》。《美术》杂志
1981 年第 2 期对张晓刚的情绪与表现语言进行了重点推介。④ 正是基于

---

① 朱旭初：《也谈 "自我表现"》，《美术》1981 年第 6 期。
② 杜哲森：《艺术不能离开人民的土壤——寄言冯国东同志》，《美术》1981 年第 5 期。
③ 叶朗：《"自我表现" 不是我们的旗帜》，《美术》1981 年第 11 期。
④ 栗宪庭：《重要的不是艺术》，江苏美术出版社 2000 年版，第 394 页。

张晓刚作品中对个人感觉的强调，栗宪庭将"写实主义"与"现代主义"的区别界定为"代言人"与"个人感觉"的差异，并认为这种对个人感觉的强调正是中国摆脱写实主义，进入现代主义的一个关键点。一言以蔽之，80 年代中国艺术界正是借助于西方现代派的表现技法与视觉语言，来张扬"人性"，如张晓刚借鉴后印象派的形式语言来表现情绪与感觉。随着主体性意识的觉醒，对"人"以及与"人"相关论题的思考，使得西方现代派灵活多变的技法与形式成为"人性自由"的表征，并在改革开放的宽松环境中获得极大发展。

如果说在"乡土写实主义"流行期，出现了对西方现代派艺术的移植与模仿，那么对西方现代派艺术移植的集体实践则是 1979 年的"星星美术作品展览"。"星星画家们"认为，不管西方的艺术语言是怎么样的，只要能够表达中国人的思想感情、喜怒哀乐，都是可以借鉴的。所以他们采用"拿来主义"，直接移植西方现代主义的创作方法，虽然模仿的痕迹明显，作品表现也略显稚拙，但作为一种全新的视觉语言，西方现代主义艺术对于创作模式固化的艺术界起到了重要的参照作用。随着思想解放的深入，对西方现代主义艺术的移植与模仿终于在"85 新潮美术运动"中蔚然成风，甚或可以说"85 新潮美术运动"是一场关于西方现代主义艺术的视觉实践。

在上面的论述中我们可以看到，20 世纪 80 年代中国艺术界对西方现代主义艺术的传播，无论是理论上还是实践上都做了充分的准备，那么他们又是如何移植这种舶来品的呢？换言之，西方现代主义艺术是如何被"新潮艺术家"运用到自己的艺术实践中的？易英在《艺术思潮与抽象绘画——中国当代抽象绘画述评》一文中对 80 年代艺术界移植模仿西方艺术的情形做了总结，80 年代初艺术界对西方艺术流派的借鉴主要以写实主义技法为主，以法国古典主义学院派风格的确立为终结，如《西藏组画》对米勒风格的借鉴、《春风已经苏醒》对怀斯风格的借鉴、《父亲》对照相写实主义的借鉴，直至埃尔·格列柯、柯尔维尔、克里木特、莫迪利安尼等。而 80 年代中期艺术界对西方艺术的移植则主要集中在超

215

现实主义、象征主义、表现主义、达达主义等现代主义流派上。① 也就是说，从"85 新潮美术运动"开始艺术界才系统借鉴、移植西方现代主义艺术。然而这一时段的艺术家在向西方现代派学习的同时，不得不面对中国与西方、传统与现代、本土与世界的二元叙事。在这一组二元对立的矛盾命题中，"新潮艺术家"选择了一条向传统艺术、民间艺术回归的"寻根"之旅，并将这种本土意识以一种现代艺术的语言彰显出来，形成了一条既有民族性又有现代性的文化创新之旅。这种"西方现代派+中国本土"的创新方式广泛存在于"新潮美术运动"中，并形成了一种极具特色的移植西方现代主义艺术的方式。这一移植方式的实践力度之广，遍及"新潮美术运动"的各艺术团体，"新潮艺术家"们在向西方学习的同时，努力地探索着属于本土的自我的艺术语言与表现形式。作为"85 新潮美术运动"开始标志的"前进中的中国青年美术作品展览"（1985 年 5 月）中，这种移植西方现代主义艺术的方式比比皆是。如张群、孟禄丁的《在新时代——亚当和夏娃的启示》，有关这一作品的形式分析前文已做详细分析，这里不再赘叙，需要指出的是这一具有全新视觉语态的画面构成如何叙说其中国元素。从表现方法上看，该作品借鉴了超现实主义的表现手法，体现在其"重组"的构图方式及其黄蓝对比色的运用上。画面中不同时空中的物象，如打开的大门、腾空的佛像、破碎的太极盘、裸体男女、端庄女性、天空、海面、餐桌等，被毫无逻辑地组织在一起，这种无逻辑、非理性的组织方式在作者看来是一种创造新形式的方式，张群和孟禄丁认为："任何现象元素都可以用来选择，甚至包括互不联系的物象，经过重新组合，以适应画面可以安排的新秩序。"② 经过"重组"创造出来的秩序则是一种超现实、非理性的荒诞之境。虽然该作品在叙事语言上移植了超现实主义，但其表达的精神内涵却是中国本土的。这种本土精神在画面中通过两个形式语言来呈现。一是居于画面中心连环叠加，消失于灭点的断裂画框与破碎的玻璃。二是

---

① 易英：《艺术思潮与抽象绘画——中国当代抽象绘画述论》，《美苑》1995 年第 5 期。

② 张群、孟禄丁：《新时代的启示——〈在新时代〉创作谈》，《美术》1985 年第 7 期。

位居画面左右两侧的象征亚当与夏娃的裸体中国青年男女形象。第一个形式语言在画面中构成了一股巨大的爆炸力,似乎震碎了画框上的玻璃,这股力量实际上暗示了80年代中国民众对"真理"和"新时代"的追求,而画面中的中国式裸体造型再一次将故事的语境指向了中国。本次展览中,宫立龙的《街》则在对西方现代派的形式语言借鉴上更为明显。在表现技法上,作者采用了现代艺术拼贴的形式,整个画面被切割为数个相连的正方形,这些正方形被辅以红黄蓝透明的底色,在这些底色上描绘了重叠的具象人物,最为耀眼的是,画面中央放置了一个正在跳动的电子手表,如图5-7所示。画面整体呈现出强烈的"后现代"特征,在各正方形构成的话语空间内,物象自说自话,处于一种散漫、平行与多元的状态之中,而将电子表这一实物引入画面,则显得颇为前卫。显然,画面明显受到分析立体主义及波普艺术的影响。而在题材的选择上则流露出作者或者说第三世界国家对西方现代性社会的向往,如在切

图5-7 《街》,油画,宫立龙,1982年

割画面的方形平面内描绘了行人、路标、橱窗、广告、招贴等城市景观。

而张富荣的《童年的回忆》则显示出强烈的本土倾向。从画面造型来看,居于画面远景处左上角的小女孩,呈现出中国民间艺术剪纸式的造型,身穿民间蜡染小蓝褂,手提小竹篮,与飞舞的蝴蝶对话;在近景的右下角描绘了一只怡然自得的停歇在硕大叶片上小憩的七星瓢虫,在小女孩和瓢虫之间充塞着各种繁茂的植物与花朵,整体气氛热切而美好,呈现出一幅天真烂漫的中国农村儿童游戏图景,如图5-8所示。而作者在画面中刻画的大量繁茂生长的植物群落则明显借鉴超现实主义艺术家米罗的造型语汇。

图 5-8　《童年的回忆》，张富荣，1985 年

　　总体来说，本次展览呈现了较为优秀的中西结合的现代主义艺术实践，但也有不少艺术家不自觉地将自己置于第三世界的"他者"语境，一味模仿代表"发达"的西方现代主义艺术而丧失了自我，如俞晓夫的《孩子们安慰毕加索的鸽子》、谭平的《云》等。此外，还有不少作品仍停留在"写实主义"绘画的藩篱里，如王玉琪的《野葡萄》、杨飞云的《小演员》、王沂东的《古老的山村》等。不管如何，本次展览中呈现的"西方现代主义艺术+中国本土"的移植方法，却实实在在地拉开了"85新潮美术运动"视觉革命的大幕，随后这一方法随着"新潮艺术家"的绘画实践而推广开来。

　　接下来，我们试以这场运动中代表中国本土民间艺术的"米羊画室"作品及代表现代、后现代性反思的"池社"作品来分析这场视觉运动的移植方法。在"米羊画室"作品的分析中，以乔晓光的系列作品①为例，如《空间·吉祥之光》《乡村戏班》《年画之乡》及《玉米地》等来分析西方现代派艺术语言的中国民间本土化移植。乔晓光的《空间·吉祥之光》这一作品，从画面造型来看，作者采用立体主义的手法，刻画了一个民间的布老虎，这只老虎的形象由类似用剪刀将虎头剪开而平铺的方

────────────────

① 参见乔晓光《本土精神：从玉米地到扶桑树》，江西美术出版社 2008 年版，第 3—8 页。

式展现出来，腾空而起的婴孩采用了民间美术中传统的富贵造型，手脚戴有象征护生的红色项圈，在画面的顶端还描绘有一只倒立的花瓶，如果再考虑到红色的桌布，不得不让人联想到夏加尔作品中出现的悬空感和漂浮感。从色彩叙事上看，居于画面主体的布老虎与小婴儿，采用大量的留白，但同时辅以桃红、墨绿、姜黄等民间美术的色彩，画面中大面积的深蓝、暗红、草绿以及点缀其间的姜黄色的云朵，共同铺陈了一种温馨而宁静的超现实空间，如图5-9所示。其作品《乡村戏班》，从画面造型来看，塑造了位居画面前景的观众群体，居于画面中景中偏左位置的戏班演奏群体以及处于远景的演出者，这些人物在形体塑造上呈现出明显的抽象性，作者放弃了人物的细节刻画，在浓烈的色彩中甚至将人物的造型边线融为一体。从色彩表现来看，这幅作品采用了三原色的大色块表现——前景的红色帷幕、大面积的蓝色后台帷幕及其黄色的戏台，以及在人物塑造上随即涂抹的红蓝色调，使得整个画面呈现出强烈的超现实主义色彩，如图5-10所示。而这一极具西方现代主义色彩的绘画语言却在诉说着一个古老的有关中国乡村的戏班故事。相较于《乡村戏班》的现代派色彩而言，《年画之乡》这幅作品则呈现出明显的民间美术的色彩，采用了中国传统绘画的散点透视，远大近小的屋檐，不分主次的人物，花花绿绿的色彩，整个画面显得烦琐芜杂，具有典型的民间年画趣味，如图5-11所示。从其创作于1984年的这两幅作品来看，显示出作者游离于西方现代派绘画与中国民间艺术之间的困惑与努力，那么这种努力在1985年创作的《玉米地》中得到了较好的诠释。《玉米地》这一作品从造型上来看，作者采用了高地平线、散点透视与焦点透视相结合的构图，画面以繁密的笔触勾勒了一片橘黄的成熟的玉米地，这些整齐排列的玉米棒采用了抽象概括的点状造型，这种造型的简约性同样体现在由红褐色长条塑造的田间小路及其上忙碌的耕牛上。居于画面底端挤在一起的几个人物及和耕牛平行而劳作的农夫，同样采用了抽象概括的手法，而居于画面一角的简单化处理的歪歪扭扭的房屋则增添了整个画面的生活情趣，如图5-12所示。从色彩运用上来看，铺天盖地的橘黄色调的玉米，星星点点，与画面中的红土、红牛、红人以及红房子一起，构成了热烈、喜庆的基调，这种随心所欲的用色呈现出梵·高式的炽热情感。整体而言，这幅作品采用了西方现代派的抽象变形与多视点的造型手法，色彩的热烈程度也相应想到了后印象派的梵·高。此外，"米羊画室"的王焕青在这一时期也创作了大量糅合中西的优秀作品，如

图 5-9　《空间·吉祥之光》，油画，乔晓光，1984 年

《正月·快乐的北方》《腊月的故事》《我家屋后的集市》《赤色秋光》等，这些作品在总体上都表现出鲜明的中国民间特色，同时这一位居中国北方大陆腹地封闭地域的美术团体在"85 新潮美术运动"这场革命性的现代美术运动中，也显示出艺术家个体积极实践西方现代派绘画语言的努力。

图 5-10　《乡村戏班》，油画，乔晓光，1984 年

图 5-11 《年画之乡》，油画，乔晓光，1984 年

图 5-12 《玉米地》，油画，乔晓光，1985 年

　　这种将西方现代派绘画语言与中国本土元素相糅合的手法，不仅体现在极具民间、本土色彩的"米羊画室"成员的艺术实践中，同样也体现在极具后现代色彩的"池社"艺术家群体的实践中。下面以张培力的系列作品为例来分析这一典型的后现代创作群体的本土性如何体现的问题。张培力作为"池社"艺术群体的代表艺术家，其创作从题材的选择上来说，主要集中在游泳和音乐两个主题上，而从其创作手法上来说则无太大变化，均呈现出一以贯之的荒诞与冷漠。就其作品《仲夏的泳者》

（1983 年）来说，从构图上来看，作者在画面中采用了两个视点，一个
是由泳池角落起跳的第一个泳者和正在寻找起跳点的第三个泳者所构成
的消失于画面左边灭点的视线；另一个是由站在第二个起跳台，张开双
臂正准备起跳的第二个泳者与站在第三个起跳台呆若木鸡的第四个泳者
所构成的消失于画面右边灭点的视线，这种混乱的透视关系，实际上是
对毕加索立体主义的多视点表现手法的移植，如图 5-13 所示。从造型上
来看，这四个泳者的比例、骨骼和肌肉的处理遵循着西方传统油画的写
实技法，精确而扼要，但在表现上又向西方现代派靠拢，将其处理成几
个大的块面，通过大块面来塑造体积，这一点又模仿了塞尚的结构主义
表现技法。从色彩上来看，画面上除了大面积采用大色块单色平涂来表
现灰蓝色的池水及深黑的天空外，还采用浅灰色单色素描式地刻画了透
视感极强的跳水台，呈现出一种超现实的蓝黑色冷调子。总体而言，作
者将现实生活中一个极具生命力动感的跳水游泳活动，刻画得死寂、冷
漠与孤独。与表现游泳题材的作品类似，张培力的音乐题材系列作品也
呈现出冷漠的超现实氛围。如《请你欣赏爵士乐》（1985 年）这一作品，
从画面造型上来看，小号手正襟危坐，一只手紧握小号，另一只手五指
张开平放在小腿上，而旁边的架子鼓手则肃然挺立，双手下垂，目光呆
滞，如图 5-14 所示。在人物塑造方面，张培力延续了其在游泳系列中的
呆板、僵硬与冰冷，抽空了属于人性的全部生命与活力，使其呈现出类
似于物般的冷漠与荒诞。从色彩表现来看，张培力将其在泳者系列中有
限度的蓝色色彩展示，进一步简化为黑白灰这种中性色彩的极简形式。
这一色彩模式为其冰冷的叙事营造了合理的氛围，彭彤在其著作《全球
化与中国图像新时期中国油画本土化思潮》中将以张培力为代表的 "85
新空间画展" 及 "池社" 艺术家群体的冰冷绘画模式称之为 "当代中国
的零度叙事"。① 这种 "零度叙事" 成为张培力极具特色的个人风格，乃
至成为 "池社" 群体的可识别性统一风格，这种风格随后延续到其医用

---

① 参见彭彤《全球化与中国图像新时期中国油画本土化思潮》，四川美术出版社 2005 年
版，第 128—136 页。

图 5-13 《仲夏的泳者》，油画，张培力，1983 年

图 5-14 《请你欣赏爵士乐》，油画，张培力，1985 年

手套《×?》（1987 年）系列作品，直到其现成品《1988 年甲肝情况的报告》的展出，依然沿用了其冷漠、严峻的叙事语言。在张培力的系列作品中，呈现出强烈的存在主义反思与后现代思潮的影响，其油画作品中对人的情感、心理表达的抽空，与其在现成品中将医用乳胶手套代表的细菌病毒之呈现，都是张培力对现代日常生活中的荒诞、虚无、肮脏和

残酷的展示,这是一种典型的后现代思想,尤其是其在《1988 年甲肝情况的报告》(1988 年)中,将医用乳胶手套撕毁,涂上清漆与石膏的混合物,然后随意压放在玻璃下展示的现成品,实物——医用手套,在这里成功进入"艺术界",这一现成品的运用类似于杜尚对小便池的处理,也如安迪沃霍尔对布里洛盒子的阐释,呈现出丹托有关"艺术界"的理论氛围。总体而言,张培力在 20 世纪 80 年代中国艺术界还在普遍呼唤"人性"与"主体性"之时,敏锐地意识到了来自现代工业文明的异化,将这种现代性的忧思借由存在主义哲学、法兰克福学派的审美现代性找到了一条自我救赎的突围之路,其作品中流露的冷漠、模式化、器物性则是对现代性无声的控诉,虽然从画面形态来看,很难发现其本土化的努力,其实不然,按照彭彤的说法,"池社"群体所展现的正是基于"后人道主义"的中国的现代性批判。① 当然,"池社"艺术群体的创作除了张培力外,耿建翌也是这一"零度叙事"绘画的杰出代表,其作品如《灯光下的两个人》(1985 年)、《理发》系列作品(1985 年)、《第二状态》(1987 年)等,同样呈现出冷漠呆滞、机械化复制、超现实及现代性"反讽"的叙事风格。

总体来看,"新潮美术运动"中所呈现的对西方现代主义艺术的移植模式还存在于"西南艺术群体""湖北湖南艺术群体"中有关生命意识的中国表达中,以及"红色·旅"群体中有关本土文化与宗教的思索,乃至"厦门达达"中黄永砯搅拌中西艺术史的行为,甚或吴山专、徐冰的"假字"系列,从表象分析可能会得出"西方艺术,中国制造"的结论,从其美术创作方法论意义上来说,虽然存在移植的现象,但在人文情结与创作理念上来说却是中国本土的。② 需要指出的是,在这一移植西方艺术的过程中,却出现了一种现代与后现代混乱移植的现象。杭春晓认为 20 世纪 80 年代中国艺术界对西方现代主义艺术的移植是作为话题伴

① 参见彭彤《全球化与中国图像新时期中国油画本土化思潮》,四川美术出版社 2005 年版,第 128—136 页。

② 有关"新潮美术"创作方法的问题,参见叶春辉、王希《中国现当代美术创作方法论研究》,广东高等教育出版社 2009 年版,第 9—86 页。

随着政治格局的变化而出现的，带有突发性。① 正因缺乏西方现代艺术的文化土壤，使得 80 年代的艺术家在一种落后的 "他者" 想象性视野中，将 "西方现代主义艺术" 作为一个文化现代性的 "整体" 而加以模仿与移植，并将其作为与传统意识形态相抗衡的视觉语态而持续不断地自我转化，由此导致了其移植的混乱。不管怎么说，这种对西方现代主义艺术移植的混乱状态是中国艺术现代性进程的必经之路，也是建构其视觉革命语言陌生化的有效途径。

---

① 杭春晓：《隐藏的能指——关于 "抽象水墨" "实验水墨" 的另类思考》，载陈孝信编《2013 中国美术批评家年度批评文集》，河北美术出版社 2013 年版，第 220 页。

结语：重建"85 新潮美术运动"何以可能？

在前面的章节中，我们首先对"85 新潮美术运动"的时代背景、发生机制、实现路径及运动本身等基本情况做了简要交代；接着从 20 世纪 80 年代美学、美术及"新潮美术运动"本身依次递进进行了理论反思；然后进入"85 新潮美术运动"研究的审美现代性视野中来，讨论了现代性与审美现代性、作为"新潮"的"85 新潮美术运动"以及"85 新潮美术运动"的审美革命意义；接下来我们分两个层面进一步阐释了"85 新潮美术运动"的审美现代性内涵——叙事革命与视觉革命。就叙事革命来说，具体表现为艺术家个体审美经验的出场、造型与色彩的自主性以及"新潮美术运动"叙事语言的象征性隐喻；就视觉革命来看，具体表现为在对西方现代主义艺术移植的背景下，"新潮美术"出现了视觉形态的抽象化、形式游戏化，以及物象的变形等三个方面的革命。总体而言，本书以"85 新潮美术运动"为研究对象，试图以中国的现代性及审美现代性进程为主导线索，来阐释这场运动的内涵与外延，以叙事革命、视觉革命为立足点来剖析其审美现代性的革命内涵，并以具体作品为例，深入剖析"新潮美术"的造型语言、色彩规律及视觉形态，以此来呈现"85 新潮美术运动"的审美现代性独特面貌。

"85 新潮美术运动"是"文化大革命"将现代性中政治层面强大的民族—国家推到极致后导致现代性内部矛盾激化的一种释放。在"文化大革命"这段历史中，作为总体化全能型国家，我们一方面积极进行社会主义历史实践，另一方面试图建立一种单一而强大的政治现代性以抵

226

御来自内外的国家生存困境。反映在文化领域，国家叙事、民族语言成为政治宣传的主题与艺术创作的模板。随着改革开放的深入，民族—国家的生存危机逐渐退居次位，此时，承续"五四"的"启蒙"夙愿便再次被提上历史议程，建设一个自主性的现代化的民族—国家便成为一种迫切希望。在这种"现代化"理想的追逐下，20 世纪 80 年代的美术界掀起了轰轰烈烈的破旧立新运动，在"文化热""美学热"的时代氛围中，以西方现代哲学、美学思想为理论资源，向西方现代主义艺术学习，在一种陌生的形式化语言中与传统艺术（尤指"文革美术"）决裂。与此同时，将西方现代主义艺术作为发达的现代性想象的整体而加以模仿，囫囵吞枣地实践着"现代"及"后现代"的形式语言，甚至将审美与审丑并置，将行为与绘画融合，在拓宽艺术创作观念的同时，以一种极具冲击力的图式改变着人们的审美习惯。

人们在对西方现代主义艺术诸多流派与技法的自由实践中，借助存在主义、精神分析等理论思潮，彻底挣脱了"文革美术"对"人性"的压制，实现了创作主体的先验理性自由。于是，"新潮美术"变成了知识分子以审美伦理为依据与国家意识形态压制相抗衡的重要路径，它反抗霸权的全能型国家机器，反叛一切对"人"及"人性"的压抑与异化，"新潮美术运动"也因此在这一维度上实践着现代性的"审美革命"。然而，这一发端于以理性为根基的现代社会的极端现代性，在 20 世纪 80 年代的中国，却被作为一种自立自强的现代化资源而加以利用。它不仅不排斥现代理性，相反它将"理性"作为"新潮美术运动"的一大主题，并以此为指导，在一种西化的现代化实践中建构一个现代性的国家。也就是说，"85 新潮美术运动"借用了西方现代性所反抗的科技理性来建构一种文化现代性，这种"以子之矛攻子之盾"的实践行为，使得"85 新潮美术运动"呈现出一种矛盾与混乱的局面，即以审美现代性反抗的理性来建构现代性，并以此作为审美现代性的革命动力而存在。此外，"新潮艺术家们"在一种现代化的想象中，混乱地移植西方"现代"与"后现代"的一切艺术形式与技法。不过有一点是共通的，无论移植现代

227

艺术还是后现代艺术，都是基于对 "人" 以及 "人性" 异化的反抗。这种革命性抗争具体表现为反传统、反审美、反艺术。这种破坏性也即其 "审美现代性" 的主要内涵，它带来了精神上的解放和艺术本体上的回归，其社会意义实际上是 "人性" 的解放和 "自我" 复出的继续和深入。① 总之，在这场与社会理性相对立的感性精神革命中，"85 新潮美术运动" 从根本上触及了 80 年代中国美术 "现代性" 中的一些基本问题，如传统与现代、进步与落后、中国与西方、移植与创造等二元对立的价值命题，并尝试解答这些问题。

有关 "85 新潮美术运动" 的话题，自 "中国现代艺术大展"（1989 年）上的两声枪响而渐趋缓和下来。但是到了 1995 年，适逢 "新潮美术运动" 10 周年之际，王林受《江苏画刊》委托，在四川美术学院组织 "我看 '八五' 十年" 的研讨会，自此以后，学界形成了不成文的定式——每隔十年组织相关回顾展及研讨。特别是 2002 年尤伦斯当代艺术中心举办了 "'85 新潮美术运动——中国第一次当代艺术运动回顾展" 之后，"85 新潮美术运动" 再次鲜活地进入公众视野。到了 2005 年，在 "85 新潮美术运动" 20 周年之际，高名潞在中华世纪坛成功策划了 "墙——中国当代艺术二十年回顾展"，同年，艺术家刘向东状告中国嘉德拍卖公司（其原因在于嘉德公司拍卖其 "85 新潮" 时期创作而后遗失作品《哲学手稿》），引起了很大反响。在这一系列事件后，关于 "85 新潮美术运动" 的反思伴随着文化界掀起的 "80 年代热"，再次成为讨论与回顾的热点。到 2015 年 "85 新潮美术运动" 30 周年时，艺术界展开了大量的回顾与反思，以雅昌艺术网为例，全年持续推出了一系列 "85 新潮美术运动" 代表艺术家的人物专访，如王广义、谷文达、徐冰、毛旭辉等，从访谈中再度回望并重新梳理了 "85 新潮美术运动" 的价值。至今，"85 新潮美术运动" 已走过了三十多个年头，如何评价、反思这段历史，既是客观建构中国当代美术史的需要，也是对今天的再度审视与重新考量。

---

① 参见黄岩《中国现代艺术史 1979—1989》，《文艺争鸣》1994 年第 5 期。

　　总体来说，有关 "85 新潮美术运动" 的回顾与反思，主要体现在三个层面。一是 "中国现代艺术大展" 后艺术界展开的总结与反思，集中在对一系列二元对立的价值判断范畴上的反思，如创造与模仿、热情与盲目、成就与缺陷等；二是 20 世纪 90 年代初，从艺术批评阐释的角度进行的理论反思，如高名潞于 1989 年及 1990 年组织的两次 "美术批评" 笔谈；[①] 三是美术界自 2002 年起，所组织的每十年一次的回顾与反思。近年来，关于 "85 新潮美术运动" 的评价出现了两种截然不同的声音："神话" 与 "矮化"。由于当年参与 "85 新潮美术运动" 的一些代表性艺术家功成名就，如 "F4" 画家王广义、张晓刚、方力钧、岳敏君的出现，海外 "四大天王" 谷文达、徐冰、蔡国强、黄永砯的诞生，及其艺术作品的天价拍卖，引发了部分评论家及艺术家的不满，甚至出现了刻意贬损的言论。如王椿淳的《忘掉 "85 美术新潮" 和星星画会》，李昱、艾未未的对话《八五是一个臭烘烘乱唧唧的时期》等。[②] 或者站在相对客观的立场来审视这场运动，如张晓凌在对顾黎明新潮艺术创作转型的分析中，就对 "85 新潮美术运动" 提出了自己的判断。他将该运动的历史价值归结为一个一无所有的残破艺术废墟，着重强调了 "85 新潮美术运动" 意识形态理想的虚伪及其政治神学的矫情，以及运动过后造成的荒诞心理与虚无的人生态度。[③] 综合来看，关于 "85 新潮美术运动" 的价值判断众说纷纭，莫衷一是，学界也一直存在着不同的评判立场和理解角度，因而有关这场运动的历史意义的建构，始终处于不同描述与评判方式的紧张角力之中。

　　那么，如何在纷争的氛围中客观而理性地评价这场运动，不仅关涉 "改革开放" 的历史意义，事实上也关涉如何理解 "文化大革命" 与中国现代化进程、与中国在全球格局中位置的变迁。因而，站在今天的时

---

　　① 关于这两次笔谈的情况，可参见《美术》杂志所刊印的文章，具体信息为郎绍君、易英、殷双喜、贾方舟、彭德、王林、孙津、范达明《中国当代美术批评笔谈》，《美术》1989年第 1 期；易英、范迪安、王明贤、殷双喜、高名潞《批评的本体意识与科学性：批评五人谈》，《美术》1990 年第 10 期。

　　② 参见殷双喜《转型与裂变——"八五美术新潮" 回望》，《文艺研究》2015 年第 10 期。

　　③ 参见张晓凌《重建传统符号》，《油画艺术》2018 年第 3 期。

代语境中，再次对"85 新潮美术运动"进行价值判断，我们必须从两个方面进行考虑。一方面要将"85 新潮美术运动"作为一个文化整体放入整个 20 世纪的长时段中进行评价；另一方面还需要将之还原到 80 年代的特殊历史语境中，以一种"同情的理解"的态度去感知那些热血澎湃的艺术实验，去理解他们与艺术体制、社会环境之间的紧张角逐。当然，我们更需要与历史拉开距离，以三十多年后客观研究者的身份去重新定位与评价。

关于"85 新潮美术运动"的思想史价值，学界基本能够达成一致。高名潞的评论很具代表性，他认为，"85 新潮美术运动""所思考、关注与批判的问题已远远超出了以往的所谓艺术问题，而是全部的文化社会问题。20 世纪 80 年代美术运动不是关注如何建立和完善某个艺术流派和风格的问题，而是如何使艺术活动与全部的社会、文化共同进步的问题。因此，它对艺术的批判是同全部文化系统的批判连在一起的"①。的确，"85 新潮美术运动"是中国有史以来规模最大、影响最广的现代艺术运动，它既是一场视觉革命，同时又是一场庞杂的思想运动，它承载着中国文化现代性过程中所有的矛盾、冲突与悖论。因此，有关"85 新潮美术运动"的价值评述就可以从思想史和美术史两个层面来展开。

就"85 新潮美术运动"的思想史意义而言，它具有一种与当时社会精神高度呼应的知识分子价值观与精英文化态度。具体表现为它的启蒙精神、文化反省与现实批判三个维度。而"新潮美术运动"的启蒙精神又可以从"人的觉醒"与"草根英雄"这两个方面来进行阐释。"85 新潮美术运动"发生的大背景是"文化大革命"后的改革开放语境，"文化大革命"构成了"新潮美术运动"反驳的起点。"文化大革命"时期的人，是集体无意识的载体，是政策的反光镜，是被抽空的社会符号。而"新潮"艺术家们反对专制，呼唤个性，追求自由，以至 1979 年的"星星画展"演变为一场政治事件，以西方现代派艺术的手法表现出来的物象变形，实际彰显的是艺术家对个体人性自由的追求。当然，在"人

① 高名潞：《中国前卫艺术》，江苏美术出版社 1997 年版，第 206 页。

的觉醒"这个主题下出现的对个性的呼唤，在带来现代美术中的自我表达、多元化的同时，也使得艺术家开始对自我表达进行反省，正如汪民安所认为的，"新潮美术运动"中对"个性化"的过度追求也迫使艺术家逐渐开始关注自身以及这一运动中存在的不足和缺失。① "85 新潮美术运动"中散布各地的创作群体，皆是创作者以朋友、同学情谊而结合在一起的联合会。这种松散的团体相较于官方美协的结构而言，利弊参半，相反在这场运动中，却将这种团体的草根性演变为一种英雄气质。这些初入社会不久的青年艺术家本来就一无所有，在现代化想象的热情下，他们义无反顾地参与了 20 世纪 80 年代中国文化现代性的建构，这种草根性也就决定了其革命的决绝，其追求理性的深度与广度。如今这种个人英雄主义意识已经丧失了其存在的土壤，犬儒主义盛行，与现实生活的妥协与适应成为主流的生存策略。在这种情景下，时代需要这种草根的英雄主义理想，去批判人文价值的萎缩，张扬时代灵魂。② "85 新潮美术运动"的文化反省是作为 80 年代"文化热"的一个面相而存在的，在一定程度上分享着这一时期"文化热"的主题，涉及的问题较为深刻和宏观。主要针对的是传统文化、"文化大革命"中的整体主义以及集权意识，"新潮艺术家们"将对这些宏观问题的反省与思考转化为强烈的个体意识批判，并将这种个人性的问题放进美学中来讨论，置入社会政治和历史文化的范畴中来讨论。③ 而有关"85 新潮美术运动"的现实批判问题则显得严峻而必要，针对的是 50 年代以来社会实践中的"极左"意识形态，思考的是中国思想文化在"现代化"实践中如何超越"极左"意识形态的问题。

就"85 新潮美术运动"的美术史意义而言，可以从创作思维、创作技法以及艺术批评这三个方面来阐释。首先，从"新潮美术"的创作思

---

① 汪民安：《杜尚、劳申伯格和"八五新潮"美术运动》，《读书》2016 年第 11 期。

② 有关草根性的问题可参见夏文雪《论八五新潮美术的文化价值》，硕士学位论文，河北大学，2017 年。

③ 有关文化讨论的问题参见王林《个人性、反传统与重建文化民间——对"八五新潮美术"的再思考》，《文艺研究》2015 年第 10 期。

维上来看，它终结了"文革美术"创作工具论的思维定势，使艺术创造有了"批判性"这一全新的思想维度，训练了中国艺术家在政治、哲学和文化的宏观视野中思考艺术问题的能力。这一能力的获得是从先锋艺术实践开始的，而这种实践又是以西方现代派为借鉴和模仿对象。尽管如此，但在这种艺术实践过程中，培育了中国艺术家破旧立新的勇气与追求自由的冒险精神。今天有关现代艺术的探讨所涉及的问题，实际上在"85新潮美术运动"时期已经提出并讨论了，如中国文化的现代化出路问题、中西绘画比较问题、国故整理问题、为"艺术而艺术"的问题、民族文艺问题等，这些理论争鸣与艺术实践共同奠定了中国当代艺术的基本格局。其次，从创作技法上来看，一方面，"85新潮美术运动"对西方艺术创作的媒介材料和表现方式的借鉴对中国艺术创作产生了影响，除了传统的水墨、油画等艺术表现方式外，还增加了金属、陶瓷、纺织品、装置、行为等多种门类，扩大了艺术表现的领域；另一方面，"新潮美术运动"中形成的"西方+本土"的表现手法，促进了有民族特色的中国当代艺术面貌的形成，如谷文达、徐冰的文字艺术，乔晓光、吕胜中的年画、剪纸艺术等，这些都已经成为带有中国符号的艺术形式，成为中国传统文化走向现代艺术的成功典型。最后，"85新潮美术运动"中出现了独立的批评家队伍，这一独立于官方美协之外的新的权威，使得艺术创作朝着艺术家个体自由选择的方向发展。艺术标准包括思想、风格、语言与形式等开始脱离美协的管控，甚至可以将散布于全国的青年艺术家组织起来，在具有国家权力的中国美术馆举办展览。艺术批评开始独立于艺术创作，而自觉地参与新的美术现象的建构与推动中来，成为艺术活动中必不可少的一环。

综合来看，"85新潮美术运动"无论在思想史还是在美术史上都具有举足轻重的意义。今天宽容开放的创作氛围、温和民主的艺术体制、高度活跃的国际艺术市场等，正是由置身于"85新潮美术运动"的艺术家们坚持不懈的努力所开创的。当然也有学者持有不同的看法，比如朱其就认为，"85新潮美术运动"的真正成功并不在于其审美现代性的革命意义，而是在 20 世纪 90 年代中后期的"后殖民"语境中，基于"新潮艺术家"的先天教育不足和反叛精神而呈现的具有第三世界"他者"的叙事策略。虽然在艺术家个体的飘移与国族归属之间，在"发达的现代性"与"悲情中国"的矛盾指认之间游离与分裂，但其结果却迎合了西方，取得了成功。这种成功与"85 新潮美术运动"本身的历史价值无关，而是这些艺术家们学到了一种方便的获利方法，即在"后殖民"语境中的自黑与自嘲。当然，关于"85 新潮美术运动"的意义还有很多不可定论的因素，但随着时代的发展及历史的沉淀，其价值会越来越趋于明晰与客观。

实际上，有关"85 新潮美术运动"的否定性评判并非空穴来风，就"85 新潮美术运动"自身而言，就带有一系列二元分裂的天性，如对传统文化、国家集权、集体意识的解构与自由民主的建构；破坏和反艺术的荒诞与自由理想及现代化的诗意向往；生命自觉的自由体验与唯智理性的艺术语言选择等，这些居于两个对立点的属性相互对抗与协调，造成了对"85 新潮美术运动"含混多面的判断。那么，基于该运动自身的分裂，"85 新潮美术运动"又呈现出哪些不足呢？可以从理论思维与艺术表现两个层面来进行评析。

从理论思维层面来看，最为重要的一点是"新潮"艺术家们对现代性理论资源认识的片面性，导致其审美革命的不彻底与纯洁艺术理想的自反。按照卡林内斯库的观点，现代性包括社会现代性，即基于世俗物质的现代性，它强调科学、进步与实用；而与之相反的则是审美现代性，它追求精神的超验性，强调精神的解放和人的自由。"85 新潮美术运动"的理论资源正来自审美现代性所彰显的人的自由与解放，但实用与进步的社会现代性却一直是整个"新潮美术运动"的终极目标。也就是说，"85 新潮美术运动"试图以审美现代性为手段来建构一个类似于西方发达国家的文化现代性。然而，现代性的两种面向决定了审美现代性必然是对社会现代性的反动与超越。这种对物质理性的追逐，不仅没有得到合理的反思，而且将其与农耕文明的国民性嫁接到一起，形成了一种精致的利己主义，这就与"新潮美术运动"早期所宣称的理想主义、精英文化主义出现了矛盾，表现出自反性。

实际上这场"审美救世"的文化理性主义运动，还夹杂着精致的利己主义，如"85 新潮美术运动"时期核心群体之间的利益划分、与媒体合作从而把持话语权等行为。这一思维的片面性也为"新潮美术运动"的后续历史埋下了伏笔。朱其对此有较为精准的看法，他认为，自"85 新潮美术运动"20 周年起，艺术家们更趋于精致的利己主义，原本在"中国现代艺术大展"结束之后，已离开艺术圈的外围成员，看到当时的成员们在艺术界混的风生水起，也就以各种手段试图重回艺术圈，比如旧作翻新，重金请批评家重写历史材料，组织"'85 非重要艺术家'补漏'展"等，各种方式不一而足，其目的非常明确，借"85 新潮"的东风获得私利。[1] 此外，黄专所提出的"新潮美术运动"对主体性建构的不充分也值得注意。他指出，"新潮美术运动"以西方各种抽象的人文主义和自由主义为基础，对主体性进行建构和重塑，这就导致该运动具有过分的理想主义和道德主义色彩，从而缺乏与本土历史和实践的深刻联系，也导致了其无法真正面对和应答诸如艺术与资本、中国本土艺术与西方中心主义的艺术霸权之类的更为复杂的问题。[2]

从艺术表现层面来看，一方面该运动涉猎的西方现代派涵盖面不够，另一方面其艺术的形式语言也过于粗糙。"85 新潮美术运动"之"新潮"的"新"在绝大部分意义上，是对 20 世纪上半叶，以法国巴黎为发源地的西方现代主义艺术流派如印象派、野兽派、达达主义等的模仿，而较少涉及西方后现代主义艺术，如波普艺术、博伊斯、行为艺术等。实际上关于这些流派的译介与推广，在 20 世纪 30 年代的"决澜社"艺术团体中已开先河，并将这些艺术流派的艺术表现手段作为创作的理想与宗旨，与此同时，丰子恺、倪贻德、鲁迅等人都编译过不少这方面的出版物。"新潮艺术家们"在 80 年代的语境中学习西方现代派，并试图以此

---

① 参见朱其《'85 美术新潮的神话终结》，《艺术评论》2007 年第 12 期。

② 参见黄专《作为思想史运动的"85 新潮美术运动美术"》，《文艺研究》2008 年第 6 期。

来建构中国文化现代性的努力，在一定程度上只是承续了 30 年代现代主义艺术运动（"决澜社"）的理想而已。虽然对西方后现代主义艺术也有所涉猎，但彼时的波普艺术、博伊斯等在西方社会也已经过去了整整 20 年，也算不得 "新" 了。从艺术语言上来说，这场对西方现代主义艺术的移植，形式上较为怪异，表现技巧也颇为粗糙，这种怪异的形式的确打倒了一切古旧的传统形式，就其形式创新而言，这场运动的破坏性显然大于建设性。总体来说，"新潮美术运动" 留下的经典作品不多，在那个以 "革新" 为目的的运动中，"粗制滥造" 反而成了快速传递思想的手段。因此，关于这场运动的技法、流派以及美术史的意义显然不那么重要，重要的是，在特定的历史语境中，艺术应该如何参与社会历史进程的问题。

与 "85 新潮美术运动" 的价值判断相关的另一个问题是，"中国现代艺术大展" 之后，"新潮美术运动" 的结局问题。众所周知，1989 年 "中国现代艺术大展" 后，"85 新潮美术运动" 宣告结束，但这里的结束并不是一般意义上的终结，而是指 "新潮美术运动" 在新的政治气候与商业氛围中发生了分解与重组，呈现出新的面貌。关于 "新潮美术运动" 的分解，固然有政治因素的作用，但其自身的缺陷才是主导因素，即该运动不是因为艺术内部的自律生发出来的，而是思想解放的产物。此外，"85 新潮美术运动" 虽然以精英化的方式反驳了政治对艺术的绑架，但这种精英化却带来了艺术与社会的脱节，并在全面模仿西方现代派的实践中产生了 "去中国化" 的负面效果。在这种反思的语境中，"新潮美术" 进行了自我修正，把体现当代中国人的生存经验与艺术经验作为主要目标去追求，出现了诸如 "玩世现实主义""政治波普" 以及 "艳俗绘画" 等新的流派，它们均没有本质主义的追问，却有现实问题的揭示；不是西方主义的标准，却有全球化的普适态度；不再攻击具体的目标，却有并置出来的冲突；不讨论什么是艺术，却坚持艺术史的立场；没有独一无二的阐释，却有截然鲜明的观念。①

---

① 参见吕澎《新绘画的历史上下文》，《艺术当代》2007 年第 5 期。

王广义将这些艺术形式统称为"当代艺术",当代与艺术也在不断地整合与重组。但一个值得注意的现象是,当代的艺术逐渐与商业、权力紧密结合在一起,甚至有激进的观点认为,当代艺术被招安了,失去了艺术本该具有的批判立场,进而成了为主流意识形态服务的工具。于是,人们又开始怀念那段单纯而美好的为自由而战的"85 新潮美术运动"。在今天这个物欲横流、人文价值萎缩的时代,"新潮美术运动"及其建构的精英文化理想又成为我们想象的典范。

三十多年后的今天,如何重返那段激情燃烧的岁月?重建"85 新潮美术运动"是否可能?曾经参与"新潮美术运动"的那些艺术家还依然在密室清灯下苦修吗?还在为"现代"中国而疾走狂呼吗?朱其描述了参与"85 新潮美术运动"的艺术精英们的处境,在他看来,这些代表性的"新潮"艺术家或批评家被招安了,获得了优渥的生活条件。① 在这种优渥的生活环境中,如何还能冥思苦想以艺术代哲学,以思考代制作?

因此,关于重建"85 新潮美术运动"的问题,我们的结论是不可能重现。原因有两点。第一,从外部因素来看,基于现代民族—国家的壮大与繁荣,国家权力对文化市场的全能型控制,使得消费者、欣赏者的审美习性都被染上了浓厚的国家意识,这就导致审美革命丧失了群众基础。国家权力与大众文化之间形成了建立在交换关系之上的等级差序结构,意识形态通过政治审查、话语霸权、经济赎买等方式完成了向审美文化的渗透,这就消解了审美现代性的批判功能。虽然个别精英文化依然茕茕孑立于大众文化领域之外,但大规模的审美现代性运动难以在国家权力与大众文化之间获得夹缝中的狂欢。第二,从内部因素来看,"85 新潮美术运动"的批判对象随着市场经济的深化和国家意识形态的松绑而消失。"新潮美术运动"一旦丧失了其革命的"对象",就意味着其审

① 朱其写道:"参与过'85 新潮的一些中坚力量或者积极分子有不少已经成为现在的社会主流,像在'89 大展组委会中担任联络的范迪安已经是中国美术馆馆长,负责宣传的费大为现在是尤伦斯美术馆的馆长,在 20 世纪 80 年代中期以《父亲》出名的罗中立已经是重庆市文联主席、中国美术家协会副主席、四川美院院长,当年一度还在各地流浪的王广义已是艺术明星和千万级富翁。一些重要的批评家像栗宪庭已被江湖尊为教父。"参见朱其《'85 美术新潮的神话终结》,《艺术评论》2007 年第 12 期。

美现代性意义的丧失，"新潮"将不再"新"，而沦为普泛意义上的一种绘画形态。前文已详细论证，"85新潮美术运动"的批判属性移植于西方现代派艺术的造反功能，而西方现代派艺术是在现代性高度发达出现异化的情形下的自我内部修复，将这种批判性移植到20世纪80年代的中国，其所针对的是官方意识形态的审美革命。中国艺术家一直强调对"文化大革命"政治集体主义的否定，而西方艺术在80年代的中国，早已从现代主义过渡到后现代主义，西方艺术的批判性或称之为"前卫""先锋"性所针对的是一个强大力量的自我虚无化。① 但是，这种虚无并不代表西方人对终极价值关怀的放弃，而是以艺术品尤其是形态超然、难以理解的现代艺术或后现代艺术来建构新的精神信仰，也可以称之为以"艺术"代替"宗教"。既然现代艺术或者前卫艺术是作为宗教终极价值关怀而存在的，这就要求这种艺术的意义不能完全透明，在某种程度上要表现出超越个人理解力的"荒谬"感，这种趋势发展到极端，使得艺术品变成一个无需独立内容来充实的简单符号。于是对于民众而言，只要使他相信该物品是"真正的"艺术，也即"艺术界"中"理论氛围"的形成，艺术品就会被赋予超常的交换价值，并膜拜它，于是艺术品完成了将价值的绝对否定变成绝对的价值，虚无获得价值存在的合法性。正是在这种虚无价值的指导下，西方现代艺术或后现代艺术，具有了其反叛的精神内核。而中国现代艺术则完全没有这个土壤，是一种移植的外来物种，而一旦现实语境发生变化，如市场经济大潮冲击以及政治意识形态松绑带来的集权政治的失效，则使得中国现代主义艺术运动因缺少批判对象而无法重建。

---

① 这种虚无化可以追溯到文艺复兴时期社会的世俗化带来的宗教信仰的弱化，由此导致的基督教信念系统的动摇而出现的西方文化的虚无。

"85 新潮美术运动" 大事记（1977—1995）^①

1977 年

2月18日，题为"热烈庆祝华国锋同志任中共中央主席、中央军委主席，热烈庆祝粉碎'四人帮'篡党夺权阴谋的伟大胜利全国美术作品展览"在中国美术馆举行。

5月22日，《人民日报》发表文化部组织的大批判文章《揭露"四人帮"批"黑画"的真相》。

9月9日，由文化部和桂建安文物事业管理局联合举办的题为"毛主席永远活在我们心中美术作品展"在中国革命历史博物馆展出，纪念毛泽东逝世一周年。

9月16日，罗马尼亚19世纪油画展在北京展出。

1978 年

3月10日，中国人民对外友好协会主办的"19世纪法国农村风景画展"在中国美术馆展出。

5月，全国文联下属各协会恢复筹建，老一辈艺术家重新参与各种美术创作。

5月26日，日本画家东山魁夷在北京劳动人民文化宫举办画展。

12月，文化部发出《关于美术院校和美术创作部门使用模特儿问题

---

① 参见何卫平《中国当代美术二十讲》，东南大学出版社2008年版，第141—145页。

28

的通知》，通知有关单位可以在教学和创作中使用模特儿。

同年，文化部文学艺术研究院招考首届硕士研究生，录取美术史及理论研究生 11 名，研究生导师为王朝闻、蔡若虹、朱丹；中央美术学院招考首届研究生，其中美术史论专业研究班及师资班共招收近 30 名，研究生导师有张安治、金维诺、蔡仪、王琦等。

1979 年

2 月 1 日，北京油画研究会成立。

2 月 17 日，中央美术学院、中国美术馆联合举办王式廓、董希文、李斛遗作展。

2 月，举行"上海十二人画展"，显示出对现代艺术的迷恋。

3 月 18 日，中国美术家协会召开第 23 次常务理事扩大会议，会议宣告中国美术家协会正式恢复工作，并对"文化大革命"期间遭受政治迫害的画家进行平反。

4 月 25 日，吴冠中在中国美术馆举办画展。

5 月，吴冠中在《美术》杂志上发表《绘画的形式美》一文，并引发有关"形式美"长达五年的大讨论。

5 月 3 日，张仃美术作品展在北海公园画舫斋举行。

6 月 15 日，《世界美术》杂志在北京创刊，第 1、第 2 期，连续刊发邵大箴的文章《西方现代美术流派简介》，文章介绍了新印象派之后的西方现代主义诸流派，成为首次向中国读者介绍西方现代派诸流派的艺术杂志。

6 月 25 日，刘海粟在中国美术馆举办画展。

7 月 16 日，"同代人"油画展在中国美术馆开幕。

8 月，《连环画报》第 8 期刊登了由刘宇廉、李斌、陈宜明合作的连环画《枫》，引起轰动，同期《美术》杂志开设专栏讨论。

9 月 26 日，首都国际机场壁画落成，袁运生的作品《泼水节——生命的赞歌》因画有裸体人物而引发争论。

9 月 27 日，第一届"星星美术作品展览"在中国美术馆东侧公园展出。29 日被东城区公安局以扰乱社会秩序罪封展，10 月 1 日"星星"成员上街游行，要求恢复展览，11 月 23 日展览被批准移至北海公园画舫斋继续展出，12 月 2 日结束。

11 月 3 日，中国美术家协会第三次代表大会在京召开，江丰当选主席。

同年，中央美术学院学报《美术研究》复刊，第 1 期刊登邵大箴、钱绍武的文章，论述美术教学中使用人体模特儿的必要性。"法国印象主义绘画图片展"在北京中山公园展出了近 30 幅印刷图片。

1980 年

2 月，上海现代艺术团体"草草社"成立。

3 月，《美术》刊发栗宪庭撰写的有关"星星"画会的展览报道以及"星星"画家曲磊磊的文章《自我表现的艺术》，引发有关"自我表现"问题长达两年之久的辩论。

3 月 12 日，经"庆祝中华人民共和国成立三十周年全国美术作品展"组委会评议，四川美术学院程丛林的《1968 年×月×日雪》、高小华的《为什么》、王亥的《春》等作品获得优化组二等奖，标志着"伤痕美术"的开始。

6 月 10 日，北京工笔重彩画会首届画展在北海公园画舫斋举行。

8 月 20 日，第二届"星星美术作品展览"在中国美术馆开幕。

9 月 10 日，"法国现代画家埃利翁作品展览"在京举行，于 24 日结束。

10 月，《美术》杂志发表吴冠中的文章《关于抽象美》（1980 年第 10 期），认为"抽象美是形式美的核心"，"人们对形式美和抽象美的喜爱是本能的""似与不似之间的关系其实就是具象与抽象之间的关系"等观念，引发了美术界对抽象美和抽象艺术的大讨论。

10 月 10 日，"陆俨少画展"在浙江美术学院陈列馆开幕。

12 月 20 日，第二届青年美术作品展览开幕，在次年年初的评选中，《父亲》（罗中立）获一等奖。

同年，《画廊》丛刊创刊（天津人民美术出版社），后更名为《中国油画》。

1981 年

1 月，《美术》第 1 期，刊登《西藏组画》（陈丹青）和《父亲》（罗中立）。

3 月 2 日，举行"西安首届现代艺术大展"，展出 15 位画家，120 余件作品，观众达 6 万余人次，于 20 日结束。

5 月 10 日，"丰子恺书画展"在上海美术馆开幕，同月，《云朵》（国画研究季刊）在上海书画出版社创刊。

8 月，中国艺术研究院美术研究所《美术史论》创刊。

9 月，《美术》发表邵养德的文章《创作欣赏评论——读〈父亲〉并与有关评论者商榷》，认为《父亲》是以"画农民的丑"来证明自己的天才，引发争论。

11 月 1 日，中国画研究院成立，李可染任院长。

同年，美国波士顿博物馆来华展出名画。

1982 年

2 月 19 日，"四川美术学院油画作品展"在中国美术馆举行。

4 月 13 日，德意志联邦共和国表现主义画展在民族文化宫展出。

7 月，"磊石画会"（湖南）首届展览在长沙青少年宫开幕。

8 月 15 日，首次"中国当代艺术展"在美国纽约曼哈顿区联合举行，参展作品 300 余件，参展艺术家主要为赴美画家及旅美华人，如钱培琛、瞿国梁、陈丹青、付明等，于 9 月 15 日结束。

9 月 15 日，"法国 250 年（1920—1870）卢浮宫和凡尔赛宫原作展"在北京展览馆开幕 10 月 13 日移展上海。

同年，美国石油大王哈默展出了从文艺复兴到后印象之间的私人收藏油画作品，重庆的"中国无名氏画会"成立，《美术》杂志连载姚国强翻译的《现代绘画百年》，介绍了印象派、新印象派等艺术流派。

1983 年

1 月，《美术》发表何溶的文章《再论牡丹好，丁香也好》，倡导宽松的学术环境。

4 月 2 日，张大千于台北逝世，终年 84 岁。

4 月 21 日，受中央美术学院邀请，加山又造（日本多摩美术大学）来华讲学。

5 月 5 日，毕加索绘画原作展在中国美术馆开幕，展出油画、版画共 28 幅。

5 月 9 日，黄永砅等在厦门举办"五人现代艺术作品展"。

9 月，上海复旦大学举办"1983 年阶段·绘画实验展览"，又称之为"十人画展"，成为"抽象艺术"在当代中国的最初呈现。

9 月 16 日，赵无极画展在中国美术馆开幕。

10 月 6 日，蒙克画展在中国美术馆开幕，展出作品 116 件。

11 月，各级美协组织召开清除"精神污染"座谈会，学习中共十二届二中全会提出的清除精神污染的文件，结合各地实情展开讨论。

同年，还有"意大利文艺复兴绘画展""法国当代油画作品展"等在京展出。

1984 年

6 月，中国美术家协会会员共计 3083 人，其中史论家 151 人。

7 月，"北方艺术群体"在哈尔滨成立，主要成员有王广义、舒群、任戬、刘彦等。同月，"野草画会"在湘潭成立。

10 月，《美术》发表水天中的文章《关于乡土写实绘画的思考》，提出"乡土写实绘画"的概念。

12 月 10 日，第六届全国美术作品展览优秀作品展在中国美术馆举行。

1985 年

1 月，《美术思潮》在武汉创刊，彭德任主编。同月，《江苏画刊》改双月刊为月刊，开始积极参与推介"85 新潮美术运动"。

4 月 21 日，中国艺术研究院美术研究所、中国美协安徽分会在安徽泾县联合举办"油画艺术研讨会"（又称"黄山会议"），会议批评了"第六届全国美术作品展览"，彻底否定"题材决定论"，并首次明确提出了"观念更新"的思想，探讨了油画中国化等问题。

5 月 1 日，"赵无极油画讲习班"在浙江美术学院开班授课，共 28 人参加。

5 月 10 日，由国际青年联谊会组织的"前进中的中国青年美术作品展"在中国美术馆展出，标志着"85 新潮美术运动"的开端，展出作品 150 件。

6 月 3 日，中国艺术研究院美术研究所创办"中国美术报"，并在第 1 期头条详细报道了 4 月份"黄山会议"上要求创作自由的呼声，大力介绍新思潮。

7 月，《江苏画刊》刊发了李小山的《中国画之我见》一文，他指出中国画已走到穷途末路，只能作为保存画种，并指名点评了在世的绘画大师，引发大讨论。

8 月 30 日，法国·印象派及 20 世纪初作品展（1870—1920）"在中国美术馆举行。

10 月 1 日，"无名画会"在重庆举办现代绘画展。

10 月 13 日，中国美协在京主举办了"半截子美术作品展览"，展示了学院派和"85 新潮"年轻艺术家的折中主义艺术态度，参展艺术家有蒲国昌、广军、程亚男等，于 26 日结束。

10 月 15—22 日，江苏青年艺术周大型现代艺术展在江苏美术馆开幕,参展艺术家有丁方、沈勤、杨志麟、柴小刚等;西安"生生画展"展出10位中青年艺术家70余件作品。

11月,湖南美术出版社《画家》创刊,西安美术学院举行"好望角现代艺术展"。

11月18日,劳申伯格作品国际巡回展在中国美术馆展出,并应邀在中央工艺美术学院讲学。

12月2—6日,青年创作社、中国美协浙江分会主办的"85新空间展"在浙江美术学院陈列馆开幕。

12月9日,《中国海外艺术家联盟宣言》发表,联盟主任为袁运生、王克平,秘书长为白敬周。

12月25日,"湖南0艺术集团"在长沙举行首次展览,出现有波普和装置倾向的作品。

12月31日,太原举办现代艺术展览,展出宋永红、曾玲、刘淳等的作品。

1986年

2月22日,黄秋园遗作展在中国美术馆举行。

4月19日,首届"上海青年美术作品大展"在上海美术馆开幕。

5月14日,"南方艺术家沙龙"在广州少年宫成立。

5月27日,"池社"在杭州成立,主要成员有张培力、耿建翌、宋陵、包剑斐、王强等。

6月23日,"中国化传统问题"学术研讨会在山西杨陵召开,并举办了谷文达与黄秋园作品展览及相关活动。

8月15日,《中国美术报》与珠海画院联合主办"85青年美术思潮大型幻灯展"(珠海),并商定筹办现代艺术大展。

9月3日,南方艺术沙龙第一次试验展在中山大学举行。

9月28日,"厦门新达达"现代艺术展开幕,10月5日,以焚烧参展作品而结束。

11 月 20 日，湖南青年美术家集群展在中国美术馆开幕，随后在中央美术学院举行座谈会，30 日结束。

12 月 20 日，"部落·部落" 第一次展览在湖北美术馆举行。

12 月 23 日，"观念 21" 行为艺术在北京大学举行。

同年，张少侠、李小山合著《中国现代绘画史》，由江苏美术出版社出版。

1987 年

2 月，"北方艺术群体" 在吉林艺术学院举办第一届展览。

5 月 1 日，江苏连云港 "太空艺术基底" 成员在街头进行 "把艺术还给生活" 的行为艺术活动。

6 月，《美术》杂志脱离人民美术出版社，组建《美术》杂志社。

11 月 17 日，中国画艺术研究会在北京召开。

12 月，《美术思潮》第 6 期刊发终刊词，宣告该杂志于次年停刊，虽仅发行 22 期，但其激进的观点对美术界产生了不小的震荡，并成为 "85 新潮美术运动" 最为重要的传媒——"两报一刊"，即《美术思潮》《中国美术报》和《江苏画刊》。

1988 年

3 月 31 日，中国美术家协会理论委员会在北京成立，邵大箴任主任。

5 月，王伯敏主编《中国美术通史》（8 卷本），由山东教育出版社发行。

8 月，陈醉的《裸体艺术论》获第二届全国图画 "金钥匙" 奖，并一度畅销。

10 月 15 日，"徐冰·吕胜中艺术展" 在中国美术馆举行，展出徐冰的《析世鉴——世纪末卷》和吕胜中的剪纸作品。

10 月 26 日，北京国际水墨画展暨学术研讨会在中国画研究院召开。

12 月 22 日，油画人体艺术大展在中国美术馆举行。

12 月 24 日,"新学院派"第一次作品展在浙江美术学院陈列馆开幕。

1989 年

2 月 5 日,由《文化中国与世界》丛书、中华全国美学学会、《美术》杂志、《中国美术报》《读书》杂志、北京工艺美术总公司、《中国市容报》《文学自由谈》杂志联合举办的"中国现代艺术大展"在中国美术馆举行,共展出 186 位艺术家的 293 件作品,展览回顾了 1985 年以来的部分代表性作品,并推出了许多新的作品。在形式上,突破了传统的绘画、雕塑,出现了装置、行为、摄影、录像等新的艺术语言,因肖鲁的"枪击事件"和匿名恐吓信导致展览两次中断,19 日展览结束。

4 月 11 日,中国艺术研究院美术研究所、中国画研究院在中国美术馆联合举办"中国新文人画"第一次展览。

9 月,《中国美术全集》(60 卷)出版发行。

9 月 5 日,第七界全国美术作品展评选结束,299 件获奖作品在中国美术馆展出。

12 月 25 日,《中国美术报》宣布自 1990 年 1 月 1 日起停刊,共出版 231 期,成为"85 新潮美术运动"中影响最广泛的专业报刊之一。

1990 年

3 月,批评家栗宪庭提出"政治波普"概念。

5 月 12 日,刘小东画展在中央美术学院画廊开幕。

5 月 18 日,徐冰在金山岭长城(河北省)拓印了一座烽火台和一段长城,并将此作品命名为《鬼打墙》。

5 月 20 日,中央美术学院画廊举办"女画家的世界"展览,展出了喻红、韦蓉、陈淑霞等八位女画家的作品。

9 月 19 日,第二届"新文人画"连展在中国画研究院开幕。

同年,高名潞停止《美术》杂志的编辑工作,在家学习马列主义一年,以观后效。

1991 年

4 月 19 日，"新时期美术创作研讨会"（又称"山西会议"）由中国艺术研究院美术研究所在北京香山举行，讨论的主要内容是对新时期美术现状以及对"新潮美术"的评估，一些涉及社会主义美术前途发展的重要问题。"新潮美术运动"的主要推动者参加了会议，随后《美术》杂志对会议主题和内容予以批判。

7 月，吴冠中荣获法国文化部颁发的"文学艺术最高勋章"。

7 月 9 日，由中国青年报主办的"新生代艺术展"在中国历史博物馆开幕。

8 月 12 日，林风眠于香港逝世，终年 92 岁。

9 月 28 日，炎黄艺术馆落成开馆，主要出资建造者画家黄胄任馆长。

9 月 30 日，刘小东、喻红的作品参加佳士得（香港）"中国当代油画拍卖"活动，标志着中国油画参与国际市场。

10 月，高名潞等人合著的《中国当代美术史（1985—1986）》，由上海人民出版社出版。

11 月 15 日，首届中国油画展在北京东方油画艺术厅展出，石冲、陈淑霞等艺术家作品获嘉奖。

1992 年

5 月，吕澎、易丹合著的《中国现代艺术史（1979—1989）》，由湖南美术出版社出版发行。

6 月，卡塞尔文献展外围展——"时代性欧洲外围艺术展"（简称 K-18 展）在德国卡塞尔市展出，中国艺术家王友身、李山、蔡国强、吕胜中、仇树德、利海峰、孙良等参展，标志着中国当代艺术开始涉足国际艺术大展。

10 月 20 日，"广州首届 90 年代艺术双年展"在广州中央大酒店展览中心开幕，展出作品近 400 件，对于推动中国当代艺术的市场规模具有重大意义。

11 月 4 日,第二届国际水墨展在深圳举行。

12 月,"列宾及同时代画家展"在中国美术馆开幕。

12 月 8 日,第二届全国油画艺术研讨会在北京中苑宾馆举行。

1993 年

2 月 15 日,法国"罗丹艺术大展"在中国美术馆开幕,展出罗丹原作 113 件。

3 月,"中国前卫艺术家展"在德国柏林世界文化宫展出,顾德新、耿建翌、张培力、倪海峰等艺术家参展。

4 月,湖北"新历史小组"全体成员,即任戬、周细平、梁小川、叶双贵在北京王府井大街麦当劳举办"大消费艺术展",被强制中断。

6 月,"后八九国际巡回展"在香港、澳大利亚等地展出。

6 月 13 日,第 45 届威尼斯国际双年展在意大利威尼斯举办,耿建翌、张培力、方力钧、喻红参加了其中的"东方之路"单元展,王友身参加了"开放展"。

11 月 16 日,由文化部组织举办的艺术品交易活动"第一届中国艺术博览会"在中国广州出口商品交易会大厦 9 号馆举行,此后每年例行一次。

同年,浙江美术学院更名为中国美术学院。

1994 年

4 月,彭德继《美术思潮》后,主编由湖北美术出版社出版的《美术文献》杂志。

4 月 18 日,吴冠中起诉上海云朵轩和香港永成公司拍卖伪作《毛泽东肖像》,由上海中级人民法院受理,成为国内因伪作而起诉拍卖机构的首例官司。

8 月 7 日,刘海粟逝世;9 月 28 日常州刘海粟美术馆开馆;岁末,上海刘海粟美术馆落成并开馆。

10 月 12 日，"第 22 届巴西圣保罗国际双年展"开幕，李山、余友涵等中国艺术家应邀参展。

12 月 13 日，"'94 杭州潘天寿国际学术研讨会"召开。

12 月 27 日，第八届全国美术作品展在中国美术馆开幕，共展出作品 498 件。

1995 年

2 月，"变化——中国现代艺术展"在瑞典哥德堡美术馆举行，展出孙良、李天元、艾未未等 14 位中国艺术家的多媒体作品。

3 月 30 日，"米罗：东方精神——米罗艺术大展"在中国美术馆展出。

5 月 4 日，"中国当代艺术中的女性方式展"在北京艺术博物馆举行。

6 月，以彭德为艺术主持的"中国油画家 12 人代表团"赴美访问。同月，黄笃参与策划的"来自中心之国：1979 年以来的中国前卫艺术展"在西班牙巴塞罗那圣莫尼卡艺术中心展出。

8 月 15 日，"女画家的世界"第二次展览在北京国际艺苑美术馆展出，参展艺术家有申领、喻红、陈淑霞、宁方倩、李辰、余陈、兰子、蒋从忆。

9 月，北京东村艺术家集体实施行为艺术《为无名山增高一米》。

10 月 7 日，由刘春华执笔的"文化大革命""样板画"，印数多达 9 亿份的油画作品《毛主席去安源》在中国嘉德 95 秋季拍卖会上拍出 550 万人民币，成为当时国内艺术品的天价。

11 月，黄笃参与策划的"张开嘴，闭上眼：北京·柏林艺术交流展"在首都师范大学美术馆展出。

同年，中国艺术研究院美术研究所主办，已出版 14 年的《美术史论》季刊改版为《美术观察》月刊。

参考文献

一　著作类

（一）中文著作

1. 论著

蔡仪：《美学论著初编》下，上海文艺出版社 1982 年版。

蔡仪：《新美学》，中国社会科学出版社 1995 年版。

曹卫东：《交往理性与诗学话语——论哈贝马斯的文学概念》，天津社会
　　科学院出版社 2001 年版。

曹文轩：《中国八十年代文学现象研究》，北京大学出版社 1988 年版。

陈平原：《教育：知识生产与文学传播》，安徽教育出版社 2007 年版。

陈望衡：《20 世纪中国美学本体论问题》，武汉大学出版社 2007 年版。

陈伟：《中国现代美学思想史纲》，上海人民出版社 1993 年版。

陈晓明：《表意的焦虑——历史祛魅与当代文学变革》，中央编译出版社
　　2002 年版。

陈祖芬：《八十年代看过来》，作家出版社 2008 年版。

程光炜：《重返八十年代》，北京大学出版社 2009 年版。

程光炜：《文学讲稿："八十年代"作为方法》，北京大学出版社 2009
　　年版。

程光炜：《文学史的多重面孔——八十年代文学事件再讨论》，北京大学
　　出版社 2009 年版。

程光炜：《文学史的潜力：人大课堂与八十年代文学》，文化艺术出版社 2011 年版。

陈伟：《文艺美学的理论与历史》，上海三联书店出版社 2006 年版。

戴阿宝、李世涛：《问题与立场：20 世纪中国美学论争辩》，首都师范大学出版社，2006 年版。

邓晓芒、易中天：《走出美学的迷惘》，花山文艺出版社 1989 年版。

丁正耕：《中国当代艺术》，辽宁美术出版社 2000 年版。

杜龙琪：《20 世纪中国情节性绘画研究》，人民出版社 2012 年版。

杜书瀛、钱竞：《中国 20 世纪文艺学学术史》（1—3 部），上海译文出版社 2001 年版。

杜卫：《走出审美城——新时期文学审美论的批判性解读》，东方出版社 1999 年版。

费孝通：《费孝通九十新语》，重庆出版社 2005 年版。

冯景源：《马克思异化理论研究》，中国人民大学出版社 1987 年版。

冯黎明：《技术文明语境中的现代主义艺术》，中国社会科学出版社 2003 年版。

冯黎明：《走向全球化——论西方现代文论在当代中国文学理论界的传播与影响》，中国社会科学出版社 2009 年版。

冯宪光：《西方马克思主义文艺美学思想》，四川大学出版社 1988 年版。

冯宪光、马睿：《审美意识形态的文本分析》，四川大学出版社 2001 年版。

冯宪光：《马克思美学的现代阐释》，四川教育出版社 2002 年版。

冯友兰：《三松堂全集》（第五卷），河南人民出版社 1986 年版。

甘阳：《八十年代文化意识》，上海人民出版社 2006 年版。

高尔泰：《论美》，甘肃人民出版社 1982 年版。

高尔泰：《美是自由的象征》，人民文学出版社 1986 年版。

高皋、严家其：《“文化大革命”十年史》，天津人民出版社 1986 年版。

高名潞：《中国前卫艺术》，江苏美术出版社 1977 年版。

高名潞等：《中国当代美术史 1985—1986》，上海人民出版社 1991 年版。

高名潞：《墙——中国当代艺术的历史与边界》，中国人民大学出版 2006
　　年版。

顾承峰：《观念艺术的中国方式》，湖南美术出版社 1997 年版。

顾昕：《中国启蒙的历史图景：五四的反思与当代中国的意识形态之争》，
　　香港牛津大学出版社 1992 年版。

郭双林：《八十年代以来的文化论争》，百花洲文艺出版社 2004 年版。

韩少功：《反思八十年代》，山东文艺出版社 2001 年版。

汉雅轩：《星星十年》，香港汉雅轩出版社 1989 年版。

何国瑞：《艺术生产原理》，人民文学出版社 1989 年版。

贺桂梅：《"新启蒙"知识档案》，北京大学出版社 2010 年版。

洪子诚：《当代中国文学的艺术问题》，北京大学出版社 1986 年版。

胡风：《胡风全集》（第 3 卷），湖北人民出版社 1999 年版。

胡经之：《论艺术创造》，中国社会科学出版社 2001 年版。

胡经之：《文艺美学》，北京大学出版社 1999 年版。

胡乔木：《关于人道主义与异化问题》，人民出版社 1984 年版。

黄见德：《西方哲学在当代中国》，华中理工大学出版社 1996 年版。

黄凯锋：《价值论视野中的美学》，学林出版社 2001 年版。

黄凯锋：《审美价值论》，云南人民出版社 2005 年版。

季红真：《文明与愚昧的冲突》，浙江文艺出版社 1986 年版。

贾方舟：《多元与选择》，江苏美术出版社 1996 年版。

蒋培坤：《审美活动论纲》，中国人民大学出版社 1988 年版。

孔新苗：《二十世纪中国绘画美学》，山东美术出版社 2000 年版。

劳承万：《康德美学论》，中国社会科学出版社 2001 年版。

李建中：《中国文化概论》，武汉大学出版社 2005 年版。

李建中：《中国文化与文论经典讲演录》，广西师范大学出版社 2007
　　年版。

李世涛：《知识分子立场——激进与保守之间的动荡》，时代文艺出版社

1999 年版。

李松：《"样板戏"编年史》后篇·1967—1976，中国台北秀威资讯科技股份有限公司出版社 2012 年版。

李松：《"样板戏"的政治美学》，中国台北秀威资讯科技股份有限公司出版社 2013 年版。

李西建：《审美文化学》，湖北人民出版社 1992 年版。

李小兵：《我在，我思——世纪之交的文化与哲学》，东方出版社 1997 年版。

李新宇：《入围与蜕变：20 世纪 80 年代中国文学的观念形态》，南开大学出版社 2008 年版。

李醒尘：《西方美学史教程》，北京大学出版社 2005 年版。

李泽厚：《批判哲学的批判——康德述评》，人民出版社 1979 年版。

李泽厚：《美的历程》，文物出版社 1981 年版。

李泽厚：《中国现代思想史论》，东方出版社 1987 年版。

李泽厚：《美学四讲》，生活·读书·新知三联书店 1989 年版。

李泽厚、刘再复：《告别革命——回望二十世纪中国》，香港天地图书有限公司出版社 1995 年版。

李泽厚：《实用理性与乐感文化》，生活·读书·新知三联书店 2005 年版。

李铸晋、万青力：《中国现代绘画史·当代之部》，文汇出版社 2004 年版。

栗宪庭：《重要的不是艺术》，江苏美术出版社 2000 年版。

练暑生：《民族与八十年代的精神症候》，江苏大学出版社 2011 年版。

梁漱溟：《东西文化及其哲学》，商务印书馆 1999 年版。

廖小平：《分化与整合：转型期代际价值观变迁研究》，高等教育出版社 2007 年版。

林同华：《审美文化学》，东方出版社 1992 年版。

凌志军：《呐喊：当今中国的五种声音》，广州出版社 1999 年版。

刘北成：《福柯思想肖像》，北京师范大学出版社 1995 年版。

刘淳：《中国前卫艺术》，百花文艺出版社 1999 年版。

刘淳：《中国油画史》，中国青年出版社 2005 年版。

刘东：《西方的丑学》，四川人民出版社 1986 年版。

刘纲纪：《传统文化、哲学与美学》，广西师范大学出版社 1997 年版。

刘纲纪：《美学与哲学》，湖北人民出版社 1986 年版。

刘纲纪：《艺术哲学》，武汉大学出版社 1986 年版。

刘锡诚：《文坛旧事——亲历八十年代文学》，武汉出版社 2005 年版。

刘小枫：《拯救与逍遥——中西方诗人对世界的不同态度》，上海人民出
版社 1988 年版。

刘小枫：《现代性社会理论绪论——现代性与现代中国》，上海三联书店
出版社 1998 年版。

刘晓波：《审美与人的自由》，北京师范大学出版社 1988 年版。

刘悦笛、李修建：《当代中国美学研究（1949—2009）》，中国社会科学
出版社 2011 年版。

刘再复：《文学的反思》，人民文学出版社 1986 年版。

鲁虹：《越界——中国先锋艺术：1979—2004》，河北美术出版社 2006
年版。

鲁虹：《中国当代艺术三十年：1978—2008》2013 年增订版，湖南美术出
版社 2013 年版。

陆梅林：《马克思主义与人道主义》，文化艺术出版社 1987 年版。

罗荣渠：《现代化新论——世界与中国的现代化进程》，商务印书馆 2004
年版。

罗云锋：《文学研究与文化研究的双重变奏——20 世纪 80 年代以来的文
化学术镜像》，上海人民出版社 2011 年版。

吕澎、易丹：《中国现代艺术史：1979—1989》，湖南美术出版社 1992
年版。

吕澎：《20 世纪中国艺术史》，北京大学出版社 2007 年版。

吕澎、易丹：《1979 年以来的中国艺术史》，中国青年出版社 2011 年版。

马国川：《我与八十年代》，生活·读书·新知三联书店 2011 年版。

马奇：《艺术哲学论稿》，山西人民出版社 1985 年版。

毛崇杰：《席勒的人本主义美学》，湖南人民出版社 1987 年版

敏泽、党圣元：《文学价值论》，社会科学文献出版社 1999 年版。

莫其逊：《元美学引论》，广西师范大学出版社 2000 年版。

聂振斌：《中国近代美学思想史》，中国社会科学出版社 1991 年版。

聂振斌等：《思辨的想象》，云南大学出版社 2003 年版。

欧阳谦：《人的主体性和人的解放——西方马克思主义的文化哲学初探》，
　　山东文艺出版社 1986 年版。

潘知常：《生命美学论稿》，郑州大学出版社 2002 年版。

庞元正、刘维林：《让思想冲破牢笼》，中国人民大学出版社 1998 年版。

彭锋：《引进与变异：西方美学在中国》，首都师范大学出版社 2006
　　年版。

彭肜：《全球化与中国图像——新时期中国油画本土化思潮》，四川美术
　　出版社 2005 年版。

沈宝祥：《真理标准问题讨论始末》，中共党史出版社 2008 年版。

石天强：《文学·文本·文化——80 年代中篇小说个案研究》，北京大学
　　出版社 2012 年版。

谭好哲、程相占：《现代视野中的文艺美学基本问题研究》，齐鲁书社
　　2003 年版。

汪晖：《去政治化的政治：短 20 世纪的终结与 90 年代》，生活·读书·
　　新知三联书店 2008 年版。

王炳书：《实践理性论》，武汉大学出版社 2002 年版。

王才勇：《现代审美哲学新探索——法兰克福学派美学述评》，中国人民
　　大学出版社 1990 年版。

王朝闻：《美学概论》，人民出版社 1981 年版。

王德领：《混血的生长——二十世纪八十年代（1976—1985）对西方现代

派文学的接受》，中国社会科学出版社 2011 年版。

王德威：《抒情传统与中国现代性》，生活·读书·新知三联书店 2018 年版。

王克千：《价值之探求——现代西方哲学文化价值观》，黑龙江教育出版 社 1989 年版。

王向峰：《美的艺术显形》，首都师范大学出版社 2001 年版。

王尧：《一个人的八十年代》，华东师范大学出版社 2009 年版。

王尧：《作为问题的八十年代》，生活·读书·新知三联书店，2013 年版。

王一川：《审美体验论》，百花文艺出版社 1992 年版。

王一川：《中国形象诗学——1985 至 1995 年文学新潮阐释》，上海三联书 店出版社 1998 年版。

王一川：《汉语形象美学引论》，广东人民出版社 1999 年版。

王元化：《文学沉思录》，上海文艺出版社 1983 年版。

王元骧：《审美反映与艺术创造》，杭州大学出版社 1992 年版。

王志亮：《话语与运动：20 世纪 80 年代美术史的两个关键词》，上海书画 出版社 2018 年版。

吴美纯：《黄永砅》，福建美术出版社 2003 年版。

吴予敏：《美学与现代性》，西北大学出版社 1998 年版。

吴中杰：《中国现代文艺思潮史》，复旦大学出版社 1996 年版。

夏之放：《异化的扬弃》，花城出版社 2000 年版。

向继东：《新启蒙年代：我的 80 年代的阅读》，广东人民出版社 2011 年版。

新京报：《追寻 80 年代》，中信出版社 2006 年版。

邢建昌：《世纪之交中国美学的转型》，河北教育出版社 2001 年版。

徐复观：《中国艺术精神》，春风文艺出版社 1987 年版。

徐恒醇：《技术美学》，上海人民出版社 1989 年版。

徐亮：《文艺美学教程》，北京民族学院出版社 1993 年版。

杨曾宪：《审美价值系统》，人民文学出版社 1998 年版。

杨春贵：《中国哲学四十年》，中共中央党校出版社 1989 年版。

杨春时：《系统美学》，中国文联出版公司 1987 年版。

杨春时：《生存与超越》，广西师范大学出版社 1998 年版。

杨存昌：《中国美学三十年》，济南出版社 2010 年版。

杨鼎川：《1967：狂乱的文学年代》，山东教育出版社 1998 年版。

杨继绳：《邓小平时代：中国改革开放纪实》，中央编译出版社 1998
年版。

杨卫、李迪：《八十年代：一个艺术与理想交融的时代》，湖南美术出版
社 2015 年版。

叶春辉、王希：《中国现当代美术创作方法论研究》，广东高等教育出版
社 2009 年版。

叶朗：《现代美学体系》，北京大学出版社 1999 年版。

叶朗：《美学原理》，北京大学出版社 2009 年版。

叶秀山：《美的哲学》，人民出版社 1991 年版。

易丹：《星星历史》，湖南美术出版社 2000 年版。

易英：《学院的黄昏》，湖南美术出版社 2001 年版。

易英：《从英雄颂歌到平凡世界》，中国人民大学出版社 2004 年版。

易中天：《艺术人类学》，上海文艺出版社 1992 年版。

尹昌龙：《1985：延伸与转折》，山东教育出版社 1998 年版。

尤西林：《人文学科及其现代意义》，陕西人民教育出版社 1996 年版。

尤西林：《人文精神与现代性》，陕西人民出版社 2006 年版。

俞吾金：《实践诠释学》，云南人民出版社 2001 年版。

俞宣孟：《本体论研究》，上海人民出版社 1999 年版。

袁济喜：《承续与超越：20 世纪中国美学与传统》，首都师范大学出版社
2006 年版。

曾繁仁：《美学之思》，山东大学出版社 2003 年版。

查建英：《八十年代访谈录》，生活·读书·新知三联书店 2006 年版。

张法：《中西美学与文化精神》，北京大学出版社 1994 年版。

张法：《中国高校哲学社会科学发展报告（1978—2008）：艺术学》，广西师范大学出版社 2008 年版。

张弘：《西方存在美学问题研究》，黑龙江人民出版社 2005 年版。

张华：《生态美学及其在当代中国的建构》，中华书局 2006 年版。

张立宪：《闪开，让我歌唱八十年代》，人民文学出版社 2012 年版。

张荣翼：《冲突与重建——全球化语境中的中国文学理论问题》，武汉大学出版社 2005 年版。

张荣翼：《理论之思：文学理论的问题与思考》，中国社会科学出版社 2012 年版。

张荣翼、李松：《文学研究的知识论依据》，武汉大学出版社 2013 年版。

张少侠、李小山：《中国现代绘画史》，江苏美术出版社 1986 年版。

张旭东：《批评的踪迹：文化理论与文化批评（1985—2002）》，生活·读书·新知三联书店 2003 年版。

张旭东：《改革时代的中国现代主义——作为精神史的 80 年代》崔问津译，北京大学出版社 2014 年版。

张艳涛：《马克思哲学观》，社会科学文献出版社 2008 年版。

张玉能：《新实践美学论》，人民出版社 2007 年版。

章海荣：《生态伦理与生态美学》，复旦大学出版社 2005 年版。

章启群：《百年中国美学史略》，北京大学出版社 2005 年版。

赵辉：《海子：一个 "80 年代" 文学镜像的生成》，北京大学出版社 2011 年版。

赵士林：《当代中国美学研究概述》，天津教育出版社 1988 年版。

赵宪章：《西方形式美学》，上海人民出版社 1996 年版。

赵宪章：《文艺美学方法通论》，浙江大学出版社 2006 年版。

赵园：《艰难的选择》，上海文艺出版社 1986 年版。

支宇：《新批评：中国后现代性批评话语》，河北美术出版社 2008 年版。

周来祥：《美学问题论稿》，陕西人民出版社 1984 年版。

周来祥：《文学艺术的审美特征与美学规律》，贵州人民出版社 1984
　　年版。

周来祥：《文艺美学》，人民文学出版社 2003 年版。

周宪：《审美现代性批判》，商务印书馆出版社 2005 年版。

朱存明：《情感与启蒙：20 世纪中国美学精神》，西苑出版社 2013 年版。

朱光潜：《西方美学史》，人民文学出版社 1979 年版。

朱光潜：《谈美书简》，上海文艺出版社 1980 年版。

朱光潜：《文艺心理学》，安徽教育出版社 1996 年版。

朱立元：《美学》，高等教育出版社 2005 年版。

祝东力：《精神之旅——新时期以来的美学与知识分子》，中国广播电视
　　出版社 1998 年版。

宗白华：《美学散步》，上海人民出版社 1981 年版。

邹跃进：《新中国美术史：1949—2000》，湖南美术出版社 2002 年版。

　　2. 论文集

陈丹青：《退步集》，山东画报出版社 2003 年版。

陈孝信：《2013 中国美术批评家年度批评文集》，河北美术出版社 2013
　　年版。

丁建新、廖益清（主编）等：《批评语言学》，北京外语教学与研究出版
　　社 2011 年版。

傅中望、孙振华：《"八五美术"史实考据：2015 湖北美术馆论坛文集》，
　　河北美术出版社 2016 年版。

高名潞：《另类方法 另类现代》，上海书画出版社 2006 年版。

高名潞：《'85 美术运动：80 年代的人文前卫》，广西师范大学出版社
　　2008 年版。

高氏兄弟：《中国前卫艺术状况》，江苏人民出版社 2002 年版。

贾方舟：《批判的时代》3 卷，广西美术出版社 2003 年版。

江苏省美学学会：《春华秋实——江苏省美学学会（1981—2001）纪念文
　　集》，江苏省美学学会出版社 2001 年版。

蒋孔阳:《美学与艺术评论》第一集,复旦大学出版社 1984 年版。

蒋孔阳:《蒋孔阳美学艺术论集》,江西人民出版社 1988 年版。

蒋孔阳:《蒋孔阳全集》,安徽教育出版社 1999 年版。

李泽厚:《李泽厚哲学美学文选》,湖南人民出版社 1985 年版。

李泽厚:《李泽厚十年集》(第二卷《批判哲学的哲学·我的哲学提纲》),安徽文艺出版社 1994 年版。

栗宪庭:《重要的不是艺术》,江苏美术出版社 2000 年版。

罗钢、刘象愚:《后殖民主义文化理论》,中国社会科学出版社 1999 年版。

毛泽东:《毛泽东选集》,人民出版社 1991 年版。

汝信、王德胜:《美学的历史:20 世纪中国美学学术进程》,安徽教育出版社 2000 年版。

隋建国、吕品昌编《雕塑之道:2017 国际雕塑研讨会论文集》,中国民族摄影出版社 2018 年版。

孙振华:《艺术与社会:26 位著名批判家谈中国当代艺术的转向》,湖南美术出版社 2005 年版。

万青力:《万青力美术文集》,人民美术出版社 2004 年版。

王国维:《王国维文集》第三卷,中国文史出版社 1997 年版。

王林:《从中国经验开始》,湖南美术出版社 2005 年版。

魏金声:《现代西方人学思潮的震荡》,中国人民大学出版社 1996 年版。

张力等:《当代中国美术家画语类编》,吉林美术出版社 1989 年版。

张强:《迷离错置的影像》,山东美术出版社 1998 年版。

中国社会科学院哲学研究所:《论康德黑格尔哲学——纪念文集》,上海人民出版社 1981 年版。

周扬:《周扬文集》,人民文学出版社 1984 年版。

朱光潜:《朱光潜美学文学论文选集》,湖南人民出版社 1980 年版。

朱光潜:《美学拾穗集》,百花文艺出版社 1980 年版。

朱光潜:《朱光潜美学文集》,上海文艺出版社 1983 年版。

朱光潜：《朱光潜全集》第五卷，安徽教育出版社 1989 年版。

宗白华：《宗白华全集》，安徽教育出版社 1994 年版。

3. 资料汇编

陈履生：《中国名画 1000 幅》，广西美术出版社 2011 年版。

费大为：《'85 新潮档案》Ⅰ-Ⅱ，上海人民出版社 2007 年版。

费大为：《'85 新潮：中国第一次当代艺术运动》，上海人民出版社 2007 年版。

高名潞等：《'85 美术运动：历史资料汇编》，广西师范大学出版社 2008 年版。

高氏兄弟：《中国前卫艺术状况》，江苏人民出版社 2002 年版。

何新编：《中外文化知识辞典》，黑龙江人民出版社 1989 年版。

顾丞峰编：《八五新潮美术在江苏》，南京大学出版社 2017 年版。

金炳华等编：《哲学大辞典》修订本，上海辞书出版社 2001 年版。

廖盖隆编：《中国共产党历史大词典》增订本，中共中央党校出版社 2001 年版。

鲁虹编：《中国当代美术图鉴：1979—1999，观念艺术分册》，湖北教育出版社 2001 年版。

乔晓光：《本土精神：从玉米地到扶桑树》，江西美术出版社 2008 年版。

王林：《现代美术历程 100 问》，四川美术出版社 2000 年版。

中国大百科全书出版社编辑部编：《中国大百科全书》美术Ⅰ，中国大百科全书出版社 1990 年版。

中国美术家协会编：《1979—1989 当代中国画》，山东美术出版社 1990 年版。

（二）汉译著作

1. 论著

［德］亚历山大·戈特利布·鲍姆嘉通：《美学》，王旭晓译，文化艺术出版社 1987 年版。

［德］恩斯特·卡西尔：《人性论》，甘阳译，上海译文出版社 2003 年版。

［德］汉斯-格奥尔格·加达默尔：《真理与方法》，洪汉鼎译，上海译文出版社 2004 年版。

［德］伊曼努尔·康德：《历史理性批判文集》，何兆武译，商务印书馆 1996 年版。

［德］伊曼努尔·康德：《判断力批判》，邓晓芒译，人民出版社 2002 年版。

［德］格奥尔格·齐美尔：《桥与门》，涯鸿等译，上海三联书店出版社 1991 年版。

［德］瓦尔特·赫斯：《欧洲现代画派画论》，宗白华译，广西师范大学出版社 2001 年版。

［德］弗里德里希·席勒：《审美教育书简》，冯至、范大灿译，上海人民出版社 2003 年版。

［法］夏尔·波德莱尔：《波德莱尔美学论文选》，郭宏安译，人民文学出版社 2008 年版。

［法］皮埃尔·布尔迪厄：《艺术的法则——文学场的生成与结构》，刘晖译，中央编译出版社 2011 年版。

［法］让-雅克·卢梭：《社会契约论》，何兆武译，商务印书馆 1980 年版。

［法］马克·西门尼斯：《当代美学》，王洪一译，文化艺术出版社 2005 年版。

［法］让-弗朗索凡·利奥塔：《后现代状况：关于知识的报告》，车槿山译，生活·读书·新知三联书店 1997 年版。

［古希腊］柏拉图：《柏拉图全集》第三卷，王晓朝译，人民出版社 2003 年版。

［美］阿瑟·丹托：《寻常物的嬗变：一种关于艺术的哲学》，陈岸瑛译，江苏人民出版社 2012 年版。

［美］弗雷德里克·R. 卡尔：《现代与现代主义》，陈永国、傅景川译，中国人民大学出版社 2004 年版。

［美］马泰·卡林内斯库：《现代性的五副面孔》，顾爱彬、李瑞华译，译林出版社 2015 年版。

［美］乔纳森·弗里德曼：《文化认同与全球性过程》，郭建如译，商务印书馆 2003 年版。

［美］舒衡哲：《中国启蒙运动——知识分子与五四遗产》，刘京建译，丘为君校，新星出版社 2007 年版。

［意］杰奥尼瓦·阿锐基：《漫长的 20 世纪——金钱、权力与我们社会的根源》，姚乃强等译，江苏人民出版社 2001 年版。

［英］霍布斯鲍姆：《极端的年代：短暂的 20 世纪（1914—1991）》，江苏人民出版社 1999 年版。

［英］安东尼·吉登斯：《现代性的后果》，田禾译，译林出版社 2000 年版。

［英］奥斯卡·王尔德：《谎言的衰落：王尔德艺术批评文选》，萧易译，江苏教育出版社 2004 年版。

2. 论文集

汪民安、陈永国：《尼采的幽灵——西方后现代语境中的尼采》，苏力译，社会科学文献出版社 2001 年版。

［美］弗雷德里克·詹明信：《晚期资本主义的文化逻辑》，张京媛译，生活·读书·新知三联书店 1997 年版。

［美］马泰·卡林内斯库：《文化现代性精粹读本》，周宪译，中国人民大学出版社 2006 年版。

3. 资料汇编

［英］赫伯特·里德、尼古斯·斯坦格斯：《艺术与艺术家词典》，范景中、刘礼宾译，生活·读书·新知三联书店 2010 年版。

［美］赫伯特·马尔库塞：《现代文明与人的困境——马尔库塞文集》，李小兵等译，上海三联书店出版社 1989 年版。

（三）英文著作

Gao Minglu, *Inside Out：New Chinese Art*, Berkeley and Los Angeles：

University of California Press，1998.

Gao Minglu，*The Wall*：*Reshaping Contemporary Chinese Art*，New York：Buffalo Fine Arts/Albright-Knox Art Gallery，2005.

Gao Minglu，*Total Modernity and the Avant - Garde in Twentieth - Century Chinese Art*，Massachusetts：The MIT Press，2011.

Gerth H H，Mills C Wright，eds，*From Max Weber*：*Essays in Sociology*，New York：Oxford University Press，1946.

Kao May ching ed，*Twentieth-Century Chinese Painting*，Hong Kong：Oxford University Press，1990.

Tsao Hsingyuan，Roger Ames，ed，*Xu Bing and Contemporary Chinese Art*：*Cultural and Philosophical Reflections*，New York：State University of New York Press，2011.

二　论文类

（一）期刊论文

1. 中文论文

白桦：《文学艺术与民主》，《美术研究》1979 年第 1 期。

北京油画艺术研究会：《各地群众画会作品选》，《美术》1981 年第 2 期。

陈丹青：《让艺术说话》，《美术》1981 年第 1 期。

陈文雁：《"文化大革命"美术符号的形成与发展》，《艺术教育》2013 年第 8 期。

陈孝信：《如何新美术——"85 美术新潮"回眸》，《美术报》2016 年 5 月 20 日。

程宜明、刘宇廉、李斌：《关于创作连环画〈枫〉的一些想法》，《美术》1980 年第 1 期。

初澜：《把生活中的矛盾和斗争典型化》，《人民日报》1974 年 10 月 14 日，第 2 版。

杜健：《对"新潮"美术论纲的意见》，《文艺报》（北京）1990 年 12 月

29 日，第 6 版。

杜哲森：《艺术不能离开人民的土壤——寄言冯国东同志》，《美术》1981
年第 5 期。

高名潞：《新潮美术运动与新文化价值》，《文艺研究》1988 年第 6 期。

高小华：《为什么画〈为什么〉》，《美术》1979 年第 7 期。

顾丞峰：《历史在回顾中延伸——江苏 85 新潮美术概述》，《南京艺术学
院学报》（美术与设计版）2016 年第 6 期。

管郁达：《谁在神话"八五"美术新潮》，《中国文化报》2007 年 12 月
9 日。

黄禾青：《中国绘画现代转型的路径》，《中国文艺评论》2020 年第 4 期。

何国瑞、涂险峰：《评"新潮"美术"不可避免"说》，《美术》1992 年
第 7 期。

洪琼：《西方"游戏说"的演变历程》，《江海学刊》2009 年第 4 期。

胡德智：《任何一条通往真理的途径都不应该忽视——只有现实主义精神
才是永恒的》，《美术》1980 年第 7 期。

黄岩：《中国现代艺术史 1979—1989》，《文艺争鸣》1994 年第 5 期。

黄永砯：《一次未能公开的画展》，《美术思潮》1985 年第 10 期。

黄永砯：《厦门达达——一种后现代?》，《中国美术报》1986 年 11 月
17 日。

黄专、李凓莎：《何香凝美术馆第三届学术论坛——中国当代艺术生态考
察艺术传媒·第二单元》，《画刊》2007 年第 7 期。

黄宗权：《康德、席勒与伽达默尔"游戏说"的核心思想与哲学立场》，
《贵州大学学报》（艺术版）2018 年第 5 期。

金观涛：《八十年代的一个宏大思想运动》，《经济观察报》2008 年 4 月
28 日第 41 版。

郎绍君：《论新潮美术》，《文艺研究》1987 年第 5 期。

郎绍君、易英、殷双喜、贾方舟、彭德、王林、孙津、范达明：《中国当
代美术批评笔谈》，《美术》1989 年第 1 期。

李茂盛:《从改革开放 30 年看 85 新潮美术运动》,《文艺争鸣》2009 年第 10 期。

李小山:《当代中国画之我见》,《江苏画刊》1985 年第 7 期。

李遇:《人人都说存在主义》,《山西晚报》2008 年 12 月 4 日。

李最罍:《万曼之歌——"马林·瓦尔班诺夫与中国八五新潮美术学术文献展"》,《装饰》2009 年第 10 期。

栗宪庭:《关于"星星"美术作品展览》,《美术》1980 年第 3 期。

林春:《行过与完成——厦门达达回忆录》,《当代艺术与投资》2008 年第 4 期。

林钰源:《罗中立与〈父亲〉》,《文艺争鸣》2010 年第 11 期。

刘纲纪:《努力塑造无产阶级的英雄形象》,《美术》1977 年第 4 期。

刘海:《20 世纪现代绘画艺术的自律性实践》,《艺术学界》2015 年第 2 期。

刘绍荟:《感情·个性·形式美》,《美术》1979 年第 1 期。

刘彦:《艺术中的理性》,《美术》1987 年第 9 期。

刘再复:《文学研究思维空间的拓展(续)——近年来我国文学研究的若干发展动态》,《读书》1985 年第 3 期。

鲁虹:《"85 美术新潮"时期的〈美术思潮〉》,《艺术市场》2021 年第 10 期。

鲁明军:《"美术革命":当代的预演与新世界构想》,《文艺研究》2018 年第 10 期。

鲁枢元:《黄土地上的视觉革命——我国新时期美术运动的随想》,《美术》1986 年第 7 期。

鲁枢元:《论新时期文学的"向内转"》,《文艺报》1986 年 10 月 18 日。

鲁枢元:《文学的内向性——我对"新时期文学'向内转'讨论"的反省》,《中州学刊》1997 年第 5 期。

陆丽娟、陆俞志:《乡土情怀——泛漓江流域艺术创作群落研究》,《美术观察》2016 年第 1 期。

罗中立：《〈我的父亲〉的作者的来信》，《美术》1981 年第 2 期。

吕蒙：《让我们高呼"人民万岁"》，《美术》1979 年第 1 期。

吕澎：《新绘画的历史上下文》，《艺术当代》2007 年第 5 期。

吕澎：《中国当代艺术的萌芽——以张晓刚早期艺术思想及其表现手法为例》，《文艺研究》2016 年第 5 期。

毛旭辉：《云南·上海〈新具象画展〉及其发展》，《美术》1986 年第 11 期。

毛泽东：《给陈毅同志谈诗的一封信》，《人民日报》1977 年 12 月 31 日。

美术杂志编辑部：《中国美术家协会第三次会员代表大会新选出主席、副主席、常务理事、理事》，《美术》1979 年第 11 期。

聂赫夫：《藏匿的文本——观念性具象绘画创作实验》，《美术》2020 年第 2 期。

裴萱：《社会学视野中 1980 年代主体性美学的理论谱系与逻辑框架》，《唐山学院学报》2017 年第 1 期。

彭锋：《抽象终结之后的抽象——对中国当代抽象的哲学解读》，《艺术设计研究》2018 年第 4 期。

千禾：《"自我表现"不应该视为绘画的本质》，《美术》1980 年第 8 期。

邵大箴：《西方现代美术流派简介》（续），《世界美术》1979 年第 2 期。

邵大箴：《印象派的评价问题》，《美术研究》1979 年第 4 期。

沈明明：《人性理论的伟大变革——读马克思〈1844 年经济学哲学手稿〉》，《厦门大学学报》（哲学社会科学版）1987 年第 1 期。

《十一届三中全会公报提要》，《人民日报》1978 年 12 月 24 日，第 1 版。

舒群：《"北方艺术群体"的精神》，《中国美术报》1985 年第 18 期。

唐晓林：《浸入此时此地——"85 新空间"与"池社"》，《美术观察》2019 年第 4 期。

陶东风：《80 年代中国文艺学主流话语的反思》，《学习与探索》1999 年第 2 期。

汪民安：《八五新潮美术中的生命主题》，《读书》2015 年第 4 期。

王端延：《走向本体——抽象艺术在中国》，《油画艺术》2018 年第 3 期。

王广义：《我们这个时代需要什么样的绘画》，《江苏画刊》1986 年第 4 期。

王克平：《问答》，《美术》1981 年第 1 期。

王林：《从 "85 新潮美术" 看文化民间的重建》，《中国艺术》2015 年第 1 期。

王文静：《浅谈新潮美术的艺术追求》，《大同职业技术学院学报》2005 年第 3 期。

王小菲：《关于 "85 美术新潮的一些研究——为何是 85》，《中国油画》2014 年第 2 期。

王岳川：《中国九十年代话语转型的深层问题》，《文学评论》1999 年第 3 期。

王志亮：《话语权力在运动中（上）—— "八五美术新潮" 中的 "理性主义绘画"》，《画刊》2008 年第 4 期。

王志亮：《一个被塑造的神话——重构〈在新时代——亚当·夏娃的启示〉的生产与接受过程》，《文艺研究》2011 年第 7 期。

王仲：《学习借鉴西方现代派的美术不就是 "新潮美术"》，《美术》1992 年第 4 期。

文汇报编辑部：《又一朵大花香——赞油画〈毛主席去安源〉》，《文汇报》1968 年 7 月 6 日上午版。

吴冠中：《印象主义绘画的前前后后》，《美术研究》1979 年第 4 期。

武汉大学文学院文艺学专业 "纯粹现代性" 课题组：《现代何以成性？——关于纯粹现代性的研究报告》（上、下篇），《江汉论坛》2020 年第 2、第 3 期。

吴甲丰：《印象派的再认识》，《社会科学战线》1979 年第 2 期。

吴兴明：《海德格尔将我们引向何方？——海德格尔 "热" 与国内美学后现代转向的思想进路》，《文艺研究》2010 年第 5 期。

吴永强：《在艺术史视野中的美术期刊——透过 '85 思潮的案例观察》，

《艺术与设计》（理论）2009 年第 12 期。

奚静之：《现实主义、写实主义及其他》，《美术研究》1979 年第 2 期。

夏硕琦：《为伟大的转变创作美好的图画——华东六省一市三十周年美术
作品展览草图观摩会代表座》，《美术》1979 年第 1 期。

肖鹰：《丁方：绘画的理想坚守》，《美术观察》2017 年第 7 期。

谢立中：《"现代性"及其相关概念词义辨析》，《北京大学学报》（哲学
社会科学版）2001 年第 5 期。

徐冰：《新潮美术的意义和局限》，《中国文化报》2009 年 6 月 25 日第
3 版。

徐敦广：《现代性、审美现代性与艺术审美主义》，《东北师大学报》（哲
学社会科学版）2009 年第 1 期。

许良祖：《关于当代美术新潮的思考》，《美术》1987 年第 12 期。

杨成寅：《新潮美术论纲》，《新美术》1990 年第 3 期。

杨卫：《新潮美术批判》，《艺术评论》2004 年第 7 期。

易英、范迪安、王明贤、殷双喜、高名潞：《批评的本体意识与科学性：
批评五人谈》，《美术》1990 年第 10 期。

易英：《艺术思潮与抽象绘画——中国当代抽象绘画述评》，《美苑》1995
年第 5 期。

易英：《政治波普的历史变迁》，《南京艺术学院学报》（美术与设计版）
2007 年第 3 期。

殷双喜：《转型与裂变——"八五美术新潮"回望》，《文艺研究》2015
年第 10 期。

于金才：《传统的张力与新潮美术》，《美术》1990 年第 5 期。

袁运甫、袁运生、李化吉、侯一民：《壁画问题探讨》，《美术研究》1980
年第 1 期。

詹建俊、陈丹青、吴冠中、靳尚谊、袁运生、闻立鹏：《北京市举行油画
学术讨论会》，《美术》1981 年第 3 期。

张法：《现代性话语的流变与美学的关联》，《甘肃社会科学》2005 年第

4 期。

张方震:《要注重形式探索——从油画〈父亲〉的艺术成就看形式探索的
　　重要性》,《美术》1981 年第 9 期。

张明:《中国现代性问题历史语境的哲学审思》,《人文杂志》2018 年第
　　6 期。

张蔷:《绘画新潮》,《江苏画刊》1987 年第 10 期。

张群、孟禄丁:《新时代的启示——〈在新时代〉创作谈》,《美术》
　　1985 年第 7 期。

张婷、赵良杰:《反思"主体性"美学——关于 20 世纪 80 年代美学演进
　　的另一种陈述》,《当代文坛》2015 年第 5 期。

张晓凌:《重建传统符号》,《油画艺术》2018 年第 3 期。

赵一凡、张志扬、章国锋、金元浦、周宪、陶东风、余虹、程正民:《现
　　代性与文艺理论》(笔谈),《文艺研究》2000 年第 2 期。

周宪:《艺术的自主性:一个审美现代性问题》,《外国文学评论》2004
　　年第 2 期。

周彦、王小箭:《新潮美术的语言形态》,《文艺研究》1988 年第 12 期。

朱其:《'85 美术新潮的神话终结》,《艺术评论》2007 年第 12 期。

2. 汉译论文

[美]迈耶·皮罗:《论抽象画的人性》,沈语冰译,《当代美术家》2015
　　年第 3 期。

[德]尤尔根·哈贝马斯:《公共领域(1964)》,汪晖译,《天涯》1997
　　年第 3 期。

(二)硕博论文

1. 硕士论文

谌毅:《西方现代造型艺术中的"表现"问题》,硕士学位论文,武汉大
　　学,2004 年。

韩雪:《'85 美术思潮的媒介实践——以"理性之潮"为例》,硕士学位论
　　文,苏州大学,2018 年。

何飞：《'85 时期黄永砯艺术精神探析》，硕士学位论文，西南交通大学，2011 年。

侯新兵：《新时期审美现代性研究》，硕士学位论文，广西师范大学，2004 年。

雷然：《八五新潮美术审美意识形态与文化选择》，硕士学位论文，东北师范大学，2003 年。

李冠燕：《论"文革美术"及其图像特征》，硕士学位论文，中国艺术研究院，2010 年。

李木子：《中国式的波普艺术》，硕士学位论文，重庆大学，2004 年。

李晟曌：《"厦门达达"及其背后的思想史脉络》，硕士学位论文，中国美术学院，2010 年。

李燕南：《感受徐冰的装置作品》，硕士学位论文，华东师范大学，2011 年。

刘红星：《文革美术研究》，硕士学位论文，四川音乐学院，2017 年。

马黎：《人文关怀的冷与热》，硕士学位论文，中国美术学院，2014 年。

邵添花：《"厦门达达"的艺术特征研究》，硕士学位论文，西北师范大学，2010 年。

沈明明：《先锋如何可能》，硕士学位论文，福建师范大学，2016 年。

唐吟：《历史情境中的文化选择——西方近现代美术译介对"85 新潮美术"的影响》，硕士学位论文，西北师范大学，2007 年。

王亚男：《85 美术运动时期"新具像"代表艺术家的艺术观念研究》，硕士学位论文，重庆师范大学，2015 年。

熊家荣：《论"西南群体"艺术家作品中生命意识的体现》，硕士学位论文，云南师范大学，2015 年。

张新文：《85 新潮美术的历史定位与现代性反思》，硕士学位论文，山东大学，2008 年。

张艳：《百年中国美育与现代性问题》，硕士学位论文，温州大学，2017 年。

2. 博士论文

陈林：《思想文化视域下的知识分子叙事研究（1978—1993）》，博士学位论文，苏州大学，2017 年。

郭震旦：《 "八十年代" 史学谱》，博士学位论文，山东大学，2010 年。

霍炬：《反审美的意识形态》，博士学位论文，华东师范大学，2005 年。

李海霞：《危机下的文学图景》，博士学位论文，上海大学，2007 年。

李火秀：《审美现代性视阈中的中国现代自由主义文学》，博士学位论文，浙江大学，2010 年。

李耀鹏：《八十年代 "五四话语" 的征用与重构》，博士学位论文，吉林大学，2018 年。

林秀琴：《寻根话语：民族文化认同和反思的现代性》，博士学位论文，福建师范大学，2005 年。

刘海：《艺术自律：现代性的美学话语》，博士学位论文，武汉大学，2012 年。

刘海平：《绘画的 "回归" 》，博士学位论文，中央美术学院，2012 年。

刘琴：《审美自律性的历史考察与反思》，博士学位论文，复旦大学，2009 年。

王静斯：《1980 年代 "现代派" 论争研究》，博士学位论文，辽宁大学，2015 年。

王人杰：《新时期美术创作的审美特征研究（1976—1984）》，博士学位论文，西南大学，2014 年。

肖伟胜：《现代性困境中的极端体验》，博士学位论文，南京大学，2003 年。

谢雪花：《困顿与寻找》，博士学位论文，福建师范大学，2009 年。

张军：《阿多诺审美现代性思想研究》，博士学位论文，华中师范大学，2008 年。

周键：《如何定义艺术》，博士学位论文，华东师范大学，2013 年。

三 网络资源

（一）门户网站

1. 中文网站

99 艺术网

http：//www. 99ys. com/

当代艺术网

http：//www. dangdaiyishu. com//

世纪艺术在线

http：//www. 365u0. cn/

视觉天下-Vi21. Net

http：//www. vi21. net/

雅昌艺术网

https：//www. artron. net/

艺术中国

http：//art. china. cn/

中国美术馆

http：//www. namoc. org/

中国美术家网

http：//www. meishujia. cn/

中国艺术新闻网

http：//www. artnews. com. cn/

中华艺拍网

http：//sdsmshop. com/

2. 英文网站

安迪·沃霍尔博物馆

http：//www. clpgh. org/warhol

古根海姆美术馆（纽约）

http：//www. guggenheim. org/new_ york_ index. html

广场画廊

http：//www. tamsquare. com

纽约现代美术馆

http：//www. moma. org/

现代艺术中心

http：//www. monagri. org. cy

艺术国际

http：//www. artintern. net

（二）网络文献

李亚伟：《黄永砯式的艺术：在"争执"中追问世界》,2016 年 3 月 17 日, https：//news. artron. net/20160317/n822737. html，2019 年 3 月 20 日。

栗宪庭：《中国百年艺术思潮》，2016 年 2 月 24 日，http：// review. artintern. net/html. php？id＝62498，2022 年 9 月 18 日。

刘德：《捕捉色彩的"旋律"——傅泽南色彩分析》,2009 年 12 月 16 日, http：//www. zhuokearts. com/html/20091216/109382. html，2019 年 3 月 12 日。

鲁虹：《关于"八五新潮"的形成、发展与反思之二：从"六届全国美术作品展览"到"黄山会议"》, https：//news. artron. net/20120806/n252472. html。

罗玛：《"红色·旅"成员管策访谈录》,2007 年 12 月 19 日，https：// news. artron. net/20071219/n39493_ 3. html，2018 年 12 月 30 日。

Maggie Ma：《"就像做了一场梦"：追忆"八九现代艺术大展"》,2011 年 3 月 26 日，https：//www. docin. com/p－159935734. html，2022 年 9 月 21 日。

毛泽东：《在文艺工作座谈会上的讲话》，http：//search. qstheory. cn/qi-ushi/？keyword＝在延安文艺座谈会上的讲话 &channelid＝269025。

彭德:《"新潮美术"论》,https://news.artron.net/20150603/n747384.html。

水天中:《"文革美术"是什么?》,2007 年 1 月 30 日,http://www.jdzmc.com/jdztc/Article/class11/class47/7277.html,2022 年 9 月 21 日。

陶东风:《从呼唤现代化到反思现代性——兼论世纪之交中国文学研究的范式转换》,https://max.book118.com/html/2017/0115/84098768.shtm。

吴甲丰:《读书:看"星星美术作品展览",漫谈艺术形式》,https://www.douban.com/group/topic/20608322/. LMP STW XY。

吴山专:《谈 89 现代艺术大展:"大生意"这东西不坏》,2015 年 8 月 7 日,http://art.ifeng.com/2015/0807/2462601.shtml,2019 年 3 月 10 日。

许纪霖:《从现代化到现代性》,http://news.sina.com.cn/c/2006-11-19/060010538484s.shtml。

杨圆圆:《王广义:北方艺术群体》,http://www.cphoto.net/article-181126-1.html。

易英:《20 世纪 90 年代艺术:理论的回顾》,https://news.artron.net/20071204/n38440.html。

后　记

　　这本书是在我博士论文的基础上扩充修订而成的。之所以对"八五新潮美术运动"产生兴趣并以此选题作为博士论文，跟两个话题有关：一是审美现代性问题；另一个是 20 世纪 80 年代的"文化热"。

　　在现代性这个话题上，跟读书期间的研究对象有关。硕士研究生阶段，我对西方现当代艺术理论产生了很大的兴趣，并在导师陈岸瑛先生的指导下完成了以《艺术史新视野——本雅明影像理论研究》为题的硕士学位论文，本雅明本就是一个对现代性、美学、都市等话题特别敏感的人。博士阶段我选择了能同时兼顾硕士研究方向与跨学科背景的西方文艺理论作为自己的研究方向。导师冯黎明教授长期致力"艺术自律""现代性"及"审美现代性"等西方艺术理论的研究，在他时髦前卫的思想启迪下，我更进一步思考了在硕士论文中谈到的摄影、电影等现代艺术所涉及的现代性问题，并结合自己的美术史学科背景，将理论兴趣点转移至与"现代性"形成理论张力的"审美现代性"这一论题上。在阅读相关文献时，我进一步认识到此前关于美术史研究中现象描述的研究方法的局限性，美术史的研究必须要历史化，要将美术实践放到一个更为广阔深远的世界中去看待，看到其与现实世界的互动关系，就在这样的思路中，不知不觉进入了"审美现代性"相关理论问题的研究中来了。

　　在博士论文选题时，导师冯黎明教授结合我的学术背景，建议我以"八五新潮美术运动"为研究对象，原因也有两个方面：一是冯黎明先生早就对 20 世纪 80 年代的"文化热"有相当程度的关注，他所指导的好几位博士生都选择将八十年代"文化热"中所涉及的相关问题作为自己的论文选题，并形成了较为丰富的研究成果。截至目前，包括本书在内，已完成了五本博士论文，其它几本分别为裴萱的《1980 年代"美学热"研究》、陈守湖的《"形式意识形态"的文化实践——论 1980 年代中国先锋文学》（2021 年已出版）、向林的《中国八十年代文学理论论争》、陈怡含的《1980 年代历史语境中的"第四代"电影》，关于 20 世纪 80 年代及其相关话题的讨论，还在冯门博士生中薪火相传。二是 2015 年，博士论文选题时恰逢"新潮美术"三十周年，艺术界举行了各种形式的纪念活动，如 2015 年 6 月由李少武和高名潞联合发起、制作的电视专题片——《85 新潮美术纪录片》，首次面向大众发行；11 月"85 美术三十周年纪念展"在上海开幕；四川美术学院举办《怀念自选方式——关于"85 时期"四川美院自选作品展》；"凤凰艺术"年度特别策划——《大时代：'8530 年》原创视频访谈系列节目；12 月湖北美术馆发起"'85 美术'史实考据"论坛等。针对这些艺术界的纪念活动，学术界也给予了积极的回应，一时间关于"85 新潮美术"的研究与反思此起伏彼，蔚为壮观，追随这股热潮，我也加入了对这一热点问题的探讨。2016 年，我以"审美现代性视域中的'八五美术运动'"为题申报了教育部人文社会科学青年基金项目，并成功中标（批准号：16YJC760026），这也从一个侧面说明了该选题的重要性。

"85 新潮美术运动"作为中国当代艺术的一个重要事件，不仅具有艺术史的意义，还负载了思想史的意义。它承续了 20 世纪 70 年代末"伤痕美术"的精神旨趣，终结了在苏联美术影响下所形成的革命现实主义的"红光亮"模式，引发了艺术的自觉反省，推动了抽象艺术、波普艺术等前卫艺术在中国的普及。它同时也是 80 年代"文化热"在艺术领域的表现，承载了中国现代化进程中审美文化体系的变革，以及审美意识形态变化过程中所有的矛盾、悖论和冲突。关于"85 新潮美术的研究"已经汗牛充栋，如何找到新的突破口，是一个很费思量的问题。考虑到 20 世纪 80 年代大的思想背景，我试图以中国的现代性和审美现代性的进程为主导线索，来阐释这场艺术运动的内涵与外延，以审美革命、叙事革命、视觉革命为主要立足点，以具体作品为例深度剖析"85 新潮美术运动"的创作宗旨、造型语言、形式构成及色彩规律，对"85 新潮美术"的表征、生成机制、活动特点及后来的命运进行研究，这是一种新的尝试。虽然这种探索还很粗浅，很幼稚，但在撰写的过程中，我力图将客观严谨的研究态度贯穿始终，对材料的选择尽量做到简约而包容，照顾到重要的事件和线索，同时也考虑到篇幅的限制。关于研究态度及研究方法的问题，就如马克斯·韦伯在谈社会科学的研究时所示，任何人进行研究工作都不可避免地带有个人特定的视角和框架，纯粹中立是做不到的，而研究客观性的获得只能通过不断地对主观性进行反思，设想站在异己的立场上看待问题，不断地修正才能接近真实。在本书的撰写过程中我尝试以审美现代性的视角切入"85 新潮美术运动"的内核，将自己设想为这场艺术运动的亲历者，去反复思考这一研究路径的可行性，尝试着用交叉学科的研究方法，将艺术史与社会学的视角相结合，来讨论"85 新潮美术运动"的发生机制及其艺术特征。但回答问题的路径、方法是否有偏差，结论是否有效，还有待方家批评、指教。

对于这段历史，无论后世在艺术史上怎样看待，如何书写，但毕竟它真切的存在过，给中国 20 世纪 80 年代的文化生活带来了巨大的冲击，鉴于此，我们应该感谢"85 新潮美术运动"。当然，应当特别感谢的还是我的博士导师，武汉大学的冯黎明教授，在他的指引下，我才意识到这段历史的珍贵和研究的迫切性及必要性，冯老师睿智豁达，幽默诙谐，学养深厚，勤奋严谨，让我这个长期在美术学院求学、工作的散漫分子意识到了自己的问题之所在。在本书的撰写过程中，无论是思想观点、知识框架，还是表述规范，冯老师都给予了细致入微的指导与建议，在此真诚地向他表示感谢！此外，还要诚挚地感谢武汉大学文艺学教研室的李建中教授、唐铁惠教授、高文强教授、李松教授、李立老师、黄水石老师，武汉大学艺术系的王杰红教授，以及离世的张荣翼教授等诸位先生，感谢他们对平日的学习生活以及本书写作过程中碰到的难题给予的智力支持，正是他们渊博的知识、宽广的视野以及不断的鼓励，才使得我能坚持完成书稿。感谢我的师兄弟、师姐妹们，正是他们的互励共勉、智慧分享，才使得我完成了这本80年代文化探索的姊妹篇。

事实上，关于西方艺术理论现代性问题的思索最早发蒙于我的硕士论文中关于影像艺术与传统艺术的关系，然而时隔10年之久，又重拾这个话题并进一步将其缩小至"审美现代性"。只可惜我天性愚钝，对学术的感知力有限，至今也未能完全理解悟透。而这10年是我人生中最为关键的转折点，我从清华大学硕士毕业到黄冈师范学院美术学院工作，再到武汉大学攻读博士学位，然后到中南财经政法大学新闻与文化学院就职。我已从意气风发的青年迈入了不惑之年，为人妇，为人母，其中的辛酸与喜悦无以言表。这一路走来，要感谢把我领进艺术理论殿堂的硕士阶段导师清华大学的陈岸瑛先生，他在艺术学领域的研究成果，一直都是重要、前沿的，值得我认真学习。清华大学的陈池瑜教授、张夫也教授、张敢教授，都曾对我研究的西方艺术理论问题给予了建议和帮助，感谢他们！黄冈师范学院的胡绍宗教授、方圣德教授也都曾对本书的写作提出了宝贵的修改意见，在此表示由衷的感谢！感谢我的工作单位中南财经政法大学新闻与文化传播学院，没有罗晓静院长、黄俊熊书记、胡德才教授及李晓老师的帮助与支持，本书也无法付诸出版，同时还要感谢中南财经政法大学中韩新媒体学院的赵博雅院长提供的帮助与支持，感谢中国社会科学出版社的张潜老师的辛苦工作！最后，要感谢我的家人无私的奉献与支持，离开了你们，就不会有我的今天。其中，尤其要感谢的是我的先生，正是他缜密严苛的思维、严于律己的态度督促着我不断跟进最新的研究，他也对本书的写作给予了很多帮助。